中等职业教育改革发展示范学校建设项目成果教材

焊接工艺与实训

主　编　杨　欧

副主编　万　谦　王　放　张海波

参　编　耿秀俊　胡　洋　赵　倩　赵　鹏　朱　虹

主　审　范梅梅

机 械 工 业 出 版 社

本书是中等职业学校“以就业为导向、以能力为本位”的教材，是根据教育部颁发的中等职业学校《焊接技术应用专业教学指导方案》中专业主干课程“焊接工艺”教学基本要求，并按照国家职业标准《焊工（中级）》和有关行业的职业技能鉴定规范编写的。

本书共八章。第一章介绍焊接电弧、接头、坡口、焊缝、焊接位置及焊接工艺评定等焊接基础知识。第二至第七章主要介绍气焊与气割、焊条电弧焊、埋弧焊、CO_2 气体保护焊、氩弧焊（钨极氩弧焊和熔化极氩弧焊）和等离子弧焊接与切割等常用的焊接方法及工艺。第八章介绍几种先进的焊接方法。第二至第七章每章由三部分组成，第一部分是知识积累，介绍基础理论知识为主；第二部分是基本操作部分，介绍焊接基本操作技术及操作要点；第三部分是生产实习，以项目式编写思路、方法为指导，项目的选取围绕实际的案例，目的是创设类似实际的生产环境，以提高学生的学习兴趣。

本书可作为中等职业学校焊接技术应用专业的主干课教材，也可作为相关行业岗位培训用教材及有关人员的自学用书。

图书在版编目（CIP）数据

焊接工艺与实训/杨欧主编．—北京：机械工业出版社，2013.9（2021.2 重印）
中等职业教育改革发展示范学校建设项目成果教材
ISBN 978-7-111-44247-9

Ⅰ.①焊…　Ⅱ.①杨…　Ⅲ.①焊接工艺—中等专业学校—教材　Ⅳ.①TG44

中国版本图书馆 CIP 数据核字（2013）第 234161 号

机械工业出版社（北京市百万庄大街 22 号　邮政编码 100037）
策划编辑：齐志刚　　责任编辑：王海峰　齐志刚
版式设计：霍永明　　责任校对：樊钟英
封面设计：路恩中　　责任印制：常天培
北京盛通商印快线网络科技有限公司印刷
2021 年 2 月第 1 版・第 5 次印刷
184mm×260mm・12.5 印张・307 千字
标准书号：ISBN 978-7-111-44247-9
定价：38.00 元

电话服务　　网络服务
客服电话：010-88361066　　机 工 官 网：www.cmpbook.com
010-88379833　　机 工 官 博：weibo.com/cmp1952
010-68326294　　金 书 网：www.golden-book.com

机工教育服务网：www.cmpedu.com

前　言

本书是中等职业学校“以就业为导向、以能力为本位”的教材，是根据教育部颁发的中等职业学校《焊接技术应用专业教学指导方案》中专业主干课程“焊接工艺”教学基本要求，并按照国家职业标准《焊工（中级）》和有关行业的职业技能鉴定规范编写的。

本教材具有以下特点：

1）注重职业技能的培养，根据焊工职业的实际需要，合理确定学生应具备的能力结构和知识结构，以满足企业对技能型人才的需要。

2）中等职业学校焊接技术应用专业学生的培养目标是焊接操作工。目前，应用焊接操作工最多、焊接水平要求较高的行业主要为压力容器、钢结构、船舶等制造行业。书中列举的“生产实习项目”则主要来源于这三个行业的实际生产，而相对应的焊接工艺操作要领，都是经过焊接工艺评定合格的、工厂的现行工艺。

3）以够用、适用为度，降低理论难度。

本书服务于中等职业学校的学生，理论知识部分尽量降低难度，减少文字性论述，大量采用图、表示意，以激发学生的兴趣，使之保持自信心。

本书由杨欧任主编并负责全书统稿，由万谦、王放、张海波任副主编，由范梅梅主审。编写人员及具体分工如下：杨欧（前言、第一、二、四章），耿秀俊、胡洋（第三章），张海波、朱虹（第五章），万谦、王放（第六章），赵倩、赵鹏（第七、八章）。

由于编者专业知识及水平有限，书中一定会有欠妥之处，敬请读者批评指正。

编者

目　录

第一章 焊接基础知识

第一节 焊接概念及分类方法

一、焊接的概念

焊接就是通过加热或加压，或两者并用，并且用或不用填充材料，使焊件达到原子结合的一种加工方法。

二、焊接分类

按照焊接过程中金属所处的状态不同，可以把焊接方法分为熔焊、压焊、钎焊。

熔焊是在焊接过程中，将焊件接头加热至熔化状态，不加压力完成焊接的方法。当被焊金属加热至熔化状态形成液态熔池时，原子之间可以充分扩散和紧密接触，因此冷却凝固后，即可形成牢固的焊接接头。常见的气焊、电弧焊、电渣焊、气体保护电弧焊等都属于熔焊的方法。

压焊是在焊接过程中，必须对焊件施加压力（加热或不加热），以完成焊接的方法。常见的有锻焊、电阻焊、摩擦焊和气压焊等。

钎焊是采用比母材熔点低的金属材料做钎料，将焊件和钎料加热到高于钎料的熔点，低于母材熔点的温度，利用液态钎料润湿母材，填充接头间隙并与母材相互扩散实现连接焊件的方法。常见的钎焊方法有烙铁钎焊、火焰钎焊等。

常见焊接分类方法如图 1-1 所示。

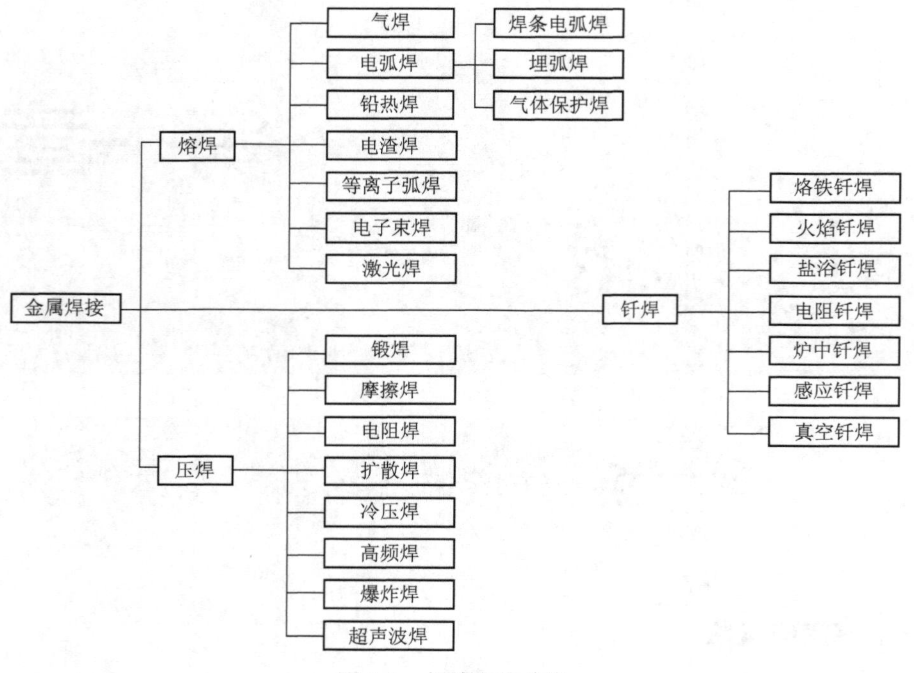

图 1-1 焊接方法分类

第二节 焊接电弧

一、焊接电弧的概念

焊接电弧是在两电极之间的气体介质中产生强烈而持久的气体放电现象。在电弧焊中，焊接电弧由焊接电源供给，是焊接回路中的负载，如图 1-2 所示。

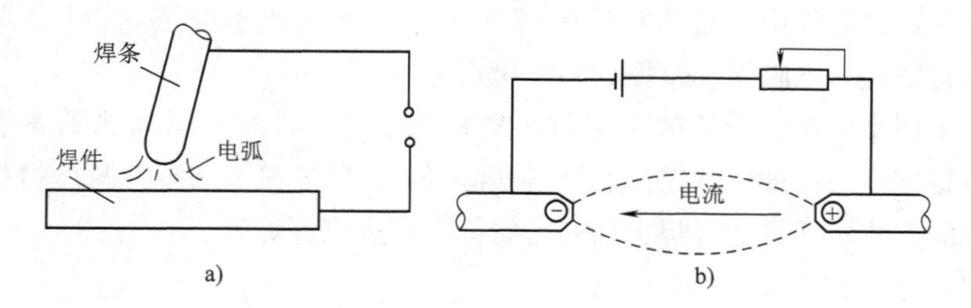

图 1-2 焊接电弧示意图

二、气体电离

1. 气体电离

气体受到电场或热能的作用，就会使中性气体原子中的电子获得足够的能量，以克服原子核对它的引力而成为自由电子，同时中性的原子或分子由于失去了带负电荷的电子而变成带正电荷的正离子。这种使中性的气体分子或原子释放电子形成正离子的过程叫做气体电离，地球大气层中电离层里的粒子就属于这种情况。

借助于这种气体放电，把电能转变为热能、机械能和光能。焊接时主要是利用电弧的热能和机械能。

2. 气体电离种类

在焊接时，使气体介质电离的种类主要有热电离、电场作用下的电离、光电离。

（1）热电离 气体粒子受热的作用而产生的电离称为热电离。温度越高，热电离作用越大。

（2）电场作用下的电离 带电粒子在电场的作用下，各做定向高速运动，产生较大的动能，当不断与中性粒子相碰撞时，则不断地产生电离。如两电极间的电压越高，电场作用越大，则电离作用越强烈。

（3）光电离 中性粒子在光辐射的作用下产生的电离，称为光电离。

三、阴极电子发射

1. 阴极电子发射

阴极的金属表面连续地向外发射出电子的现象，称为阴极电子发射。

焊接时，气体的电离是产生电弧的重要条件，但是，如果只有气体电离而阴极不能发射电子，没有电流通过，那么电弧还是不能形成的。因此阴极电子发射也和气体电离一样，都是电弧产生和维持的必要条件。

一般情况下，电子是不能自由离开金属表面向外发射的，要使电子逸出电极金属表面而产生电子发射，就必须加给电子一定的能量，使它克服电极金属内部正电荷对它的静电引力。所加的能量越大，促使阴极产生电子发射的作用就越强烈。

2. 阴极电子发射的种类

焊接时根据阴极所吸收的能量不同，所产生的电子发射分为以下几类：热发射、电场发射、撞击发射等。阴极发射电子后，又从焊接电源获得新的电子。

（1）热发射 焊接时，阴极表面温度很高，阴极中的电子运动速度很快，当电子的动能大于阴极内部正电荷的吸引力时，电子即冲出阴极表面，产生热发射。温度越高，则热发射作用越强烈。

（2）电场发射 在强电场的作用下，由于电场对阴极表面电子的吸引力，电子可以获得足够的动能，从阴极表面发射出来。当两电极的电压越高，金属的逸出功小，则电场发射作用越大。

（3）撞击发射 当运动速度较高、能量较大的正离子撞击阴极表面时，将能量传递给阴极而产生的电子发射现象，叫做撞击发射。如果电场强度越大，在电场的作用下正离子的运动速度也越快，则产生的撞击发射作用也越强烈。

实际上在焊接时，以上几种电子发射作用常常是同时存在、相互促进的，但在不同条件下，它们所起的作用可能稍有差异。例如，在引弧过程中，热发射和电场发射起着主要作用；电弧正常燃烧时，如采用熔点较高的材料（钨或碳等）做阴极，则热发射作用较显著；如采用铜或铝等做阴极时，撞击发射和电场发射就起主要作用；而钢做阴极时，则和热发射、撞击发射、电场发射都有关系。

四、焊接电弧的引燃

1. 焊接电弧的引燃过程

焊条与焊件之间是有电压的，当它们相互接触时，相当于电弧焊电源短接，回路电流增大到最大值，由于电极表面不平整，因而接触部分通过的电流密度非常大，产生了大量电阻热，使金属熔化，甚至蒸发、汽化，引起强烈的电子发射和气体电离。这时，再把焊丝与焊件之间拉开一点距离，由于电源电压的作用，在这段距离内，形成很强的电场，又促使产生电子发射，同时加速了气体的电离，使带电粒子在电场作用下，向两极定向运动，从而引燃电弧。带电粒子在电场作用下加速运动，在高温条件下互相碰撞，出现电场作用下的电离和撞击发射。这样带电粒子数量猛增，弧焊电源不断地供给电能，新的带电粒子不断得到补充，形成连续燃烧的电弧。焊接电弧的引燃过程如图1-3所示。

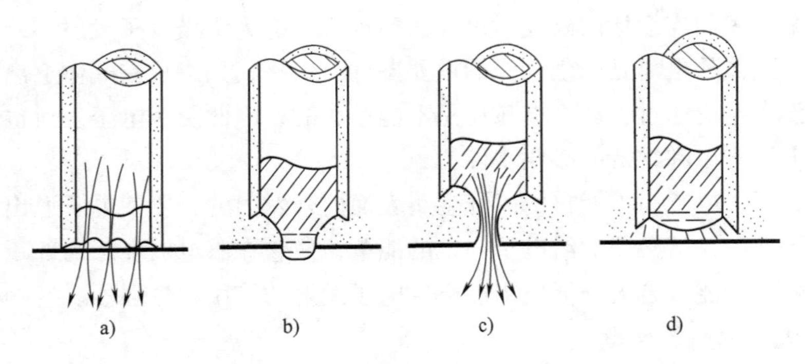

图1-3　焊接电弧引燃过程

2. 焊接电弧的引燃方式

焊接电弧的引燃一般有两种方式：接触引弧和非接触引弧。

（1）接触引弧　前面介绍的焊接电弧的引燃过程就是接触引弧。它是先将两极互相接触，然后迅速拉开3～4mm的距离来引燃电弧。焊条电弧焊和埋弧焊就是用这种方法引弧的。

（2）非接触引弧　引弧时电极与工件之间保持一定间隙，然后在电极和工件之间施以高电压击穿间隙使电弧引燃，这种引弧方式称为非接触引弧。这种方法一般借助于高频或高压脉冲装置，在阴极表面产生强电场发射，使发射出来的电子流与气体介质撞击，使其电离导电。这种引弧方式主要应用于钨极氩弧焊和等离子弧焊。

五、焊接电弧的组成及静特性

1. 焊接电弧的组成

焊接电弧由阴极区、弧柱区和阳极区组成。如图 1-4 所示。

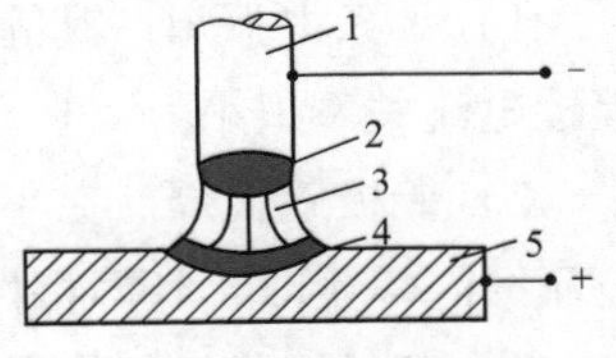

图 1-4　焊接电弧的构造
1—焊条　2—阴极区　3—弧柱区
4—阳极区　5—焊件

（1）阴极区　在靠近阴极的地方，与焊接电源负极相连，该区很窄。在阴极上有一个非常亮的斑点，称为“阴极斑点”，是集中发射电子的地方。

（2）阳极区　在靠近阳极的地方，与焊接电源正极相连，该区比阴极区宽些。在阳极区有一个发亮的斑点，称为“阳极斑点”。它是电弧放电时，正电极表面上接收电子的微小区域。

（3）弧柱区　在电弧的中部，弧柱区较长。电弧长度一般是指弧柱区的长度。

阴极区和阳极区的温度取决于电极材料的熔点。当两极材料均为钢铁时，“阳极斑点”的温度为2600℃左右，产生的热量约占电弧总热量的43%。“阴极斑点”的温度为2400℃左右，产生的热量约占电弧总热量的36%。弧柱区的温度可达5730～7730℃，但热量约占电弧总热量的21%。不同的焊接方法，阴阳极温度也是不一样的，各种焊接方法的阴极与阳极温度的比较见表 1-1。

表 1-1　各种焊接方法的阴极与阳极温度的比较

工艺方法	焊条电弧焊	钨极氩弧焊	熔化极氩弧焊	CO_2 气体保护焊	埋弧焊
温度比较	阳极温度 > 阴极温度		阳极温度 < 阴极温度		

2. 电弧的静特性

在电极材料、气体介质和弧长一定的情况下，电弧稳定燃烧时，焊接电流与电弧电压变化的关系称为电弧静特性，也称电弧的伏—安特性。表示它们关系的曲线叫做电弧的静特性曲线，如图 1-5 所示。

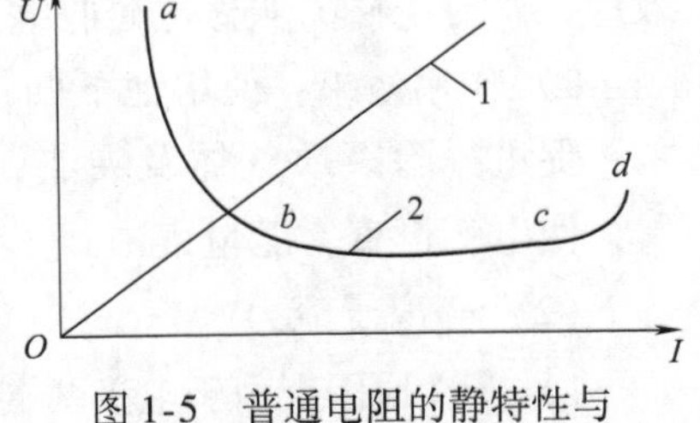

图 1-5　普通电阻的静特性与电弧的静特性
1—普通电阻的静特性曲线
2—电弧的静特性曲线

（1）电弧静特性曲线　普通电阻的电阻值是常数，遵循欧姆定律，表现为一条直线，如图 1-5 中的曲线 1。而焊接电弧是焊接回路中的负载，也相当于一个电阻性负载，但其电阻值不是常数。电弧两端的电压与通过的焊接电流不成正比关系，而呈 U 形曲线关系，如图 1-5 中的曲线 2。

电弧静特性曲线分为三个不同的区域，当电流较小时（见图 1-5 中的 *ab* 区），电弧静特性属下降特性区，即随着电流增加电压减小；当电流稍大时（见图 1-5 中的 *bc* 区），电弧静特性属平特性区，即电流变化时，电压几乎不变；当电流较大时（见图 1-5 中 *cd* 区），电弧静特性属上升特性区，电压随电流的增加而升高。

（2）电弧静特性曲线的应用　不同的电弧焊方法，在一定的条件下，其静特性只是曲线的某一区域。静特性的下降特性区由于电弧燃烧不稳定而很少采用。

1）焊条电弧焊。其静特性一般工作在平特性区，即电弧电压只随弧长而变化，与焊接电流关系很小。

2）钨极氩弧焊。在小电流区间焊接时，其静特性一般也工作在下降特性区；在大电流区间焊接时，其静特性工作在平特性区。

3）细丝熔化极气体保护电弧焊。由于电流密度很大，所以其静特性基本上工作在上升特性区。

4）埋弧焊。在正常电流密度下焊接时，其静特性为平特性区；采用大电流密度焊接时，其静特性为上升特性区。

六、电弧的力学特性

1. 电弧力

电弧力是指焊接电弧中存在的机械作用力。焊接过程中，电弧力直接影响到熔滴的形成和过渡、熔池的搅拌与焊缝成形，还影响到液态金属的飞溅和某些焊接缺陷（如烧穿、咬边等）的产生。

2. 电弧力组成及其作用

根据产生力的直接原因和表现形式，通常将电弧力分为电磁力、等离子流力、电极斑点力等多种力，它们共同组成电弧力。

（1）电磁收缩力

1）产生原因：当电流流过一个导体时，可将电流看成是由许多平行的电流线组成，其电流线之间因自身磁场的相互作用而产生吸引力，导体受到从四周向中心方向的压缩。对于可以产生自由变形的流体（如液体）导体，则可引起导体截面产生收缩，这种现象称为电磁压缩效应，这种电磁力叫做电磁收缩力，如图1-6所示。

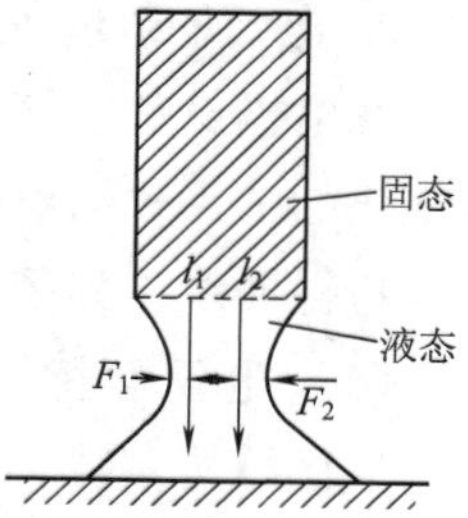

2）作用效果：使熔池下凹；对熔池产生搅拌作用，细化晶粒；促进排除杂质气体及夹渣；促进熔滴过渡；约束电弧的扩展，使电弧挺直，能量集中。

固态
I_1 I_2
液态
F_1
F_2

图1-6　液体导体中电磁引起的收缩效应

（2）等离子流力

1）产生原因：由于电极两端的直径不同，因此电弧呈倒锥形状。电弧轴向推力在电弧横截面上分布不均匀，弧柱轴线处最大，向外逐渐减小，在焊件上此力表现为对熔池形成的压力，称为电磁静压力。电磁轴向静压力推动电极附近的高温气流（等离子流）持续冲向焊件，对熔池形成附加的压力，这个压力就称为等离子流力（电磁动压力）。

2）作用效果：等离子流力可增大电弧的挺直性；促进熔滴过渡；增大熔深并对熔池形成搅拌作用。

（3）斑点力　正离子和电子在电极附近区的电场力加速作用下，分别撞击阴极斑点与阳极斑点而产生的力称为斑点压力或斑点力。由于正离子的质量远远大于电子的质量，所以阴极斑点受到正离子的撞击力远大于阳极斑点受到电子的撞击力，即阴极斑点力远远大于阳极斑点力。这种两电极上斑点压力的差异，使得在某些焊接条件下，正确地选择电流种类或极性显得十分重要。

斑点力的方向总是和熔滴过渡方向相反，因此总是阻碍熔滴过渡，产生飞溅。

此外电弧力还包括气体的吹送力、电极材料蒸发的反作用力、熔滴的爆破力等，它们都有利于熔滴的过渡。

3. 电弧力的主要影响因素

（1）焊接电流和电弧电压　电流增大时电磁收缩力和等离子流均增加，故电弧力也增大。而电弧电压升高即电弧长度增加时，使电弧压力降低，即电弧力降低。

（2）焊丝直径　焊丝直径越细，电流密度越大，电弧的总压力越大，即电弧力也增大。

（3）电极的极性　电磁力越大，造成电弧锥形越明显，则等离子流力越大。钨极氩弧焊，当钨极接负极时允许流过的电流大，阴极导电区收缩的程度大，将形成锥度较大的锥形电弧，产生的锥向推力较大，电弧压力也大。反之钨极接正极则形成较小的电弧压力。对熔化极气体保护焊，不仅极区的导电面积对电弧力有影响，同时要考虑熔滴过渡形式。直流正接因焊丝接负极，受到较大的斑点压力，使熔滴不能顺利过渡，不能形成很强的电磁力与等离子流力，因此电弧压力小。直流反接焊丝端部熔滴受到的斑点压力小，形成细小的熔滴，有较大的电磁力与等离子流力，电弧压力较大。

（4）气体介质　气体介质由于气体种类不同，物理性能有差异。导热性强或多原子气体均能引起弧柱收缩，导致电弧压力的增加。气体流量或电弧空间气体压力增加，也会引起电弧收缩并使电弧压力增加，同时引起斑点收缩，进一步加大了斑点压力。这将阻止熔滴过渡，使熔滴颗粒增大，过渡困难。

七、焊接电弧的稳定性

焊接电弧的稳定性是指电弧保持稳定燃烧（不产生断弧、飘移和偏吹等）的程度。电弧的稳定燃烧是保证焊接质量的一个重要因素，因此，维持电弧稳定性是非常重要的。电弧不稳定的原因除焊工操作技术不熟练外，主要因素有以下几个方面：

1. 弧焊电源的影响

焊接电流种类和极性都会影响电弧的稳定性。采用直流电源比交流电源焊接时电弧燃烧稳定；电源反接比正接稳定；具有较高空载电压的焊接电源不仅引弧容易，而且电弧燃烧也稳定。

不管采用直流还是交流电源，为了电弧能稳定地燃烧，都要求电焊机具有良好的工作特性。

2. 焊条药皮或焊剂的影响

焊条药皮或焊剂中含有一定量电离电压低的元素（如 K、Na、Ca 等）或它们的化合物时，电弧稳定性较好，这类物质称为稳弧剂。如果焊条药皮或焊剂中含有不易电离的氟化物、氯化物时，会降低电弧气氛的电离程度，使电弧的稳定性下降。

厚药皮的优质焊条比薄药皮焊条电弧稳定性好。当焊条药皮局部剥落或用潮湿、变质的焊条焊接时，电弧是很难稳定燃烧的，并且会导致严重的焊接缺陷。

3. 气流的影响

在露天、特别是在野外大风中操作时，由于空气的流速快，对电弧稳定性的影响是明显的，会造成严重的电弧偏吹而无法进行焊接；在进行管子焊接时，由于空气在管子中流动速度较大，形成所谓“穿堂风”，使电弧发生偏吹；在开坡口的对接接头第一层焊缝的焊接时，如果接头间隙较大，在热对流的影响下也会使电弧发生偏吹。

4. 焊接处的清洁程度

焊接处若有铁锈、水分及油污等脏物存在时，由于吸热进行分解，减少了电弧的热能，便会严重影响电弧的稳定燃烧，并影响焊缝质量，所以焊前应将焊接处清理干净。

5. 焊接电弧的偏吹及控制方法

在正常情况下焊接时，电弧的中心轴线总是保持着沿焊条（丝）电极的轴线方向。即使当焊条（丝）与焊件有一定倾角时，电弧也跟着电极轴线的方向而改变。但在实际焊接中，往往会出现电弧中心偏离电极轴线方向的现象，这种现象称为电弧偏吹。一旦发生电弧偏吹，电弧轴线就难以对准焊缝中心，从而影响焊缝成形和焊接质量。造成电弧偏吹的原因除了气流的干扰、焊条偏心的影响外，主要是由于磁场的作用。直流电弧焊时，因受到焊接回路所产生的电磁力的作用而产生的电弧偏吹称为磁偏吹。它是由于直流电所产生的磁场在电弧周围分布不均匀而引起的电弧偏吹。

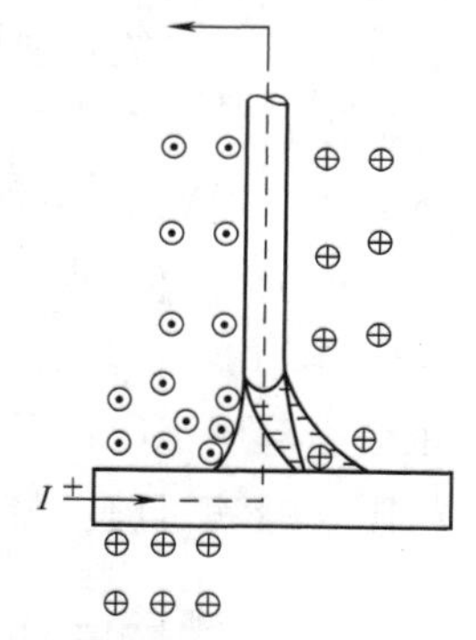

图 1-7　导线接线位置引起的磁偏吹

（1）造成电弧产生磁偏吹的因素

1）导线接线位置引起的磁偏吹。导线接在焊件一侧（接“+”），焊接时电弧左侧的磁力线由两部分组成：一部分是电流通过电弧产生的磁力线，另一部分是电流流经焊件产生的磁力线。而电弧右侧仅有电流通过电弧产生的磁力线，从而造成电弧两侧的磁力线分布极不均匀，电弧左侧的磁力线较右侧的磁力线密集，电弧左侧的电磁力大于右侧的电磁力，使电弧向右侧偏吹。反之，如果接点“+”是接在右边，则电弧右侧的磁力线就较左侧的磁力线密集，则电弧偏向磁场较小的左侧，如图 1-7 所示。

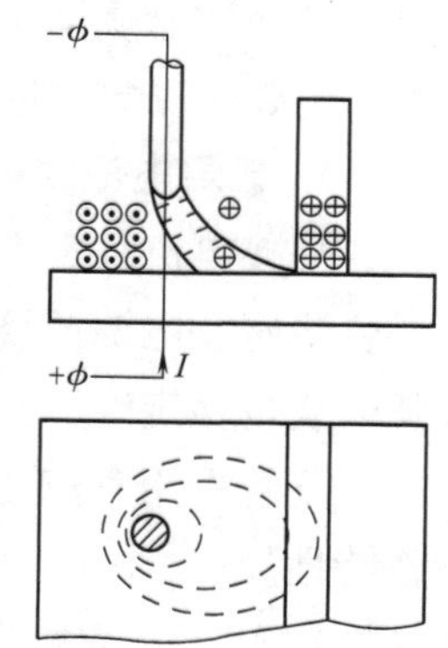

图 1-8　铁磁物质引起的磁偏吹

2）铁磁物质引起的磁偏吹。由于铁磁物质（如钢板、铁块等）的导磁能力远远大于空气，因此，当焊接电弧周围有铁磁物质存在时，在靠近铁磁物质一侧的磁力线大部分都通过铁磁物质形成封闭曲线，使电弧同铁磁物质之间的磁力线变得稀疏，而电弧另一侧磁力线就显得密集，造成电弧两侧的磁力线分布极不均匀，电弧向铁磁物质一侧偏吹，如图 1-8 所示。

3）电弧运动至焊件的端部时引起的磁偏吹。当在焊件边缘处开始焊接或焊接至焊件端部时，经常会发生电弧偏吹，而逐渐靠近焊件的中心时，则电弧的偏吹现象就逐渐减小或消失。这是由于电弧运动至焊件的端部时，导磁面积发生变化，引起空间磁力线在靠近焊件边缘的地方密度增加，产生了指向焊件内侧的磁偏吹。

（2）防止或减少焊接电弧磁偏吹的措施

1）调整焊条角度，使焊条偏吹的方向转向熔池，即将焊条向电弧偏吹方向倾斜一定的角度，这种方法在实际工作中应用得较广泛。

2）采用短弧焊接，因为短弧时受气流的影响较小，而且在产生磁偏吹时，如果采用短弧焊接，也能减小磁偏吹程度，因此采用短弧焊接是减少电弧偏吹的较好方法。

3）在焊缝两端各加一小块附加钢板（引弧板及引出板），使电弧两侧的磁力线分布均匀并减少热对流的影响，以克服电弧偏吹。

4）改变焊件上导线接线部位或在焊件两侧同时接地线，可减少因导线接线位置引起的磁偏吹。

5）采用小电流焊接，这是因为磁偏吹的大小与焊接电流有直接关系，焊接电流越大，磁偏吹越严重。

第三节　焊接电弧的熔滴过渡

电弧焊时，在焊条（或焊丝）端部形成的和向熔池过渡的液态金属滴称为熔滴。熔滴通过电弧空间向熔池转移的过程称为熔滴过渡。

一、熔滴过渡的作用力

1. 重力

任何物体都会因自身的重力而下垂。平焊时，金属熔滴的重力促进熔滴向熔池过渡；立焊和仰焊时，熔滴的重力会阻碍熔滴向熔池过渡，如图 1-9 所示。

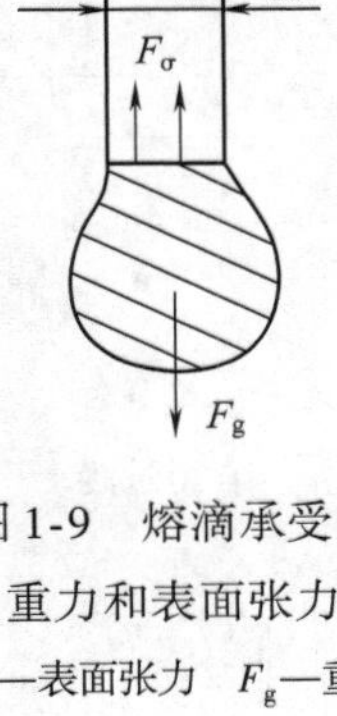

2. 表面张力

液态金属具有表面张力，表面张力使得金属液滴聚成球状。如图 1-9所示，焊条金属熔化后，由于表面张力的作用而形成球状，悬挂在焊条端部。表面张力对平焊时的熔滴过渡起阻碍作用。但是当熔滴接触到熔池时，表面张力却有利于熔滴过渡，熔滴容易被拉入熔池；在仰焊时，表面张力使熔滴倒悬在焊缝上不易滴落，有利于焊接。

2R

F_σ

F_g

图 1-9　熔滴承受的重力和表面张力

F_σ—表面张力　F_g—重力

3. 电磁力

通电导线能产生磁场，电磁压缩力对焊条或焊丝端部液态金属径向的压缩作用，会促使熔滴很快形成。尤其是熔滴的细颈部分电流密度最大，电磁压缩力作用也最大，这使熔滴很容易脱离焊条或焊丝端部向熔池过渡。电磁力总是有利于熔滴沿着电弧轴线自焊条或焊丝端部向熔池过渡。

焊接时，由于采用的电流密度都比较大，因此电磁力是促使熔滴过渡的主要作用力。在气体保护焊时，人们常常通过调整焊接电流的大小来控制熔滴尺寸以获得优良的焊接接头。

4. 斑点压力

焊接电弧中的电子和正离子，在电场力的作用下会向两极运动，撞击两极的金属斑点而产生机械压缩力，这个力称为斑点压力。斑点压力总是阻碍熔滴向熔池过渡。

5. 气体吹力

在焊条电弧焊时，焊条药皮的熔化稍落后于焊芯的熔化，这样便在焊条末端形成一个药皮套管。在套管内药皮燃烧产生的气体及焊芯中碳元素被氧化后生成的 CO 气体，顺着套管方向，形成稳定的气流，把熔滴“吹”到熔池中去。所以气体吹力总是有利于熔滴的过渡。

二、熔滴过渡的种类

熔滴过渡形式大体上可分为三种类型：自由过渡、接触过渡和渣壁过渡。

自由过渡是指熔滴经电弧空间自由飞行，焊丝端头和熔池之间不发生直接接触。

接触过渡是指焊丝端部的熔滴与熔池表面通过接触而过渡。在熔化极气体保护焊时，焊丝短路并重复地引燃电弧，这种接触过渡也称为短路过渡。TIG 焊时，焊丝作为填充金属，它与工件间不引燃电弧，也称为搭桥过渡。

渣壁过渡与渣保护有关，常发生在埋弧焊时，熔滴是从熔渣的空腔壁上流下的。

不同的焊接方法和焊接电流使得熔滴过渡的形式有所不同。熔滴过渡的分类及焊接条件见表 1-2。

表 1-2 熔滴过渡的分类及焊接条件

熔滴过渡类型		焊接条件
自由过渡	1. 滴状过渡	
	（1）大滴过渡	
	1）大滴滴状过渡	高电压、小电流 MIG 焊
	2）大滴排斥过渡	高电压、小电流 CO_2 焊及正极性大电流 CO_2 气体保护焊
	（2）细颗粒过渡	
	2. 喷射过渡	
	（1）射滴过渡	铝 MIG 焊及脉冲焊
	（2）射流过渡	钢 MIG 焊
	（3）旋转射流	特大电流 MIG 焊
	3. 爆炸过渡	焊丝含挥发成分的 CO_2 气体保护焊

（续）

熔滴过渡类型		焊接条件
接触过渡	4. 短路过渡	CO_2 气体保护焊
	5. 搭桥过渡	非熔化极填丝
渣壁过渡	6. 沿熔渣壳过渡	埋弧焊
	7. 沿套筒过渡	手工焊

1. 滴状过渡

通常出现在弧长较长（即长弧焊）时，熔滴不易与熔池接触，当熔滴长大到一定程度，便脱离焊丝末端通过电弧空间落入熔池。

（1）粗滴过渡　电流密度较小和电弧电压较高时，弧长较长，使熔滴不易与熔池短路。因电流较小，弧根直径小于熔滴直径，熔滴与焊丝之间的电磁力不易使熔滴形成缩颈，斑点压力又阻碍熔滴过渡，随着焊丝的熔化，熔滴长大，最后重力克服表面张力的作用，而造成大滴状熔滴过渡。由于粗滴体积大、质量大，过渡时飞溅较大，粗滴过渡电弧不稳定，通常在焊接中很少采用。

（2）细滴过渡　随着焊接电流的增加，斑点面积也增加，电磁力增加，熔滴过渡频率也增加，使熔滴细化，熔滴尺寸一般大于或等于焊丝直径，熔滴过渡频率提高，飞溅减小，电弧较稳定，这种过渡形式称为细滴过渡。

因飞溅较少，电弧稳定，焊缝成形较好，在生产中广泛应用，焊条电弧焊和埋弧焊所采用的主要过渡形式就是细滴过渡。

2. 喷射过渡

在纯氩或富氩保护气体中进行直流负极性熔化极电弧焊时，若采用的电弧电压较高（即弧长较长）、电流较大时，会出现喷射过渡形式。

根据不同的焊接条件，这类过渡形式可分为射滴、亚射流、射流、旋转射流等过渡形式。

喷射过渡的特点是焊接过程稳定，飞溅小，熔深大，焊缝成形美观。平焊位置、板厚大于3mm的工件多采用这种过渡形式，不宜焊接薄板。

（1）射滴过渡　过渡时，熔滴直径接近于焊丝直径，脱离焊丝沿焊丝轴向过渡，熔滴加速度大于重力加速度。此时焊丝端部的熔滴大部分或全部被弧根所笼罩。钢焊丝脉冲焊及铝合金熔化极氩弧焊经常是这种过渡形式。

还有一个特点，就是焊接钢时总是一滴一滴地过渡，而焊接铝及其合金时常常是每次过渡1~2滴，这是一种稳定过渡形式。

（2）射流过渡　当电流增大到某一临界值时，熔滴的形成过程和过渡形式便发生根本性的突变，熔滴不再是较大的滴状，而是微细的颗粒，沿电弧轴向以很高的速度和过渡频率向熔池喷射，如同一束射流通过电弧空间射入熔池，这种过渡状态通常称为“射流过渡”。

3. 短路过渡

在较小电流、低电压时，熔滴未长成大滴就与熔池短路，在表面张力及电磁收缩力的作用下，熔滴向母材过渡的这种过程称短路过渡。这种过渡形式电弧稳定，飞溅较小，熔滴过渡频率高，焊缝成形较好，广泛用于薄板焊接和全位置焊接。

（1）短路过渡过程　细丝（ϕ0.8～1.6mm）气体保护焊时，常采用短路过渡形式。这种过渡过程的电弧燃烧是不连续的，焊丝受到电弧的加热作用后形成熔滴并长大，而后与熔池短路熄弧，在表面张力及电磁收缩力的作用下形成缩颈小桥并破断，再引燃电弧，完成短路过渡过程。

（2）短路过渡的主要焊接特点

1）燃弧、短路交替进行。

2）由于采用较低的电压和较小的电流，所以电弧功率小，对焊件的热输入低，熔池冷凝速度快。这种熔滴过渡方式适合于焊接薄板，并易于实现全位置焊接。

3）由于采用细焊丝，电流密度大。如直径为1.2mm的钢焊丝，当焊接电流为160A时，电流密度可达141A/mm^2，是通常埋弧焊电流密度的两倍多，是焊条电弧焊的8～10倍，因此，对焊件加热集中，焊接速度快，可减小焊接接头的热影响区和焊接变形。

短路过渡是CO_2焊的一种典型过渡方式，焊条电弧焊也常常采用。

（3）短路过渡的稳定性　为保持短路过渡焊接过程稳定进行，不但要求焊接电源有合适的静特性，同时要求电源有合适的动特性，它主要包括以下三个方面：

1）对不同直径的焊丝和焊接参数，要保持合适的短路电流上升速度，保证短路“小桥”柔顺地断开，达到减少飞溅的目的。

2）要有适当的短路电流峰值I_m，短路焊接时I_m一般为I_a的2～3倍。I_m值过大会引起缩颈小桥激烈地爆断造成飞溅，过小则对引弧不利，甚至影响焊接过程的稳定性。

3）短路之后，空载电压恢复速度要快，以便及时引燃电弧，避免熄弧现象。一般硅整流焊接电源电压恢复速度很快，都能满足短路过渡焊接对电压恢复速度的要求。

短路过渡时，过渡熔滴越小，短路频率越高，则焊缝波纹越细密，焊接过程也越稳定。在稳定的短路过渡的情况下，要求尽量高的短路频率。短路频率大小常常作为短路过渡过程稳定性的重要标志。

4. 渣壁过渡

渣壁过渡是指在药皮焊条电弧焊和埋弧焊时的熔滴过渡形式。

使用药皮焊条焊接时，可以出现四种过渡形式：渣壁过渡、大颗粒过渡、细颗粒过渡和短路过渡。过渡形式决定于药皮成分和厚度、焊接参数、电流种类和极性等。碱性焊条在很大电流范围内均为大滴状或短路过渡；酸性焊条焊接时为细颗粒过渡；埋弧焊时，电弧在熔渣形成的空腔（气泡）内燃烧。这时熔滴通过渣壁流入熔池，只有少数熔滴通过气泡内的电弧空间过渡。

第四节　母材熔化和焊缝成形

一、熔池

电弧焊过程中，在电弧热作用下，被焊金属材料—母材接缝处发生局部熔化，这部分熔化的液体金属不断地同从焊丝过渡来的熔滴金属相混合，组成具有一定几何形状的液态金属，称为熔池。

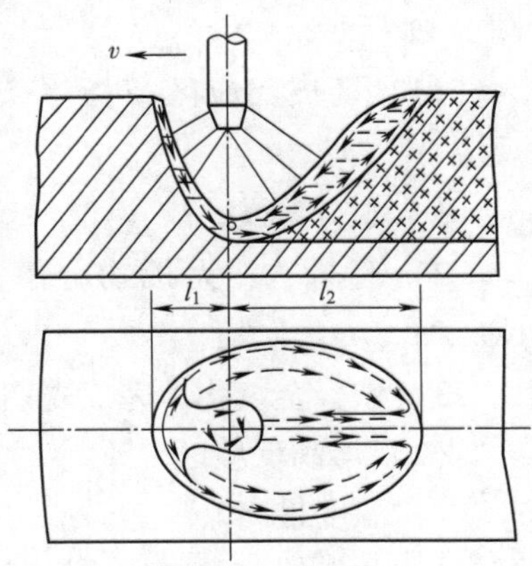

图 1-10　熔池形状和熔池金属流动情况的示意图

焊接熔池在接受电弧热作用的同时，还受到各种机械力的作用，其中有各种形式的电弧力，还有熔池金属自身的重力和表面张力等，它们共同作用的结果是使熔池中液体金属处于运动状态，使熔池液面凹陷、液态金属被排向熔池尾部，并且尾部的液面高出工件表面，如图 1-10 所示。

熔池金属因受力而产生的流动起到搅拌作用，使过渡到熔池中的焊丝成分和母材成分均匀化；当有熔渣保护时，搅拌作用有利于熔池的冶金反应和渣的浮出，这有助于获得良好的焊缝。液态金属的流动还使得熔池内部进行热对流交换，可减少各部分金属之间的温差，这对于焊缝成形和焊接质量是有益的。

二、焊接化学冶金过程

熔焊时，熔池周围充满着大量的气体和熔渣，这些气体和熔渣与熔化金属之间不断进行着复杂而短暂的冶金反应。焊接化学冶金过程的首要任务是对焊接区的金属进行保护，防止空气的有害作用，其次是通过气体、熔渣、熔化金属之间的冶金反应来减少焊缝金属中的有害杂质，增加有益的合金元素，因此这些反应在很大程度上决定着焊缝金属的成分和焊接质量。

1. 焊接冶金过程的特点

（1）温度高、温度梯度大　焊接电弧的温度一般为 5000～8000℃。高温使得电弧周围的气体不同程度地溶解在液态金属中。当焊接接头温度快速下降后来不及析出时，便会在焊缝中形成气孔。同时高温作用下的母材容易形成焊接应力与变形。

（2）熔池体积小、停留时间短　焊接熔池从形成到完成结晶一般仅需要几秒钟，加上熔池的体积很小，温度急剧变化，使整个焊缝中的冶金反应经常达不到平衡，造成熔池内化学成分分布不均，常出现偏析现象。

（3）熔池金属不断更新　随着焊接过程的进行，熔池位置不断移动，新熔化的金属和熔渣连续的加到熔池中参加冶金反应，增加了焊接冶金过程的复杂性。

（4）反应接触面大、搅拌激烈　焊条熔化后以熔滴形式过渡到熔池，熔滴与气体及熔渣的接触面积大大增加。接触面大既加快了冶金反应，同时又使气体侵入液态金属中的机会也增多，因此焊缝金属易被氧化、氮化和形成气孔。焊接电弧对熔池的强烈搅拌不仅有助于加快冶金反应速度，也有助于熔池中气体的逸出。

2. 焊接冶金反应区

焊接方法不同，冶金反应阶段也不同。下面以焊条电弧焊为例，简单加以叙述，如图 1-11 所示。

（1）药皮反应区　指焊条受热后，直到焊条药皮熔点前的区域。主要发生下列反应：

1）水分蒸发。

2）有机物、无机物分解，产生 CO_2、CO、H_2、O_2。

3）铁合金氧化，完成先期脱氧。

（2）熔滴反应区

1）温度最高。

2）与气体、熔渣的接触面积大。

3）时间短、速度快。

4）熔渣和熔滴金属进行强烈地搅拌、混合。

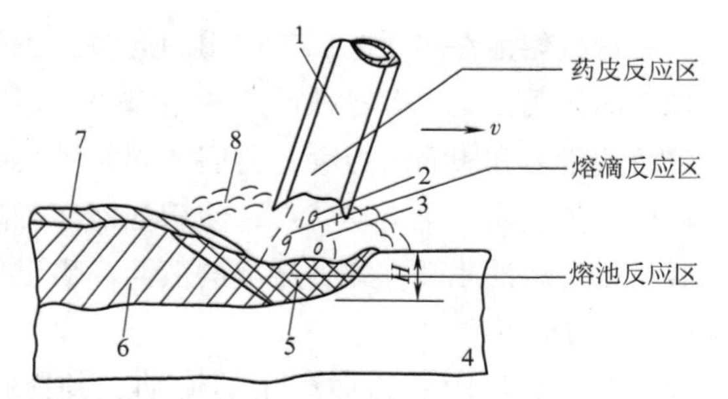

图 1-11　焊条电弧焊时的三个反应区

1—焊条　2—熔滴　3—电弧　4—母材

5—熔池　6—焊缝　7—焊渣　8—保护气体

（3）熔池反应区

1）反应速度低。

2）搅拌没有熔滴反应区激烈。

3）熔池温度不均匀。

熔池前半部分发生金属熔化和气体的吸收，利于吸热反应；熔池后半部分发生金属凝固和气体的析出，利于放热反应。

3. 焊接区内气体与金属的作用

（1）氮对金属作用　焊接区中的氮主要来自空气。它在高温时熔入熔池中，当温度下降时由于氮的溶解度降低，来不及析出的氮会形成气孔；还有部分氮与铁形成针状化合物后存在于焊缝金属中，氮会使焊缝金属强度提高，塑性和韧性降低。有些金属不与氮发生作用，如 Cu、Ni 焊接时用可用 N_2 做保护气体。

消除氮的危害主要通过加强对焊接区域的保护，减少氮气与液态金属的接触。

（2）氢对金属的作用　氢元素主要来源于焊条药皮和焊剂受潮时吸收的水分、焊件和焊丝表面上的污物（铁锈、油污等）、焊条药皮中的有机物，以及空气中的水分等。

1）氢与金属能形成稳定或不稳定氢化物。

2）氢存在于焊缝金属中并扩散，以扩散氢和残余氢状态存在。极易形成氢脆、白点、气孔和产生冷裂纹，危害极大。

减少氢的有害作用主要是严格控制焊缝中的含氢量。第一要限制氢及水分的来源，如焊前对焊条、焊剂的烘干，焊前清理焊件及焊丝表面的污物等。第二应尽量防止氢溶入金属中，如采用低氢型焊条、短弧操作等。如氢含量过高，可在焊后进行消氢处理或进行退火或高温回火处理。

（3）氧对焊缝金属的影响　焊接时，氧主要来自电弧中 O_2、CO_2、H_2O 等成分以及药皮中的氧化物和焊件表面的铁锈、水分和油污等。焊缝金属中含氧量的增加，会使其综合力学性能降低，溶解在熔池中的氧与碳、氢反应，生成不溶于液态金属的 CO 和 H_2O 气体，若在焊缝结晶时来不及逸出，会形成气孔，并且 CO 气体在受热膨胀后会使熔滴爆炸造成飞溅，最主要的是氧会使大量的有益合金元素氧化、烧损，增加了焊缝金属的冷脆、热脆倾向。

焊接时，除采取焊前清理、加强熔池保护外，还要设法在焊丝、药皮、焊剂中添加一些合金元素，去除已进入熔池中的氧，减少氧存留在焊缝金属中对焊接质量的不利影响。

4. 熔渣对焊缝金属的作用

（1）熔渣的作用　焊接过程中，焊条药皮或焊剂熔化后经过化学反应形成熔渣覆盖于焊缝表面，熔渣的存在对于焊接的顺利进行和提高焊接质量有重要的作用。

1）熔渣具有机械保护作用。熔渣的密度比金属小，凝固后覆盖于焊缝表面，可以把空气与焊缝金属隔开，保护焊缝金属不被氧化和氮化，同时可以降低冷却速度，加快气体的析出和减少淬硬组织，从而改善焊缝组织，提高焊缝的综合力学性能。

2）熔渣具有冶金处理的作用。熔渣参与了熔池中的化学反应，在脱氧、脱硫、脱磷过程中起到了重要作用，还可以对焊缝进行渗合金，从而提高焊接质量。

3）熔渣可以改善焊接操作工艺性能。熔渣中含有一定量的低电离电位的物质，可以保证电弧燃烧的稳定性。焊后熔渣均匀地覆盖在焊接熔池表面上，有助于焊缝良好的成形。

（2）熔渣的成分　大体由氧化物、氯化物、氟化物、硼酸盐类组成，是多种化学组成的复杂体系。

（3）熔渣的分类　熔渣分为氧化物型、盐—氧化物型、盐型 3 类。

5. 焊缝金属中硫和磷的控制

（1）硫的危害　硫是钢中的有害元素之一。

1）FeS 夹杂。高温时，FeS 与液态铁可以无限互溶；室温下，FeS 在固态铁中的溶解度非常低，熔池凝固时发生偏析，硫以 FeS 形式存在时危害性最大。FeS 在焊接时会产生热脆性、耐蚀性降低、焊接热裂纹。

2）NiS 夹杂。焊接合金钢，尤其是高镍合金钢时，S 以 Ni-NiS 低熔点共晶体存在，焊接热裂纹倾向更大。

3）C 的影响。C 加剧了 S 的危害。

（2）S 的控制

1）限制材料中含硫量（焊材、母材）。

2）用冶金方法脱硫。

3）碱性渣 MnO、CaO 的含量大，脱硫能力强。

（3）磷的危害　磷也是钢中的有害元素之一。

1）磷的危害。

①冷脆性和结晶裂纹。

②含镍较多的钢，危害更大，加剧结晶裂纹的产生。

③钢中 C 含量增加，P 的危害加大。

2）磷的控制。

①控制焊材和母材中的含磷量。

②采用冶金脱磷，但受熔渣碱度的影响，冶金脱磷效果有限。

6. 焊接区金属的保护

（1）保护的必要性　焊接区金属无保护时，在空气的作用下，会出现以下问题：

1）焊缝成分显著变化。焊缝中含氧和氮量明显增加、碳和有益金属烧损或蒸发。

2）焊缝力学性能降低。塑性和韧性降低。

3）焊接工艺性能下降。电弧稳定性下降、焊接飞溅上升、焊接成形差、气孔增加。

（2）保护的方式　对焊接区内的金属加强保护，以免受空气的有害作用，是焊接化学冶金的首要任务。通常采用如下保护方式：

1）气保护。

2）渣保护。

3）气—渣联合保护。

4）真空保护。

三、焊缝结晶与成形

1. 熔池凝固

当焊接热源离开以后，熔池金属便开始凝固（结晶）。结晶过程分为晶核生成、晶核长大两个阶段。

2. 焊缝

随着电弧的移动，在焊接熔池不断形成又不断结晶的过程中，就形成了连续的焊缝。凝固后，高出母材部分称为焊缝的余高。

3. 焊缝的形状尺寸

焊缝的形状用一系列几何尺寸来表示，不同形式的焊缝，其形状参数也不一样。

（1）焊缝宽度 B　焊缝表面与母材的交界处叫焊趾。焊缝表面两焊趾之间的距离叫焊缝宽度，如图 1-12、图 1-13 所示。

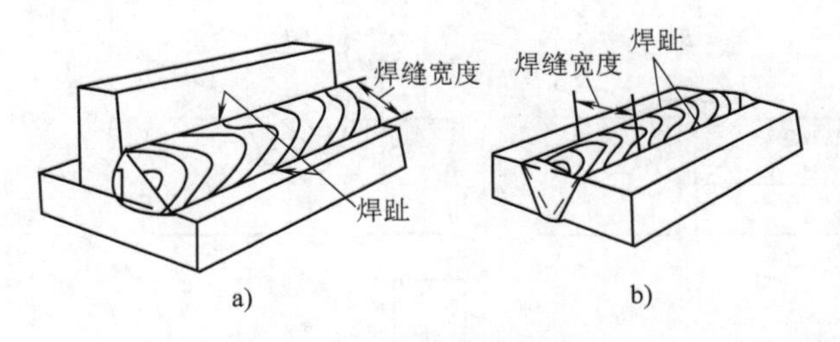

图 1-12　焊缝宽度示意图

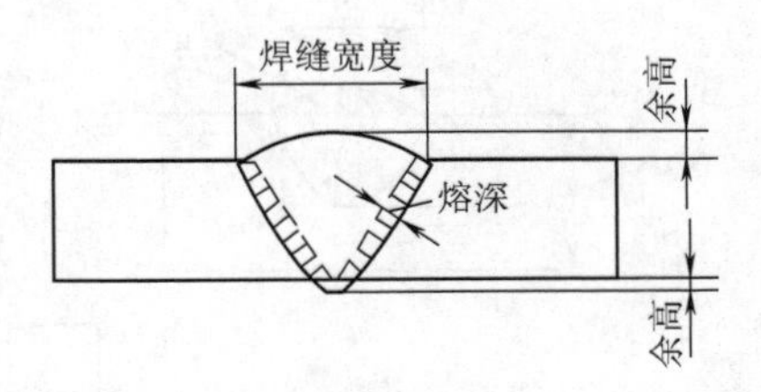

图 1-13　焊缝宽度、余高和熔深

（2）余高 h　超出母材表面焊趾连线上面的那部分焊缝金属的最大高度称为余高，如图 1-13所示。在静载下它有一定的加强作用，所以又称为加强高。但在动载或交变载荷下，它非但不起加强作用，反而因焊趾处应力集中易于促使发生脆断。所以余高不能低于母材但也不能过高。焊条电弧焊时的余高值为 0 ~ 3mm。

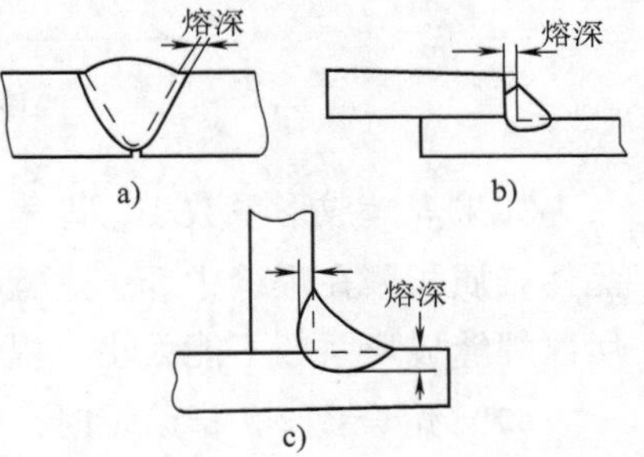

图 1-14　熔深

a）对接接头熔深　b）搭接接头熔深　c）T 形接头熔深

（3）熔深 H　在焊接接头横载面上，母材或前道焊缝熔化的深度称为熔深，如图 1-13、图 1-14 所示。

（4）焊缝厚度 S　在焊缝横截面中，从焊缝正面到焊缝背面的距离，称为焊缝厚度。

焊缝计算厚度是设计焊缝时使用的焊缝厚度。在对接焊缝焊中，它等于焊件的厚度；角焊缝时它等于在角焊缝横截面内画出的最大直角等腰三角形中，从直角的顶点到斜边的垂线长度，如图 1-15 所示。

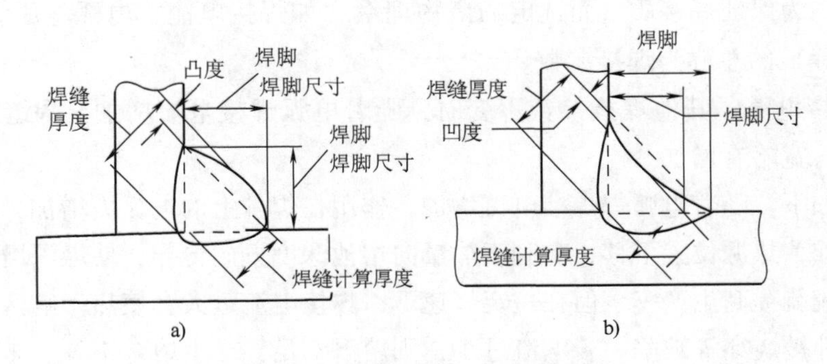

图 1-15　焊缝厚度及焊脚

（5）焊脚　角焊缝的横截面中，从一个直角面上的焊趾到另一个直角面表面的最小距离，叫做焊脚。在角焊缝的横截面中画出的最大等腰直角三角形中直角边的长度叫做焊脚尺寸，如图 1-15 所示。

（6）焊缝成形系数 Φ　熔宽 B 与熔深 H 之比叫做焊缝的成形系数，即 $\Phi = B/H$，如图 1-16所示。

焊缝成形系数一般取1～1.2为佳，自动埋弧焊时焊缝的成形系数要大于1.3。

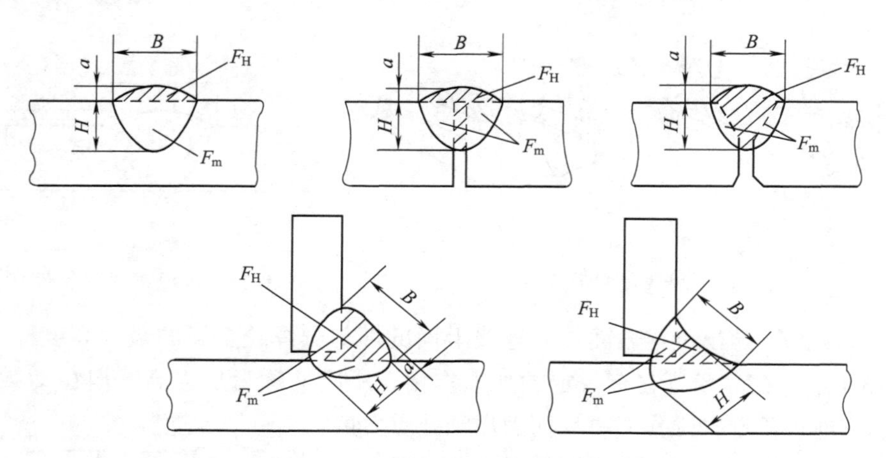

图1-16 焊缝成形系数的计算

如果焊缝成形系数小，即采用一次深熔焊，会形成窄而深的焊缝，可能使低熔点共晶体杂质积聚在焊缝中部，焊缝抗热裂纹性能差，易产生焊接裂纹及气孔等焊接缺陷，所以焊缝成形系数不能太小。提倡采用多层多道焊，注意清渣。

（7）熔合比γ　指熔焊时，被熔化的母材在焊道金属中所占的百分比。可以通过调整坡口大小与焊接电流等焊接参数来改变熔合比，也就是调整焊缝成分，从而改善焊缝的组织和性能。熔合比越大，焊缝化学成分与性能越接近母材。在焊接不同坡口时采用不同的焊接材料，根据熔合比大小来使焊缝化学成分与性能接近母材要求。例如采用埋弧焊焊接Q345钢时，不开坡口采用H08A焊丝，开坡口时采用H08MnA焊丝。

4. 焊接参数对焊缝成形的影响

焊接时，为保证焊接质量而选定的诸物理量（如焊接电流、电弧电压、焊接速度、焊接热输入等）的总称为焊接参数。

（1）焊接电流　其他焊接参数不变时，随着电弧焊接电流增加，焊缝的熔深和余高均增加，熔宽略有增加。

其原因如下：随着电弧焊焊接电流增加，作用在焊件上的电弧力增加，电弧对焊件的热输入增加，热源位置下移，有利于热量向熔池深度方向传导，使熔深增大。

增大电流能提高生产率，但在一定焊速下，焊接电流过大会使热影响区过大，易产生焊瘤及焊件被烧穿等缺陷。若电流过小，则熔深不足，产生熔合不好、未焊透、夹渣等缺陷，并使焊缝成形变坏。

（2）电弧电压　其他焊接参数不变时，电弧电压是决定熔宽的主要因素。电弧电压增加，熔宽明显增加，熔深与余高略有减少。电弧电压增加意味着电弧长度的增加，使电弧斑点移动范围扩大而导致熔宽增加。从能量角度来看，电弧电压增加所带来的电弧功率提高主要用于熔宽增加和弧柱的热量散失，电弧对熔池作用力因熔宽增加而分散了，故熔深和增高略有减小。

焊接电压过大时，焊剂熔化量增加，电弧不稳定，严重时会产生咬边和气孔等缺陷。焊条电弧焊不能采用增加电弧电压来达到增加熔宽的目的。

(3) 焊接速度　其他焊接参数不变时，焊接速度对熔深和熔宽均有明显影响，焊接速度增加，焊缝宽度、焊缝厚度和余高都减少。焊接速度较小时熔深随焊速增加略有增加，但焊接速度达到一定数值以后，熔深随焊接速度增大而明显减小。其原因如下：

1）焊接速度较小时，电弧力的作用方向几乎是垂直向下的，随着焊接速度增大，弧柱后倾，有利于熔池液体金属在电弧力作用下向尾部流动，使熔池底部暴露，因而有利于熔深的增加。

2）焊接速度增加时，从焊缝的热输入和热传导角度来看，焊缝的熔深和熔宽都要减小。

从焊接生产率角度来考虑，焊接速度是越快越好。但焊接速度过快时，会产生咬边、未焊透、电弧偏吹和气孔缺陷，焊缝余高大而窄，成形不好；焊接速度太慢，则焊缝余高过高，形成宽而浅的大熔池，焊缝表面粗糙，容易产生满溢、焊瘤或烧穿等缺陷；焊接速度太慢而且焊接电压又太高时，焊缝截面呈“蘑菇形”，容易产生裂纹。

(4) 焊丝直径与伸出长度　其他焊接参数不变时，减小焊丝直径，不仅使电弧截面减小，电流和功率密度提高，而且减小了电弧斑点移动范围，因此熔深增加而熔宽减小。

焊丝伸出长度对焊缝成形，特别是焊缝余高有很大影响。焊丝伸出长度增加时，电阻热增加使焊丝熔化加快，余高增加，熔合比减小，而熔深略有下降，焊丝直径越小或材料电阻率越大时，这种影响越明显。

(5) 焊丝倾角　焊丝前倾时余高减小、熔宽增加。焊丝后倾时，情况与上述相反，如图1-17所示。

其原因如下：

1）电弧力对熔池液体金属后排作用减弱，熔池底部液体金属层增厚，阻碍了电弧对熔池底部母材的加热，故熔深减小。

2）电弧对熔池前部未熔化母材预热作用加强，因此熔宽增加，增高减小，前倾角度越小，这一影响越明显。

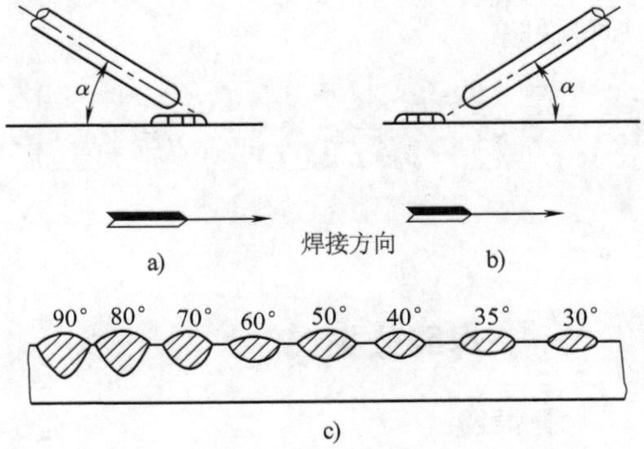

图1-17　焊丝倾角

a）后倾　b）前倾　c）焊丝倾角对焊缝成形的影响

焊条电弧焊时，多数采用电极后倾法，倾角 α 在65°～80°比较合适。

(6) 工件倾角　工件倾斜时，可分为上坡焊和下坡焊。当进行上坡焊时，如图1-18a所示，焊缝熔深和余高都增加，熔宽减小。下坡焊时情况与上述相反。

其原因如下：

1）上坡焊时熔池液体金属在重力和电弧力作用下流向熔池尾部，电弧能深入地加热熔池底部的金属，因而使熔深和余高都增加。同时，熔池前部加热作用减弱，电弧斑点移动范围减小，熔宽减小。上坡角度越大，影响也越明显。

2）下坡焊时情况与上述相反（见图 1-18b），即熔深和余高略有减小，而熔宽将略有增加。

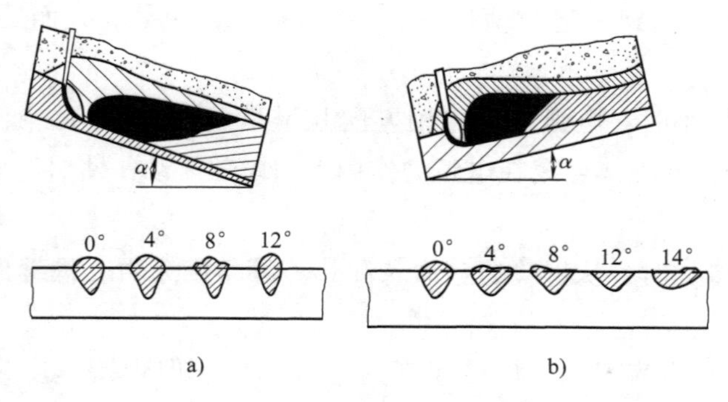

图 1-18 倾角对焊缝成形的影响

a）上坡焊 b）下坡焊

上坡焊时，焊缝就会因增高过大，两侧出现咬边而明显恶化，因此在自动电弧焊中，实际上总是尽量避免采用上坡焊方法的；下坡焊可使焊缝表面成形得到改善，如果倾角过大，会导致未焊透和焊缝流溢等缺陷。

总之，焊缝成形的影响因素很多，要想获得良好的焊缝成形，需要根据焊件的材质和厚度、焊缝的空间位置、接头形式、工作条件对接头性能和焊缝尺寸的要求等选择合适的焊接方法和焊接条件进行焊接。否则焊缝成形及其性能就可能达不到要求，甚至出现各种焊接缺陷。

第五节 焊缝形式和焊接接头的形式

一、焊缝分类

1. 焊缝

焊缝是焊件经焊接后所形成的结合部分，是构成焊接接头的主体部分。

2. 分类

（1）按空间位置分类 可分为平焊缝、横焊缝、立焊缝、仰焊缝。

（2）按承载方式分类 可分为工作焊缝、联系焊缝。

（3）按焊缝断续情况分类 可分为连续焊缝、断续焊缝。

（4）按结合方式分类 可分为对接焊缝、角焊缝、塞焊缝、端接焊缝。

1）对接焊缝。构成对接接头的焊缝称为对接焊缝。对接焊缝可以由对接接头形成，也可以由 T 形接头（十字接头）形成，后者是指开坡口后进行全焊透焊接而焊脚为零的焊缝，如图 1-19 所示。

2）角焊缝。两焊件接合面构成直交或接近直交所焊接的焊缝，如图 1-20a 所示。

同时由对接焊缝和角焊缝组成的焊缝称为组合焊缝，T 形接头（十字接头）开坡口后进行全焊透焊接并且具有一定焊脚的焊缝，即为组合焊缝，坡口内的焊缝为对接焊缝，坡口外连接两焊件的焊缝为角焊缝，如图 1-20b 所示。

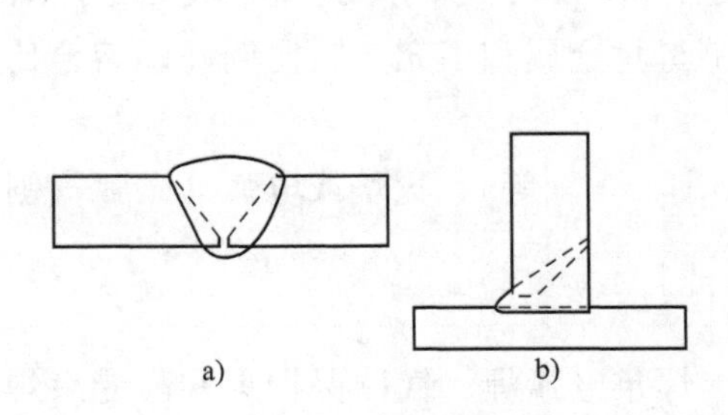

a) b)

图 1-19 对接焊缝

a）对接接头形成的对接焊缝 b）T 形接头形成的对接焊缝

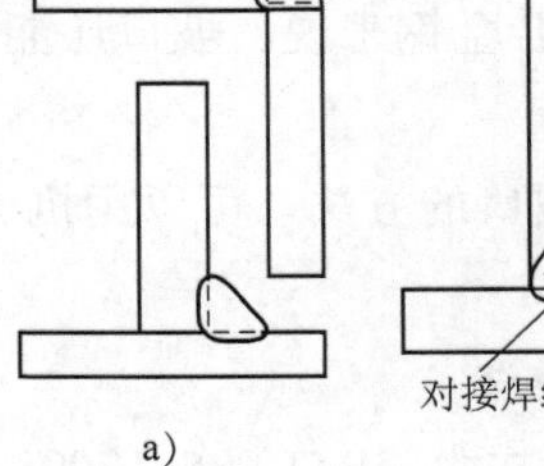

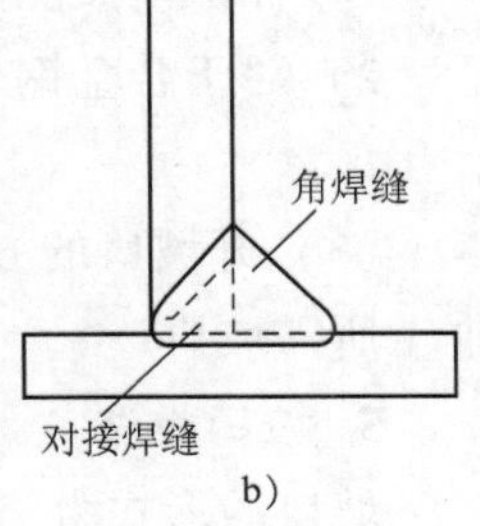

a) b)

图 1-20 角焊缝

a）角焊缝 b）组合焊

3）塞焊缝。指两焊件相叠，其中一块开有圆孔，然后在圆孔中焊接所形成的填满圆孔的焊缝，如图 1-21a 所示。

4）端接焊缝。构成端接接头的焊缝，如图 1-21b 所示。

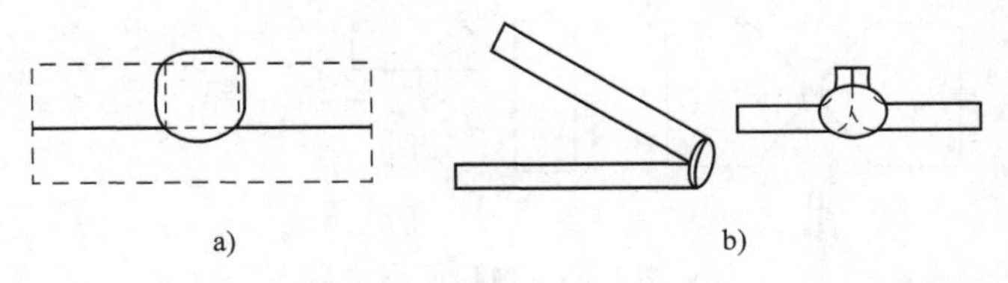

a) b)

图 1-21 塞焊缝和端接焊缝

a）塞焊缝 b）端接焊缝

二、焊接接头的组成及基本形式

1. 焊接接头的组成

用焊接方法连接的接头称为焊接接头（简称为接头）。它包括焊缝、熔合区和热影响区三部分，如图 1-22 所示。

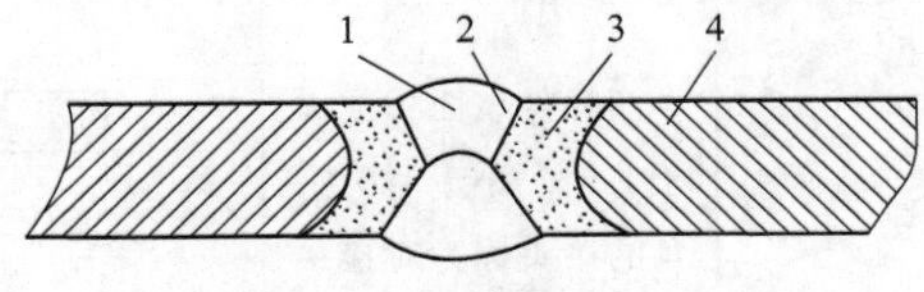

图 1-22 焊接接头组成示意图

1—焊缝 2—熔合区 3—热影响区 4—母材

2. 焊接接头的作用

在焊接结构中焊接接头起两方面的作用，第一是连接作用，即把两焊件连接成一个整体；第二是传力作用，即传递焊件所承受的载荷。

3. 焊接接头的基本形式

根据 GB/T 3375—1994《焊接术语》中的规定，焊接接头可分为 10 种类型，即对接接头、T 形接头、十字接头、搭接接头、角接接头、端接接头、套管接头、斜对接接头、卷边接头和锁底接头，其中以对接接头和T形接头应用最为普遍。

4. 坡口的基本形式

（1）坡口　根据设计或工艺需要，将焊件的待焊部位加工成一定几何形状的沟槽称为坡口。

（2）开坡口的目的

1）保证电弧能深入到焊缝根部使其焊透，并获得良好的焊缝成形以及便于清渣。

2）对于合金钢来说，坡口还能起到调节母材金属和填充金属比例（即熔合比）的作用。

（3）开坡口的方法　可以用机械（如刨削、车削等）、火焰或电弧（碳弧气刨）等加工所需坡口。

5. 坡口类型

坡口的形式由GB/T 985—2008《气焊、焊条电弧焊、气体保护焊和高能束焊的推荐坡口》标准制定的。

常用的坡口形式有I形坡口、Y形坡口、带钝边U形坡口、双Y形坡口、带钝边单边V形坡口等，如图1-23所示。

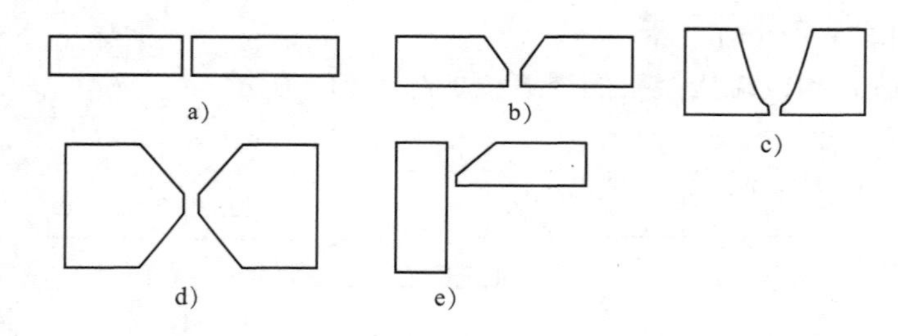

图1-23　坡口的形式

a）I形坡口　b）Y形坡口　c）带钝边U形坡口

d）双Y形坡口　e）带钝边单边V形坡口

常用的接头形式见表1-3。

表1-3　焊接接头的基本类型、特点及应用

接头类型	特点及应用	图　示
对接接头	两焊件表面构成大于135°、小于180°夹角的接头称为对接接头，是采用最多的一种接头形式。按照钢板厚度选用不同形式的坡口	≤6　1～2　I形坡口 60°　7～40　1～2　2　Y形坡口 60°　2　12～60　2　双Y形坡口 R=3～5　10°±3°　20～60　2　2　带钝边U形坡口

（续）

接头类型	特点及应用	图　示
T形接头	T形接头是一焊件之端面与另一焊件表面构成直角或近似直角的接头。主要用于箱形、船体结构 按照钢板厚度和对结构强度的要求，可分别考虑选用不同形式坡口，使接头焊透，保证接头强度	I形坡口　带钝边单边V形坡口 带钝边双单边V形坡口　带钝边双J形坡口
角形接头	两焊件端面间构成大于35°、小于135°夹角的接头，称为角接接头，其承载能力差，一般用于不重要的焊接结构。可根据板厚开不同形式坡口	I形坡口　带钝边单边V形坡口　Y形坡口　带钝边双单边V形坡口
搭接接头	两焊件部分重叠构成的接头称为搭接接头，特别适用于被焊结构狭小处及密闭的焊接结构。I形坡口的搭接接头，其重叠部分为3～5倍板厚，并采用双面焊	I形坡口　塞焊缝　槽焊缝

6. 表达坡口几何尺寸的参数

（1）坡口面　焊件上所开坡口的表面称为坡口面，如图1-24所示。

（2）坡口面角度和坡口角度　焊件表面的垂直面与坡口面之间的夹角称为坡口面角度，两坡口面之间的夹角称为坡口角度，如图1-25所示。

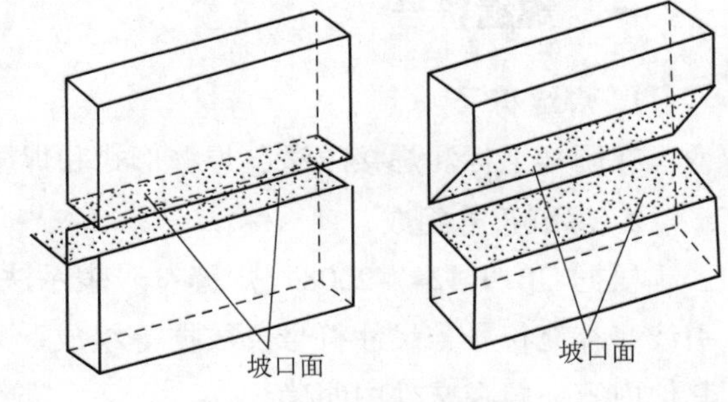

图1-24　坡口面示意图

开单面坡口时，坡口角度等于坡口面角度；开双面对称坡口时，坡口角度等于两倍的坡口面角度。坡口角度（或坡口面角度）应保证焊条能自由伸入坡口内部，不和两侧坡口面相碰，但角度太大将会消耗太多的填充材料，并降低劳动生产率。

（3）根部间隙　焊前在接头根部之间预留的空隙称为根部间隙，也称装配间隙。根部间隙的作用在于焊接底层焊道时，能保证根部可以焊透。因此，根部间隙太小时，将在根部产生焊不透现象；但太大的根部间隙，又会使根部烧穿，形成焊瘤，如图1-25所示。

（4）钝边　焊件开坡口时，沿焊件厚度方向未开坡口的端面部分称为钝边。钝边的作用是防止根部烧穿，但钝边值太大，又会使根部焊不透，如图1-25所示。

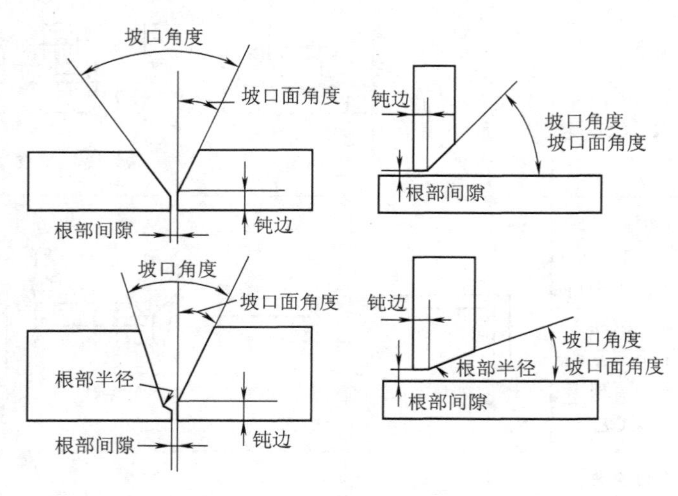

图1-25　坡口几何尺寸的参数

（5）根部半径　U形坡口底部的半径称为根部半径。根部半径的作用是增大坡口根部的横向空间，使焊条能够伸入根部，促使根部焊透，如图1-25所示。

第六节　焊缝代号与组成

一、焊缝符号

1. 焊缝符号

在图样上标注焊接方法、焊缝形式和焊缝尺寸的代号称为焊缝符号。

2. 焊缝符号组成

根据GB/T 324－2008《焊缝符号表示法》的规定，焊缝符号一般由基本符号、指引线、补充符号、尺寸符号及数据等组成。为了简化，通常只采用基本符号和指引线，其他内容一般在文件中明确。

3. 基本符号

基本符号是表示焊缝横截面的基本形式或特征。它采用近似于焊缝横截面形状的符号表示，共计20种，见表1-4。

表 1-4　焊缝基本符号

序号	名称	示意图	符号
1	卷边焊缝（卷边完全熔化）		
2	I 形焊缝		
3	V 形焊缝		
4	单边 V 形焊缝		
5	带钝边 V 形焊缝		
6	带钝边单边 V 形焊缝	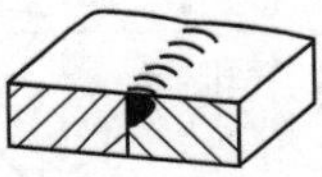	
7	带钝边 U 形焊缝		
8	带钝边 J 形焊缝		
9	封底焊缝	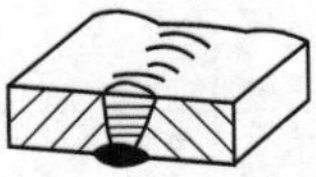	
10	角焊缝	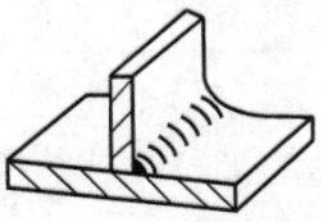	
11	塞焊缝或槽焊缝	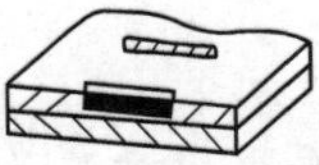	
12	点焊缝	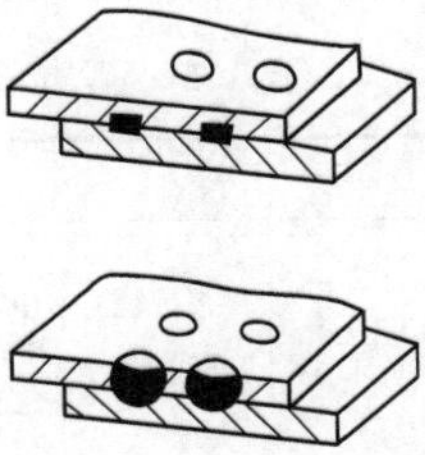	

（续）

序号	名称	示意图	符号
13	缝焊缝	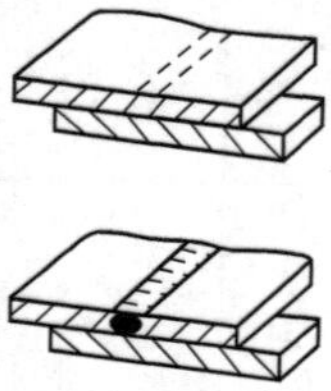	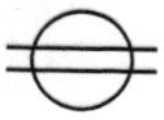
14	陡边V形焊缝		
15	陡边单V形焊缝		
16	端焊缝		
17	堆焊缝		
18	平面连接（钎焊）	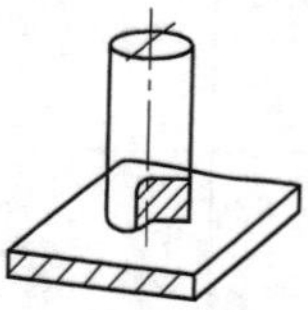 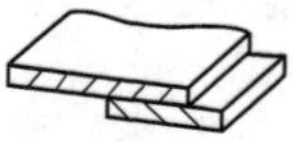	
19	斜面连接（钎焊）	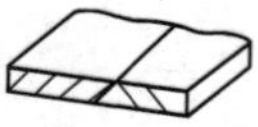	
20	折叠连接（钎焊）	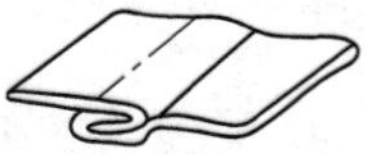	

4. 基本符号的组合

标注双面焊缝或组合时，基本符号可以组合使用，见表1-5。

表1-5　基本符号的组合

序号	名称	示意图	符号
1	双面V形焊缝（X焊缝）	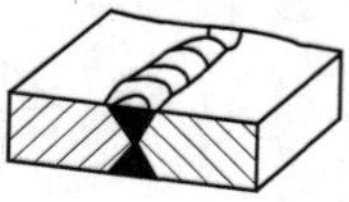	

（续）

序号	名称	示意图	符号
2	单面单V形焊缝（K焊缝）	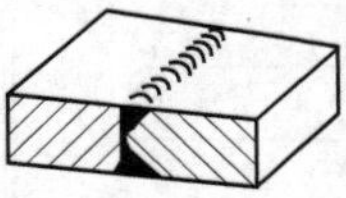	
3	带钝边的双面V形焊缝		
4	带钝边的双面单V形焊缝	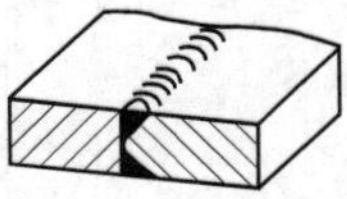	
5	双面U形焊缝		

5. 补充符号

补充符号是用来补充说明有关焊缝或接头的某些特征（如表面形状、衬垫、焊缝分布、施焊地点等），见表1-6。

表1-6　补充符号

序号	名称	符号	说明
1	平面		焊缝表面通常经过加工后平整
2	凹面		焊缝表面凹陷
3	凸面		焊缝表面凸起
4	圆滑过渡		焊趾处过渡圆滑
5	永久衬垫	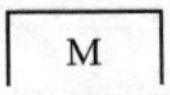 M	衬垫永久保留
6	临时衬垫	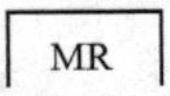 MR	衬垫在焊接完成后拆除
7	三面焊缝		三面带有焊缝
8	周围焊缝		沿着工件周边施焊的焊缝标注位置为基准线与箭头线的交点处
9	现场焊缝		在现场焊接的焊缝
10	尾部		可以表示所需的信息

6. 焊缝尺寸符号

表示坡口和焊缝各特征尺寸的符号，见表1-7。

表 1-7 焊缝尺寸符号

符号	名称	示意图	符号	名称	示意图
δ	工件厚度	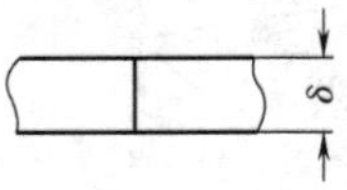 δ	c	焊缝宽度	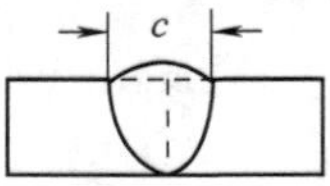 c
α	坡口角度	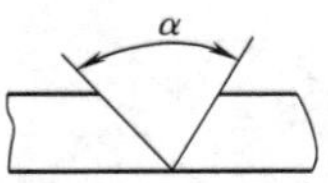 α	K	焊脚尺寸	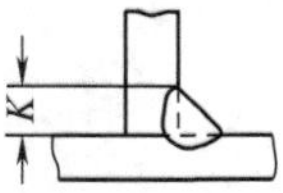 K
β	坡口面角度	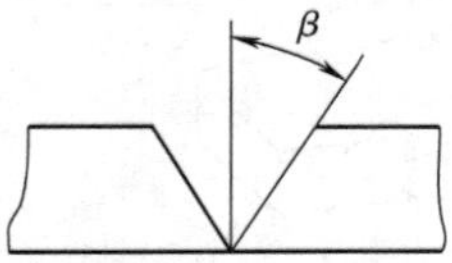 β	d	点焊：熔核直径 塞焊：孔径	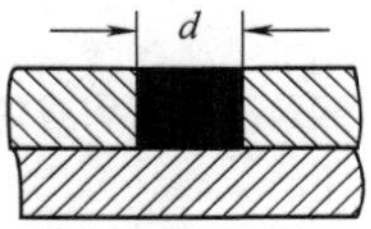 d
b	根部间隙	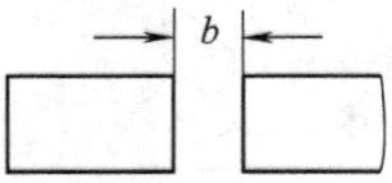 b	n	焊缝段数	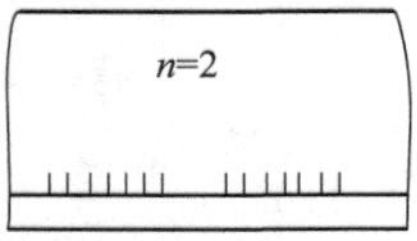 n=2
p	钝边	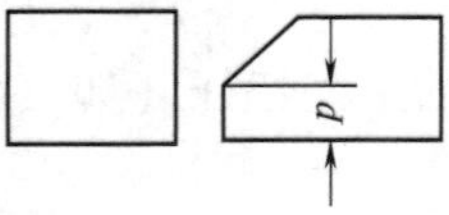 p	l	焊缝长度	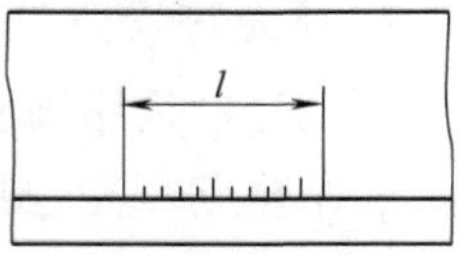 l
R	根部半径	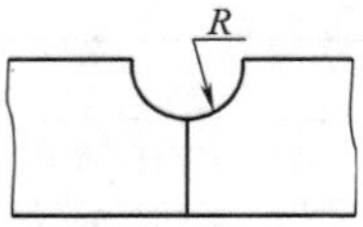 R	e	焊缝间距	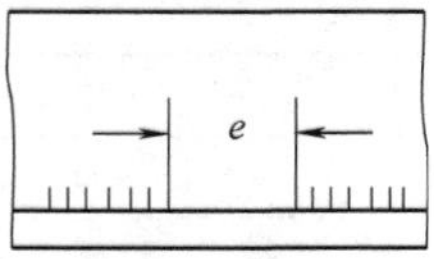 e
H	坡口深度	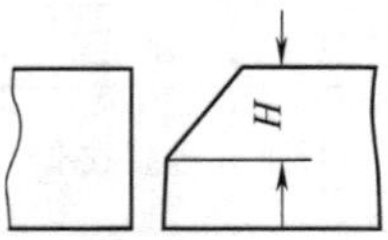 H	N	相同焊缝数字	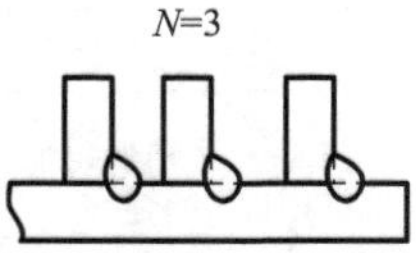 N=3
S	焊缝有效厚度	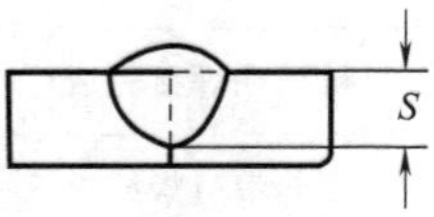 S	h	余高	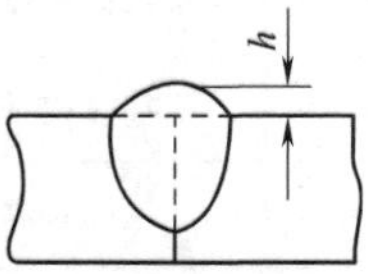 h

7. 指引线

由带箭头的指引线、两条基准线（横线）（一条为实线，另一条为虚线）和尾部组成，如图 1-26 所示。

指引线使用时应与基本符号相配合。

（1）焊缝在接头的箭头侧　焊缝在接头的箭头侧（见图 1-27）时，将基本符号标在基准线的实线侧，如图 1-28a 所示。

（2）焊缝在接头的非箭头侧　焊缝在接头的非箭头侧（见图 1-29）时，将基本符号标在基准线的虚线侧，如图 1-28b 所示。

（3）标对称焊缝及双面焊缝　可不加虚线，如图1-28c、d所示。

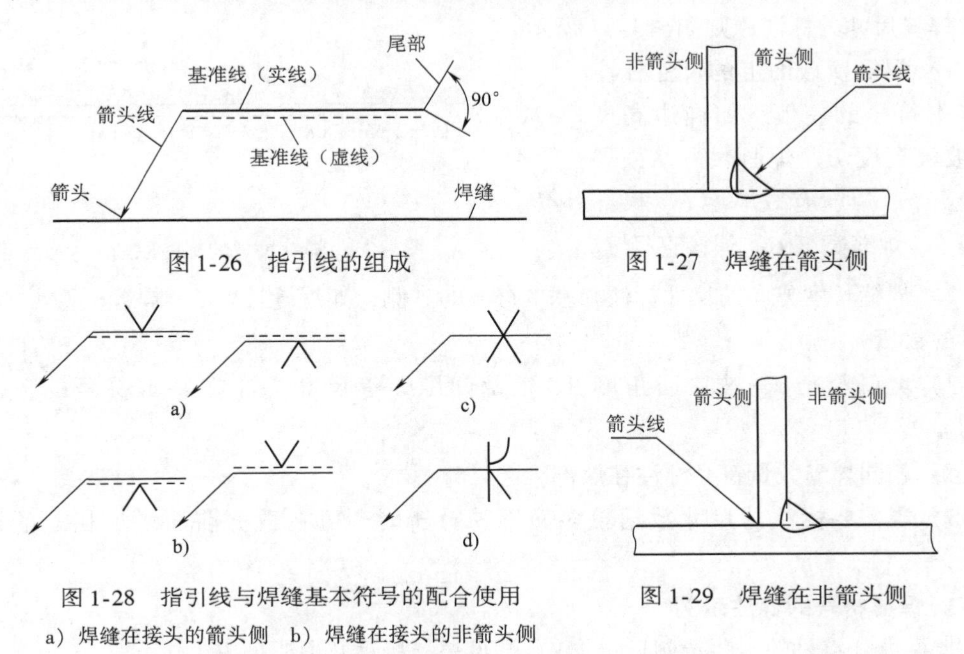

图1-26　指引线的组成

图1-27　焊缝在箭头侧

图1-28　指引线与焊缝基本符号的配合使用
a）焊缝在接头的箭头侧　b）焊缝在接头的非箭头侧
c）对称焊缝　d）双面焊缝

图1-29　焊缝在非箭头侧

8. 尾部标注

相同焊缝数量符号、焊接方法代号标注在焊缝符号指引线的尾部。

二、焊缝符号的标注

1. 焊缝符号的标注规定

国家标准GB/T 324－2008对焊缝符号和焊接方法代号的标注方法做了规定。

1）焊缝符号一般由基本符号、指引线、补充符号及数据等组成。

2）标注焊缝时，首先将焊缝基本符号标注在基准线上边或下边，其他符号按规定标注在相应的位置上。

3）箭头线相对焊缝的位置一般没有特殊要求，但是在标注V形、单边V形、J形等焊缝时，箭头应指向带有坡口一侧的工件，如图1-30所示。

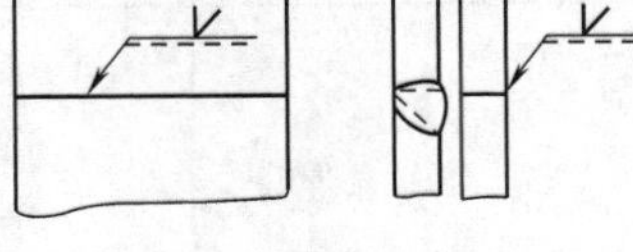

图1-30　箭头指向坡口

4）必要时允许箭头线弯折一次。

5）虚基准线可以画在实基准线的上侧或下侧。

6）基准线一般应与图样的底边相平行，但在特殊条件下亦可与底边相垂直。

7）如果焊缝和箭头线在接头的同一侧，则将焊缝基本符号标注在实基准线侧；相反，如果焊缝和箭头线不在接头的同一侧，则将焊缝基本符号标注在虚基准线侧。

2. 焊缝尺寸的标注原则

焊缝尺寸的标注原则如图 1-31 所示。

1）焊缝横截面上的尺寸标注在基本符号的左侧，如钝边高度 p、坡口高度 H、焊脚尺寸 K、焊缝余高 h、焊缝有效厚度 S、根部半径 R、焊缝宽度 C、焊核直径 d。

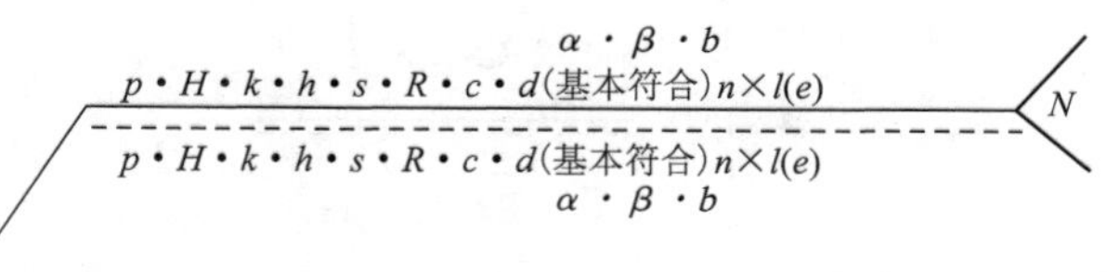

图 1-31 焊缝尺寸的标注原则

2）焊缝长度方向的尺寸标注在基本符号的右侧，如焊缝长度 L、焊缝间隙 e、相同焊缝的数量 n。

3）坡口角度 α、坡口面角度 β、根部间隙 b 等尺寸标注在基本符号的上侧或下侧。

4）相同焊缝数量符号标注在尾部。

5）当需要标注的尺寸数据较多又不易分辨时，可在数据前面增加相应的尺寸符号。

3. 焊缝符号的标注示例

常见焊缝符号的标注示例见表 1-8。常见焊缝标注及说明见表 1-9。

表 1-8 常见焊缝符号的标注示例

序号	名称	示意图	尺寸符号	标注方法
1	对接焊缝	S	S：焊缝有效厚度	S
2	连续角焊缝	K	K：焊脚尺寸	K
3	断续角焊缝	l (e) l	l：焊缝长度 e：间距 n：焊缝段数 K：焊角尺寸	K $n\times l(e)$
4	交错断续角焊缝	l (e) l (e) l l (e) l	l：焊缝长度 e：间距 n：焊缝段数 K：焊角尺寸	K $n\times l$ (e) K $n\times l$ (e)

（续）

序号	名称	示意图	尺寸符号	标注方法
5	塞焊缝或熔焊缝	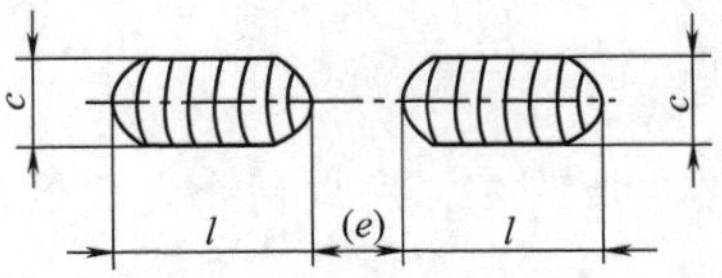	l：焊缝长度 e：间距 n：焊缝段数 c：槽宽	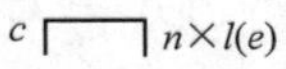 c ⊓ $n\times l(e)$
		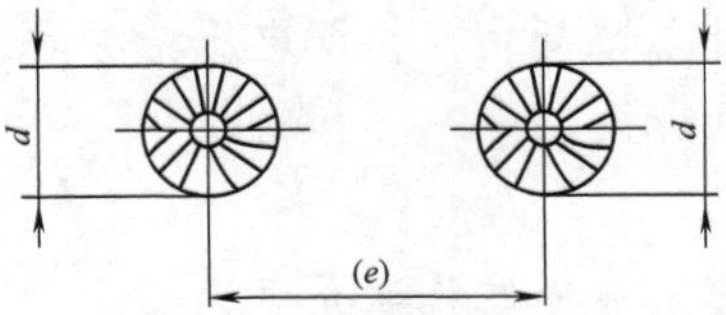	e：间距 n：焊缝段数 d：孔径	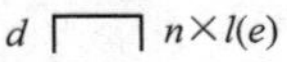 d ⊓ $n\times l(e)$
6	点焊缝	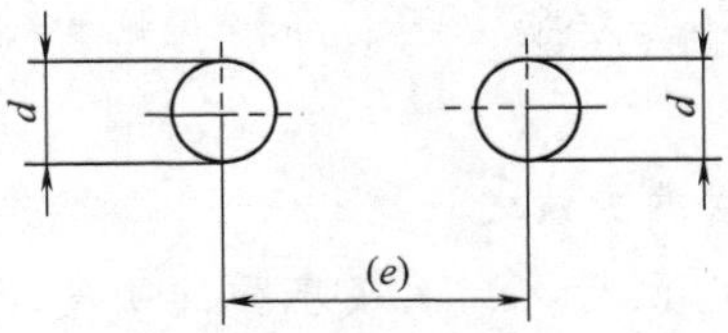	n：焊点数量 e：焊点距 d：熔核直径	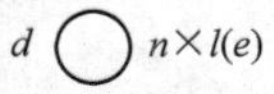 d ○ $n\times l(e)$
7	缝焊缝	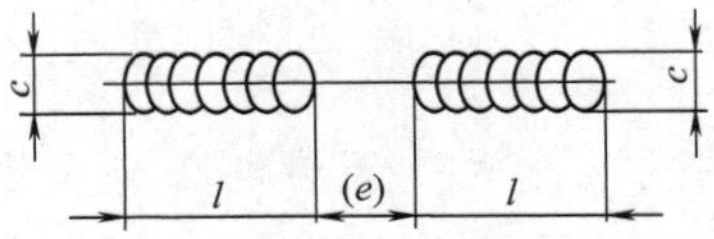	l：焊缝长度 e：间距 n：焊缝段数 c：焊缝宽度	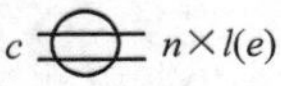 c ⊖ $n\times l(e)$

表 1-9 常见焊缝标注及说明

标注示例	说 明
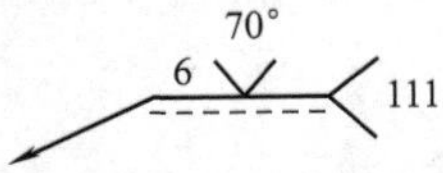 70° 6 111	V 形焊缝，坡口角度 70°，焊缝有效高度 6mm
 4	角焊缝，焊脚高度 4mm，在现场沿工件周围焊接
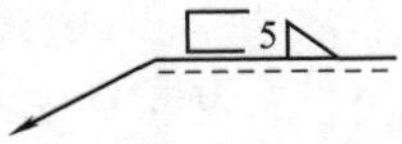 5	角焊缝，焊脚高度 5mm，三面焊接
 5 8×(10)	槽焊缝，槽宽（或直径）5mm，共 8 个焊缝，间距 10mm
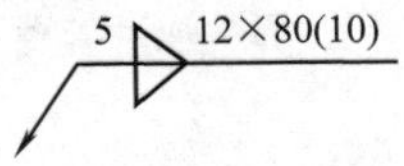 5 12×80(10)	断续双面角焊缝，焊脚高度 5mm，共 12 段焊缝每段 80mm，间隔 30mm
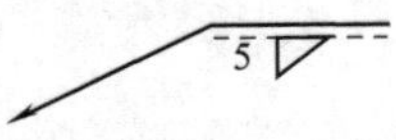 5	在箭头所指的另一侧焊接，连续角焊缝，焊缝高度 5mm

复习思考题

1-1 判断题。

1. 交流电弧由于电源的极性做周期性改变，所以两个电极区的温度趋于一致。（ ）
2. 焊接电弧是电阻负载，所以服从欧姆定律，即电压增加时，电流也增加。（ ）
3. 电弧是一种气体放电现象。（ ）
4. 电弧静特性曲线只与电弧长度有关而与气体介质无关。（ ）
5. 使用交流电源时，由于极性不断交换，所以焊接电弧的磁偏吹要比采用直流电源时严重得多。（ ）
6. 采用短弧焊接是减少电弧偏吹的方法之一。（ ）
7. 焊接电弧紧靠阴极的区域称为阴极区，阴极表面的明亮斑点称为阴极斑点，它是阴极表面上集中发射电子的地方。（ ）

1-2 选择题。

1. 电弧焊在焊接方法中之所以占主要地位是因为电弧能有效而简单地把电能转换成熔化焊接过程所需要的（ ）。

A. 光能　B. 化学能　C. 热能和机械能　D. 光能和机械能

2. 电弧焊时，电弧越长，则电弧电压（ ）。

A. 越高　B. 越低　C. 不变

3. 生产中减少电弧偏吹的方法是（ ）。

A. 调整焊条角度　B. 增加电流　C. 改变运条方法

4. 钨极氩弧焊在大电流区间焊接时，静特性为（ ）。

A. 平特性区　B. 上升特性区　C. 陡降特性　D. 缓降特性区

5. 关于焊接电弧下列说法正确的是（ ）。

A. 阳极区的长度大于阴极区的长度　B. 阳极区的长度大于弧柱区的长度
C. 阴极区的长度大于弧柱区的长度　D. 弧柱区的长度可以近似代表整个弧长

6. 若使焊接电弧最稳定，应选（ ）。

A. 直流反接　B. 直流正接　C. 交流电源　D. 脉冲电源

1-3 焊接电弧的引燃一般有哪些方式？

1-4 为什么要将焊条与焊件接触后，很快拉开至3～4mm，电弧才能引燃？

1-5 影响电弧稳定性的因素有哪些？

1-6 电弧焊时，对弧焊电源的基本要求有哪些？

1-7 气体电离的种类有哪些？

1-8 阴极电子发射的种类有哪些？

1-9 焊接电弧由哪些部分组成？

1-10 电弧力由哪些力组成，它们的作用是什么？

1-11 焊接电弧产生磁偏吹的原因是什么？

1-12 影响熔滴过渡的作用力有哪些，对熔滴过渡有哪些影响？

1-13 硫、磷对焊接有哪些影响，如何控制？

1-14 焊接参数对焊缝成形有什么影响？

1-15 坡口有哪些基本形式，开坡口的目的是什么？

1-16 焊缝符号由哪些部分组成？

第二章
焊条电弧焊

第一部分　知识积累

第一节　焊　　条

一、焊条的组成

焊条是供焊条电弧焊焊接过程中使用的涂有药皮的熔化电极，它由焊芯和药皮两部分组成，如图 2-1 所示。

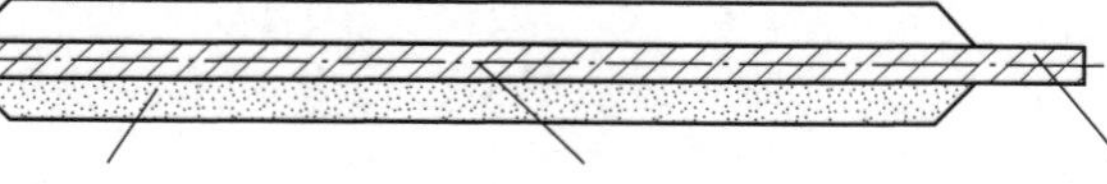

图 2-1　焊条的组成

1—药皮　2—夹持端　3—焊芯

焊条药皮与焊芯的重量比被称为药皮重量系数，焊条的药皮重量系数一般为 25% ~40%。焊条药皮沿焊芯直径方向偏心的程度，称为偏心度。国家标准规定，直径为 3mm、2mm 和 4mm 的焊条，偏心度不得大于 5%。焊条的一端没涂药皮的焊芯部分，供焊接过程中焊钳夹持之用，称为焊条的夹持端。对焊条夹持端的长短，国家标准都有详细规定，常见的碳钢焊条夹持端长度见表 2-1。

表 2-1　碳钢焊条夹持端长度（GB/T 2117—1995）　　　　（单位：mm）

焊条直径	夹持端长度
≤4.0	10 ~30
≥5.0	15 ~35

1. 焊芯

焊条中被药皮所包覆的金属芯称为焊芯。它是具有一定长度、一定直径的金属丝。焊芯在焊接过程中有两个作用，其一是传导焊接电流并产生电弧，把电能转换为热能，既熔化焊条本身，又使被焊母材熔化而形成焊缝；其二是作为填充金属，起到调整焊缝中合金元素成分的作用。为保证焊缝质量，对焊芯的质量要求很高，焊芯金属对各合金元素的含量都有一定的限制，以确保焊缝的各方面性能不低于母材金属。按照国家标准，制造焊芯的钢丝可分为碳素结构钢、合金结构钢和不锈钢钢丝以及铸铁、有色金属丝等。

焊芯的牌号用字母 H 做字首，后面的数字表示碳的质量分数，其他的合金元素含量表示方法与钢号表示方法大致相同。焊芯质量不同时，在牌号的最后标注特定的符号以示区别：A 为高级优质焊丝，S、P 含量较低，其质量分数≤0.030%；若末尾注有字母 E 或 C，则为特级焊丝，S、P 含量更低、E 级 S、P 质量分数≤0.020%，C 级 S、P 质量分数≤0.015%。常用的碳素结构钢焊芯牌号有 H08A，H08MnA 等，常用的合金结构钢焊芯牌号有 H10Mn2、H08Mn2Si、H08Mn2SiA 等，常用的不锈钢焊芯牌号有 Hl-Cr19Ni9（奥氏体型）、HlCr17（铁素体型）、HlCr13（马氏体型）等。

焊条的规格都以焊芯的直径来表示，焊芯的直径越大，焊芯的基本长度也相应长些。

2. 药皮

（1）药皮的作用

1）稳弧作用。焊条药皮中含有稳弧物质，如碳酸钾、碳酸钠、钛白粉和长石等，在焊接过程中可保证焊接电弧容易引燃和稳定燃烧。

2）保护作用。焊条药皮中含造气剂，如大理石、白云石、木屑、纤维素等，当焊条药皮熔化后，可产生大量的气体笼罩电弧区和焊接熔池，把熔化金属与空气隔绝开，保护熔融金属不被氧化、氮化。当焊条药皮熔渣冷却后，在高温的焊缝表面上形成渣壳，既可以减缓焊缝的冷却速度，又可以保护焊缝表面的高温金属不被氧化，改善焊缝成形。

3）冶金作用。焊条药皮中加有脱氧剂和合金剂，如锰铁、钛铁、硅铁、铂铁、钒铁和铬铁等，通过熔渣与熔化金属的化学反应，减少氧、硫等有害物质对焊缝金属的危害，使焊缝金属达到所要求的性能。通过在焊条药皮中加入铁合金或纯合金元素，使之随焊条药皮熔化而过渡到焊缝金属中去，以补充被烧损的合金元素和提高焊缝金属的力学性能。

4）改善焊接工艺性。焊条药皮在焊接时形成的套筒，能保证焊条熔滴过渡正常进行，保证电弧稳定燃烧。通过调整焊条药皮成分，可以改变药皮的熔点和凝固温度，使焊条末端形成套筒，产生定向气流，既有利于熔滴的过渡，又使焊接电弧热量集中，提高焊缝金属熔敷效率，可以进行全位置焊接。

（2）焊条药皮组成物的分类　焊条药皮组成物按其在焊接过程中所起的作用，可分为稳弧剂、造渣剂、造气剂、合金剂、稀渣剂、粘渣剂和增塑剂等。

二、焊条的分类

1. 按用途分类

焊条按用途可分为以下几种。

1）碳钢焊条。这类焊条主要用于强度等级较低的低碳钢和低合金钢的焊接。

2）低合金钢焊条。这类焊条主要用于低合金高强度钢、含合金元素较低的钼和钴钼耐热钢及低温钢的焊接。

3）不锈钢焊条。这类焊条主要用于含合金元素较高的铝耐热钢和钴钼耐热钢及各类不锈钢的焊接。

4）堆焊焊条。这类焊条用于金属表面层的堆焊，其熔敷金属在常温或高温中具有较好的耐磨性和耐蚀性。

5）铸铁焊条。这类焊条专用于铸铁的焊接和补焊。

6）镍和镍合金焊条。这类焊条用于镍及镍合金的焊接、补焊或堆焊。

7）铜及铜合金焊条。这类焊条用于铜及铜合金的焊接、补焊或堆焊，也可以用于某些铸铁的补焊或异种金属的焊接。

8）铝及铝合金焊条。这类焊条用于铝及铝合金的焊接、补焊或堆焊。

9）特殊用途焊条。这类焊条是指用于在水下进行焊接、切割的焊条及管状焊条等。

2. 按焊条药皮融化后的熔渣特性分类

焊接过程中，焊条药皮熔化后，按所形成熔渣呈现酸性或碱性，把焊条分为碱性焊条（熔渣碱度≥1.5）和酸性焊条（熔渣碱度<1.5）两大类。

（1）酸性焊条的工艺特点　焊条引弧容易，电弧燃烧稳定，可用交、直流电源焊接；焊接过程中，对铁锈、油污和水分敏感性不大，抗气孔能力强；焊接过程中飞溅小，脱渣性好；焊接时产生的烟尘较少；焊条使用前需在75～150℃温度下烘干1～2h，烘干后允许在大气中放置时间不超过6h，否则必须重新烘干。

焊缝常温、低温的冲击性能一般；焊接过程中合金元素烧损较多；酸性焊条脱硫效果差，抗热裂纹性能差。由于焊条药皮中的氧化性较强，所以不适宜焊接合金元素较多的材料。

厚药皮酸性焊条焊接过程中电弧燃烧稳定并集中在焊芯中心，因为药皮的熔点高、导热慢，所以焊条端部熔化时，药皮套筒长。由于套筒的冷却作用，会压缩电弧，使电弧更加集中在焊芯中心，此时焊芯中心熔化快，焊芯边缘熔化慢，使焊条端部熔化面呈现内凹形，如图2-2a所示。

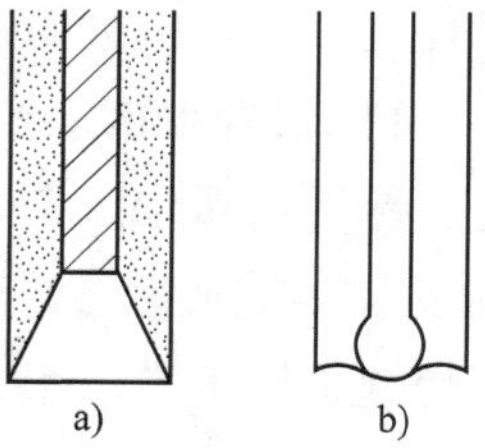

a)　　b)

图2-2　焊条端部熔化面
a）酸性焊条　b）碱性焊条

（2）碱性焊条工艺特点　焊条药皮中由于含有氟化物而影响气体电离，所以焊接电弧燃烧的稳定性差，只能使用直流焊机焊接；焊接过程中对水、铁锈产生气孔缺陷敏感性较大；焊接过程中飞溅较大、脱渣性较差；焊接过程中产生的烟尘较多，由于药皮中含有氟石，焊接过程会析出氟化氢有毒气体，为此注意加强通风保护；焊接熔渣流动性好，冷却过程中粘度增加很快，焊接过程宜采用短弧连弧焊法焊接；焊条使用前应经250～400℃烘干1～2h，烘干后的焊条应放在100～150℃的保温箱（筒）内随用随取；低氢型焊条在常温下放置不能超过3～4h，否则必须重新烘干。

焊缝常温、低温冲击性能好；焊接过程中合金元素过渡效果好，焊缝塑性好；碱性焊条脱氧、脱硫能力强，焊缝含氢、氧、硫低，抗裂性能好，常用于重要结构的焊接。

碱性焊条端部熔化面呈凸形的原因有两种说法。其一，认为碱性焊条药皮含有 CaF_2，使电弧分散在焊芯的端面上，由于药皮的熔点低，焊条端部熔化面处药皮套筒短，所以，冷却压缩电弧的作用很小，焊接电弧更分散，这样焊芯边缘先熔化，端部药皮套筒也熔化，焊条端部的熔化面呈现凸形，如图 2-2b 所示。其二，认为碱性焊条药皮中的 CaF_2 使渣的表面张力加大，生成粗大的熔滴，电弧在熔滴下端发生，热量由表面流传递，它首先熔化焊条端部套筒药皮及焊芯的边缘部分，所以焊条端部熔化面呈现凸形，如图 2-2b 所示。

三、焊条的型号

以国家标准为依据规定的焊条表示方法称为型号，它是根据熔敷金属的力学性能、药皮类型、焊接位置和焊接电流种类来划分的。

第二节　碳钢焊条的选用和使用

一、碳钢焊条的选用

碳钢焊条的选用正确与否，对确保焊接结构的焊接质量、焊接生产效率、焊接生产成本、焊工身体健康都是很重要的。选用焊条时应遵循以下基本原则。

1. 考虑焊缝金属的使用性能要求

焊接碳素结构钢时，如属同种钢的焊接，按钢材抗拉强度等强的原则选用焊条；不同钢号的碳素结构钢焊接时，按强度较低一侧钢材选用焊条；对于承受动载荷的焊缝，应选用熔敷金属具有较高冲击韧度的焊条；对于承受静载荷的焊缝，应选用抗拉强度与母材相当的焊条。

2. 考虑焊件的形状、刚度和焊接位置

结构复杂、刚度大的焊件，由于焊缝金属收缩时产生的应力大，应选用塑性较好的焊条焊接；选用一种焊条，不仅要考虑其力学性能，还要考虑焊接接头形状的影响，因为强度和塑性好的焊条虽然适用于对接焊缝的焊接，但是，该焊条用于焊接角焊缝时，就会使力学性能偏高而塑性偏低；对于焊接部位焊前难以清理干净的焊件，应选用氧化性强且对铁锈、油污等不敏感的酸性焊条，这样更能保证焊缝的质量。

3. 考虑焊缝金属的抗裂性

当焊件刚度较大，母材含碳、硫、磷量偏高或外界温度偏低时，焊缝容易出裂纹，焊接时最好选用抗裂性较好的碱性焊条。

4. 考虑焊条操作工艺性

在保证焊缝使用性能和抗裂性要求的前提下，尽量选用焊接过程中电弧稳定、焊接飞溅少、焊缝成形美观、脱渣性好和适用于全位置焊接的酸性焊条。

5. 考虑设备及施工条件

在没有直流焊机的情况下，就不能选用低氢钠型焊条，可以选用交直流两用的低氢钾型焊条；当焊件不能翻转而必须进行全位置焊接时，应选用能适合各种条件下空间位置焊接的焊条。例如，进行立焊和仰焊操作时，建议选用钛钙型药皮焊条、钛铁矿型药皮类型焊条焊接；在密闭的容器内或狭窄的环境中进行焊接时，除考虑应加强通风外，还要尽可能避免使用低氢型焊条，因为这种焊条在焊接过程中会放出大量的有害气体和粉尘。

6. 考虑经济合理

在同样能保证焊缝性能要求的条件下，应当选用成本较低的焊条，如钛铁矿型药皮类型焊条的成本要比具有相同性能的钛钙型药皮类型焊条低得多。

7. 考虑生产率

对于焊接工作量大的焊件，在保证焊缝性能的前提下，尽量选用生产率高的焊条，如铁粉焊条、重力焊焊条、立向下焊条、连续焊条（CCE 技术）等专用焊条，这样不仅焊缝的力学性能满足同类焊条标准，还能极大地提高焊接效率。

二、碳钢焊条的使用

焊条采购入库时，必须有焊条生产厂的质量合格证，凡无质量合格证或对其质量有怀疑时，应按批抽查试验。特别是焊接重要的焊接结构时，焊前应对所选用的焊条进行性能鉴定，对于长时间存放的焊条，焊前也要经过技术鉴定后方能确定是否可以使用。如发现焊条焊芯有锈迹时，该焊条需经试验鉴定合格后方可使用。如果发现焊条受潮严重，有药皮脱落情况时，此焊条应该报废。

焊条在使用前，一般应按说明书规定的温度进行烘干。因为焊条药皮受其成分、存放空间空气湿度、保管方式和储存时间长短等因素的影响，会吸潮而使工艺性能变坏，造成焊接电弧不稳定，焊接飞溅增大，容易产生气孔和裂纹等缺陷。

酸性焊条的烘干温度为 75～150℃，烘干时间为 1～2h，当焊条包装完好且储存时间较短，用于一般的钢结构焊接时，焊前也可以不进行烘干。烘干后允许在大气中放置时间不超过 6h，否则，必须重新烘干。

碱性焊条的烘干温度为 350～400℃，烘干时间为 1～2h，烘干后的焊条放在焊条保温筒中随用随取，烘干后的焊条允许在大气中放置 3～4h，对于抗拉强度在 590MPa 以上的低氢型高强度钢焊条应在 1.5h 以内用完，否则必须重新烘干。

纤维素型焊条烘干温度为 70～120℃（J425），保温时间为 0.5～1h 注意烘干温度不可过高，否则纤维素易烧损，使焊条性能变坏。

对于有些管道用纤维素焊条，某些生产厂家在产品说明书中规定打开包装（镀锌铁皮筒）后，焊条即可直接使用，不准进行再烘干。因为厂家在调制焊条配方时，已将焊条药皮中所含水分对电弧吹力的影响一并考虑在内，若再进行烘干，将降低药皮的含水量，减弱了电弧吹力，使焊接质量变差。

烘干焊条时，要在炉温较低时放入焊条，然后逐渐升温；取烘干好的焊条时，不可从高温的炉中直接取出，应该等待炉温降低后再取出，防止冷焊条突然被高温加热，或高温焊条突然被冷却而使焊条药皮开裂，降低焊条药皮的作用。焊条烘干箱中的焊条，不应该成垛或成捆地摆放，应该铺成层状，每层焊条堆放不能太厚，ϕ4mm 焊条不超过 3 层，ϕ3.2mm 焊条不超过 5 层。ϕ3.2mm 和 ϕ4mm 焊条的偏心度不大于 5%。

露天焊接施工时，下班后剩余的焊条必须妥为保管，不允许露天放在施工现场。

焊条重复进行烘干时，重复烘干次数不宜超过 3 次。各类严重变质的焊条，不再允许使用，应责成有关人员，去除焊条药皮，焊芯清洗后回用。

第三节　焊条电弧焊设备

一、焊条电弧焊电源

焊条电弧焊电源是一种利用焊接电弧所产生的热量来熔化焊条和焊件的电器设备，焊接过程中，焊接电弧的电阻值一直在变化着，并且随着电弧长度的变化而改变，当电弧长度增加时，电阻就大，反之电阻就小。

焊接过程中，焊条熔化形成的金属熔滴从焊条末端分离时，会发生电弧的短路现象，一般这种短路过渡达 20～70 滴/s，当这些金属熔滴被分离后，电弧能在 0.05s 内恢复。

综合各种现象，为满足焊条电弧焊焊接的需要，对焊条电弧焊电源提出下列要求：

1. 具有陡降的外特性

在稳定的工作状态下，焊接电源输出的焊接电流与输出的电压之间的关系称为弧焊电源的外特性。当这种关系用曲线表示时，该曲线就称为焊接电源的外特性曲线。调节焊接电流，实际上是调节电流外特性曲线。

从图 2-3 中可以看到，虽然焊接电弧弧长发生了变化，然而电弧电压也随之产生变化，而从外特性曲线可以看出，外特性曲线越陡，焊接电流的变化越小。由于，一台焊机具有无数条外特性曲线，调节焊接电流实际上就是调节电源外特性曲线，所以，在实际焊接过程中，电源外特性曲线是选用陡降的。因为，即使焊接电弧弧长有变化，也能保障焊接电弧稳定燃烧和良好的焊缝成形。

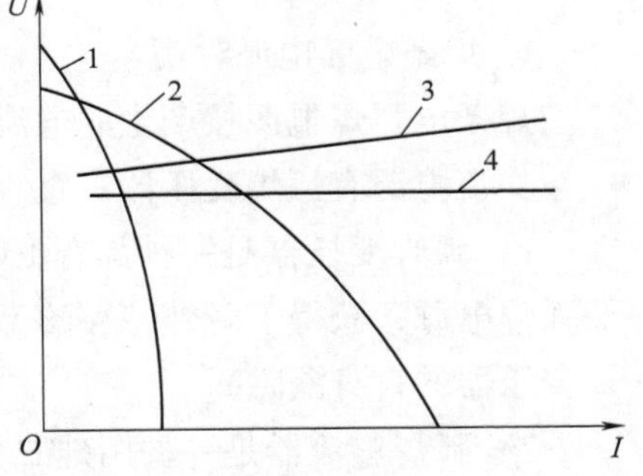

图 2-3　电源外特性曲线

1—陡降外特性曲线　2—缓降外特性曲线　3—上升特性曲线　4—平特性曲线

2. 适当的空载电压

焊条电弧焊过程中，在频繁的引弧和熔滴短路时，维持电弧稳定燃烧的工作电压是 20～30V，焊条正常引弧电压是 50V 以上。而焊条电弧焊焊接电源空载电压一般为 50～

90V，可以满足焊接过程中不断引弧的要求。

空载电压高虽然容易引弧，但不是越高越好，因为空载电压过高，容易造成触电事故；另外，尽管空载电压是焊接电源输出端没有焊接电流输出时的电压，也要消耗电能。我国有关标准中规定：弧焊整流器空载电压一般在90V以下；弧焊变压器的空载电压一般在80V以下。

3. 适当的短路电流

焊条电弧焊过程中，引弧和熔滴过渡等都会造成焊接回路的短路现象。如果短路电流过大，不但会使焊条过热、药皮脱落、焊接飞溅增大，而且还会引起弧焊电源过载而烧坏。如果短路电流过小，则会使焊接引弧和熔滴过渡发生困难，导致焊接过程难以继续进行。所以，陡降外特性电源应具有适当的短路电流，通常规定短路电流等于焊接电流的1.25～1.5倍。

4. 良好的动特性

焊接过程中，焊机的负载总是在不断地变化，焊条与焊件之间会频繁地发生短路和重新引弧。如果焊机的输出电流和电压不能迅速地适应电弧焊过程中的这些变化，这时焊接电弧就不能稳定地燃烧，甚至熄灭。这种弧焊电源适应焊接电弧变化的特性称为动特性。动特性用来表示弧焊电源对负载瞬变的快速反应能力。动特性良好的弧焊电源，焊接过程中电弧柔软、平静、富有弹性，容易引弧，焊接过程稳定、飞溅小。

5. 良好的调节特性

焊接过程中，需要选择不同的焊接电流，因此，弧焊电源的焊接电流必须能在较宽的范围内均匀灵活地调节。一般要求焊条电弧焊电源的电流调节范围为弧焊电源额定焊接电流的0.25～1.2倍。

二、焊条电弧电源的种类及型号

1. 焊条电弧电源种类

焊条电弧焊电源按产生的电流种类，可分为交流电源和直流电源两大类。

交流电源有弧焊变压器；直流电源有弧焊整流器、弧焊发电机和弧焊逆变器。

1）弧焊变压器是一种具有下降外特性的特殊降压变压器，在焊接行业里又称为交流弧焊电源，获得下降外特性的方法是在焊接回路里增加电抗（在回路里串联电感和增加变压器的自身漏磁）。

2）弧焊整流器是一种用硅二极管作为整流装置，把交流电经过变压、整流后，供给电弧负载的直流电源。

3）直流弧焊发电机是一种电动机和特种直流发电机的组合体，因焊接过程噪声大，耗能大，焊机重量大，已被淘汰。淘汰的弧焊发电机有AX-320、AX1-500、AX3-300、AX4-400、AX9-500等型号。对于原有产品仍可继续使用，可用于缺乏电源的野外作业，但不再生产新的。另一种是柴油（汽油）机和特种直流发电机的组合体，用以产生适用于焊条电弧焊的直流电，多用于野外没有电源的地方进行焊接施工。

4）弧焊逆变器是一种新型、高效、节能直流焊接电源，该焊机具有极高的综合指标，它作为直流焊接电源的更新换代产品，已经普遍受到各个国家的重视，现已普遍使用。

2. 焊条电弧焊机型号

焊机是将电能转换为焊接能量的焊接设备。

GB/T 10249—2010 规定电焊机产品型号编制方法如下：

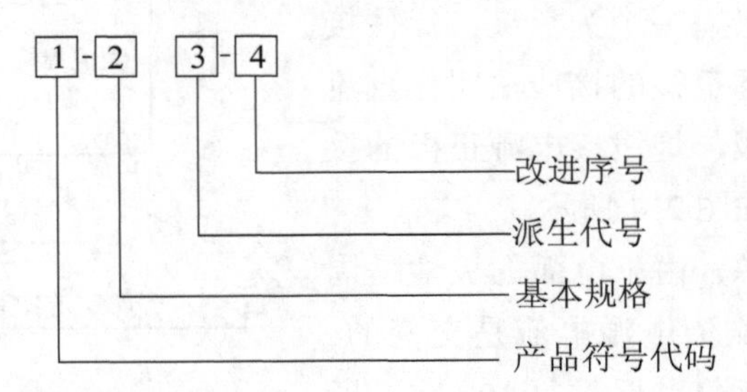

产品符号代码的编排顺序如下：

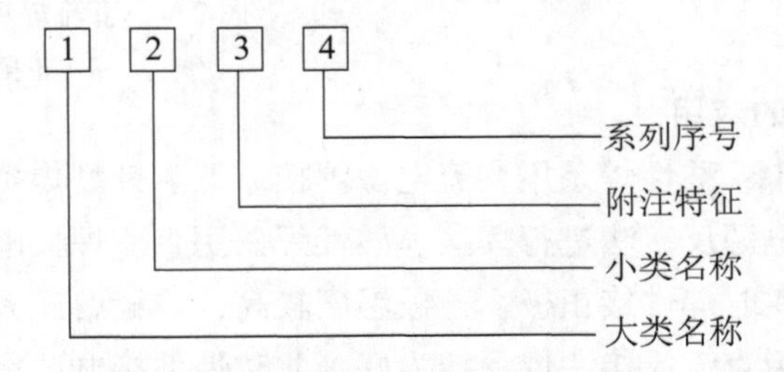

第四节 焊接参数

焊接参数是指焊接过程中为保证焊接质量而选定的各个参数。焊接参数选择得合适，对提高焊接质量和生产率都是十分重要的。

一、焊接电源

选用哪种焊接电源进行焊接，首先要看该焊接电源在焊接过程中能否保证电弧稳定燃烧，所以，在选用焊接电源时，要满足以下基本要求，即适当的空载电压；陡降的外特性；焊接电流大小可以灵活调节；良好的动特性等。

除此之外，还要根据焊条药皮类型决定焊接电源的种类。除低氢钠型焊条必须采用直流反接电源外，低氢钾型焊条可以采用直流反接或交流电源焊接，酸性焊条可以用交流焊接电源焊接，也可以用直流焊接电源焊接。用直流电源焊接厚板时，采用直流正接法为好（焊件接焊接电源正极、焊钳接负极），焊接薄板时，则采用直流反接法为好（焊件接焊接电源负极、焊钳接正极）。薄板焊接时，需要焊接电流小，电弧不稳，为了防止烧穿，无论选用碱性焊条还是酸性焊条，必须选用直流焊接电源反接法。

二、焊接电源的极性

1. 焊接电源的极性

焊条电弧焊焊接电源有两个输出的电极，在焊接过程中分别接到焊钳和焊件上，形成一个完整的焊接回路。直流弧焊电源的两个输出电极，一个为正极、一个为负极，焊件接电源正极、焊钳接电源负极的接线法叫作直流正接；焊件接电源负极、焊钳接电源正极的接线法叫作直流反接，如图 2-4 所示。

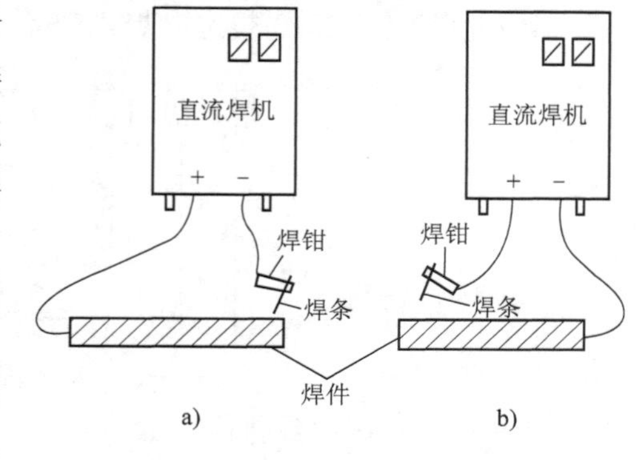

图 2-4　直流焊接电源的正接与反接

a）正接　b）反接

对于交流弧焊电源，由于电弧的极性是周期性地改变的，工频交流电源电流是交变的，焊接电弧的燃烧和熄灭每秒要重复 100 次，所以，交流弧焊变压器的输出电极无正、负极之分。

2. 焊接电源极性的应用

焊条电弧焊过程中，酸性焊条用交流电源焊接。低氢钾型焊条可以用交流电源进行焊接，也可以用直流电源反接法进行焊接。酸性焊条用直流焊接电源焊接时，厚板宜采用直流正接法焊接，此时焊件接正极，正极温度较高，焊缝熔深大。用酸性焊条采用直流电源焊薄板时，采用直流反接法焊焊接为好，此时焊件接电源负极，可以防止焊件烧穿。当使用低氢钠型焊条焊接时，必须使用直流焊接电源反接法焊接。

3. 直流电源极性的鉴别方法

直流焊接电源的极性，由于某种原因导致分不清时，可以采用下列方法进行鉴别：

1）采用低氢钠型焊条，如 E5015 在直流焊接电源上试焊，焊接过程中，若焊接电弧稳定、飞溅小，电弧燃烧声音正常，则表明焊接电源采用的是直流反接，与焊件连接的焊机输出极性是负极，与焊钳相连的焊机输出极性是正极。

2）采用碳棒试焊，如果试焊时碳弧燃烧稳定，电弧被拉起很长也不断弧，而且在断弧后，碳棒端面光滑，此种接法为直流正接，与焊件相连的焊机输出极性是正极，与碳棒相连的焊机输出极性是负极。

3）采用直流电压表鉴别，鉴别时将直流电压表的正极、负极分别接在直流电源的两个电极上，若电压表指针向正方向偏转时，此时与电压表正极相连接的焊接电源输出极性是正极，与电压表负极相连接的焊接电源输出极性是负极。

三、焊条直径

焊条直径可以根据焊件的厚度、焊缝所在的空间位置、焊件坡口形式等进行选择。

1. 焊件厚度

焊条直径的选择主要应考虑焊件的厚度。当焊件的厚度较大时，为了减少焊接层次，提高焊接生产率，应选用直径较大的焊条；当焊件厚度较薄时，为了防止焊缝烧穿，宜采用小直径焊条焊接。

2. 焊接位置

为了在焊接过程中获得较大的熔池，减小熔化金属下淌，在焊件厚度相同的条件下，平焊位置焊接用的焊条直径，比其他焊接位置要大一些；立焊位置所用的焊条直径最大不超过5mm；横焊及仰焊时，所用的焊条直径不应超过4mm。

3. 焊接层次

多层多道焊缝进行焊接时，如果第一层焊道选用的焊条直径过大，焊接坡口角度、根部间隙过小，焊条不能深入坡口根部，导致产生未焊透缺陷。所以，多层焊道的第一层焊道应采用的焊条直径为2.5～3.2mm，以后各层焊道可根据焊件厚度选用较大直径焊条焊接。

四、焊接电流

焊接电流是焊接过程中流经焊接回路的电流，它是焊条电弧焊最重要的焊接参数。焊接时，焊接电流越大，焊缝熔深越大，焊条熔化越快，焊接效率也越高。但是如焊接电流过大，焊接飞溅和焊接烟尘会加大，焊条药皮因过热而发红和脱落，焊缝容易出现咬边、烧穿、焊瘤、焊缝表面成形不良等缺陷。此外，因为焊接电流过大，焊接热输入也大，造成焊缝接头的热影响区晶粒粗大，焊接接头力学性能下降；如焊接电流过小，则焊接过程中频繁地引弧会出现困难，电弧不稳定，焊缝熔池温度低，焊缝宽度变窄而余高增大，焊缝熔合不好，容易出现夹渣及未焊透等缺陷，焊接生产率低。焊接打底层焊道时，焊接电流要比填充层焊道电流小。而定位焊时焊接电流应比正式焊接时高10%～15%。

所以，在焊接过程中，焊接电流是焊接主要调节参数。焊接电流的选择，要考虑的因素很多，主要有焊条直径、焊接位置、焊道层数等。此外，焊接电缆在使用时，不要盘成圈状，以防产生感抗影响焊接电流。

1. 焊条直径

焊条直径越大，焊条熔化所需要的热量越大，为此，必须增大焊接电流。焊条直径与焊接电流的关系见表2-2。

表2-2 焊条直径与焊接电流

焊条直径/mm	焊接电流/A	焊条直径/mm	焊接电流/A
1.6	25～40	4.0	150～200
2.0	40～70	5.0	180～260
2.5	50～80	5.8	220～300
3.2	80～120	—	—

2. 焊接位置

在焊件板厚、结构形式、焊条直径等都相同的条件下，平焊位置焊接时，可选择偏大些的焊接电流；在非平焊位置焊接时，焊接电流应比平焊时的焊接电流小，立焊、横焊的焊接电流比平焊焊接电流小 10% ~15%；仰焊焊接电流比平焊焊接电流小 15% ~20%。角焊缝的焊接电流比平焊焊接电流稍大；而不锈钢焊接时，为减小晶间腐蚀倾向，焊接电流应选择允许值的下限。

3. 焊道

在焊缝的打底层焊道焊接时，为了保证打底层既能焊透，又不一会儿出现根部烧穿缺陷，所以，焊接电流应偏小些，这样有利于保证打底层焊缝质量。填充层焊道焊接时，为了提高焊接生产效率，保证填充层焊缝各层各道熔合良好，通常都使用较大的焊接电流。盖面层焊缝焊接时，为了防止焊缝咬边及使焊缝表面成形美观，使用的焊接电流可稍小些。此外，定位焊时，对焊缝焊接质量的要求与打底层焊缝相同。

五、电弧电压

焊条电弧焊的电弧电压是指焊接电弧两端（两电极）之间的电压，其值大小取决于电弧的长度。电弧长，则电弧电压高；电弧短，电弧电压低。焊接过程中，在保证焊缝焊接质量和力学性能的前提下，电弧长度应适中，如果电弧长度过长，将会出现以下问题：

1）焊接电弧不稳定，易摆动，焊缝容易出现咬边缺陷，电弧长度增加时，电弧的热能分散，熔滴飞溅大。

2）焊接熔池保护作用差，因为电弧长度增加时，与空气的接触面积加大，空气中的有害气体氧气、氮气容易侵入焊接熔池中，使焊缝产生气孔缺陷。

由于焊条电弧焊是手工操作，所以焊接弧长在焊接过程中很难保持不变化，为此，焊接弧长允许在 1 ~6mm 之间变化，而弧长变化的前提是焊工能保证电弧稳定燃烧，焊出的焊缝不仅具有优良的外观成形，而且焊缝内在质量也符合技术要求。焊接过程中的电弧电压大小，完全由焊工通过控制焊接电弧的长度来保证。

六、焊接层数

中厚板焊接时，为了保证焊透，需要在焊前开坡口，然后用焊条电弧焊进行多层焊或多层多道焊。中厚板焊接采用多层焊或多层多道焊，有利于提高焊接接头的塑性和韧性。多层焊和多层多道焊如图 2-5 所示。

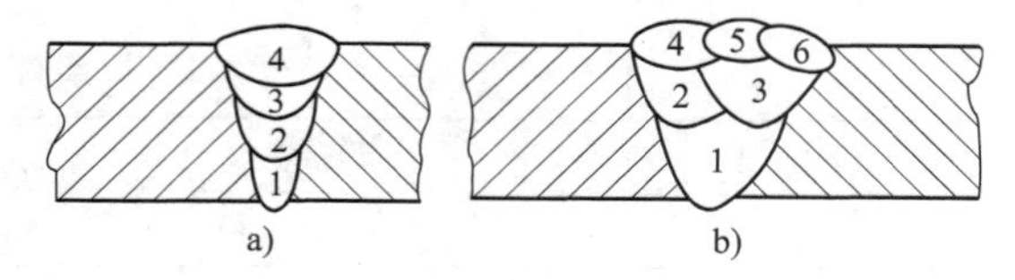

图 2-5　多层焊和多层多道焊

a）多层焊　b）多层多道焊

1、2、3、4、5、6—各焊道的顺序号

在进行多层多道焊接时，前一层焊道对后一层焊道起预热作用，而后一层焊道对前一层焊道起热处理作用，能细化焊缝晶粒，提高焊缝金属的塑性和韧性。每层的焊道厚度不应大于 4mm，如果每层的焊缝太厚，会使焊缝金属组织晶粒变粗，力学性能降低。

七、坡口的形式和尺寸

焊条电弧焊过程中，由于焊接结构的形式不同，焊件厚度不同，焊接质量要求的不同，使其接头的形式和坡口的形式也不同，常用的接头形式有对接、搭接、角接、T形接和端接。

1. 坡口的基本形式

按照焊件的厚度，焊件技术要求、焊接方法、焊接材料的不同，坡口可分为I形坡口、Y形坡口、双V形坡口、U形坡口和双U形坡口五种基本形式，如图2-6所示。

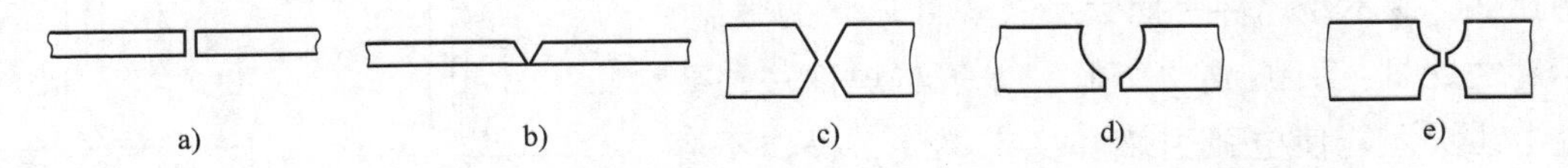

图2-6　坡口的基本形式

a) I形坡口　b) Y形坡口　c) 双V形坡口　d) U形坡口　e) 双U形坡口

2. 坡口的作用

坡口的主要作用是：确保焊接电弧能深入到坡口根部间隙处，使焊缝根部焊透；便于操作者清除焊渣，获得较好的焊缝成形；调节熔敷金属比例，提高焊接接头综合性能。

3. 坡口的尺寸

坡口角度：用以调节熔敷金属比例，提高焊接接头综合性能。

钝边：在焊接过程中调节坡口根部热量，以保证焊缝焊透和防止烧穿。

根部间隙：用以保证根部能焊透。

4. 坡口的选择

坡口选择的原则如下：

1）坡口形状容易加工。

2）能够使焊条伸入根部间隙，便于焊接操作，保证焊件焊透（焊条电弧焊熔深一般为2～4mm）。

3）坡口焊后变形小。

4）坡口焊接时，能节省焊条和提高焊接生产力。

第二部分　焊条电弧焊基本操作技术

第一节　基本操作技术

焊条电弧焊的基本操作技能是引弧、运条、焊道的连接和焊道的收尾，分别介绍如下：

一、引弧

焊条电弧焊时，引燃电弧的过程叫做引弧。焊条电弧焊的引弧方法有两种，即直击法和划擦法。

1. 直击法

焊条电弧焊开始前，先将焊条末端与焊件表面垂直轻轻一碰，便迅速提起焊条，并保持一定的距离（2～4mm），电弧随之引燃。直击法引弧的优点是，不会使焊件表面造成电弧划伤缺陷，又不受焊件表面大小及焊件形状的限制，不足之处是，引弧成功率低，焊条与焊件往往要碰击几次才能使电弧引燃和稳定燃烧，操作不容易掌握。电弧引燃方法如图 2-7 所示。

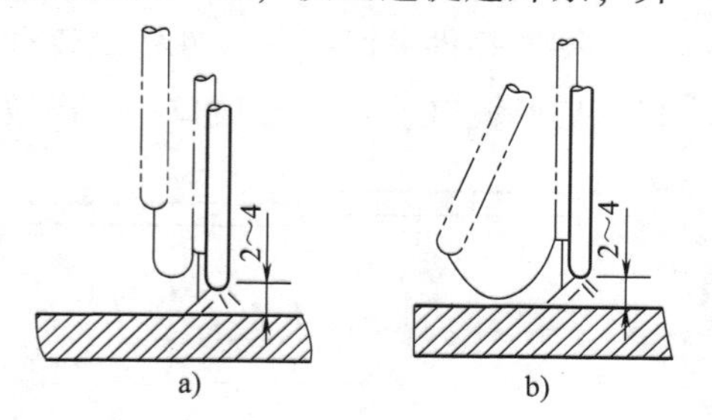

图 2-7 电弧引燃法
a）直击法 b）划擦法

2. 划擦法

将焊条末端对准引弧处，然后将手腕扭动一下，像划火柴一样，使焊条在引弧处轻微划擦一下，划动长度一般为 20mm 左右，电弧引燃后，立即使弧长保持在 2～4mm。这种引弧方法的优点是，电弧容易引燃，操作简单，引弧效率高。缺点是，容易损伤焊件表面，有电弧划伤痕迹，在焊接正式产品时应该少用。

以上两种引弧方法，对初学者来说，划擦法容易引燃电弧。但是，如果操作不当，容易使焊件表面被电弧划伤，特别是在狭窄的焊接工作场地或焊件表面不允许被电弧划伤时，就应该采用直击法引弧。

对于初学直击法引弧的焊工，在引弧时容易发生焊条药皮大块脱落、引燃的电弧又熄灭或焊条粘在焊件表面的现象。这是初学者引弧时手腕转动动作不熟练，没有掌握好焊条离开焊件的时间和距离所致。如果焊条在直击焊件后离开焊件的速度太快，焊条提起太高，就不能引燃电弧或电弧只燃烧一瞬间就熄灭。如果引弧动作太慢，焊条被提起的距离太低，就可能使焊条和焊件粘在一起，造成焊接回路短路。短路时间过长，不仅不能引燃电弧，还会因短路电流过大、时间过长而烧毁焊机。

焊条在引弧过程中粘在焊件表面时，将焊条左右摇动几次，即可使焊条脱落焊件表面。如果经左右摆动焊条仍不能脱离焊件表面，此时应立即将焊钳钳口松开，使焊接回路断开，待焊条冷却降温后再拆下。

酸性焊条引弧时，可以使用直击法或划擦法引弧；碱性焊条引弧时，多采用划擦法引弧，因直击法引弧容易在焊缝中产生气孔。

二、运条

1. 焊条的摆动

为了保证焊接电弧稳定燃烧和焊缝的表面成形，电弧引燃后，焊条要做三个方向的运动：

（1）焊条不断地向焊缝熔池送进　焊接过程中，随着焊条连续不断地被电弧熔化，焊接电弧弧长被拉长。而为了使电弧稳定燃烧，确保焊缝质量，就必须保持一定弧长。因此，焊条要以焊条熔化速度向焊缝熔池连续不断地送进。

（2）焊条沿焊接方向向前移动　焊接过程中，焊条向前移动速度要适当。焊条移动的速度过快，焊缝熔池变浅、变窄，容易造成焊缝未焊透或未熔合，焊缝内部容易出现气孔、夹渣缺陷。焊条移动速度过慢，焊缝余高大，焊缝宽度过宽，焊缝容易烧穿或出现焊瘤等缺陷，同时，焊接接头晶粒粗大，力学性能变差。

（3）焊条横向摆动　焊条电弧焊过程中，焊条横向摆动的目的是增加焊缝宽度，保证焊缝表面成形，延缓焊缝熔池凝固时间，有利于气孔和夹渣的逸出，以提高焊缝内部质量。正常焊缝宽度一般不超过焊条直径的2~5倍。

焊条移动时，应与前进方向成70°~80°夹角，把已熔化的金属和熔渣推向后方，否则，熔渣流向电弧的前方，则会造成夹渣缺陷。

2. 焊条运条

为了获得较宽的焊缝，焊条在送进和移动过程中，还要作必要的摆动。常用的运条方法如下：

（1）直线形运条法　焊接过程中，焊条末端不做横向摆动，仅沿着焊接方向作直线运动，电弧燃烧稳定，能获取较大的熔深，但焊缝的宽度较窄，一般不超过焊条直径的1.5倍。适用于板厚3~5mm的I形坡口对接平焊，多层焊的第一层焊道或多层多道焊第一焊道的焊接。直线形运条方法如图2-8a所示。

（2）直线往复形运条法　焊接过程中，焊条末端沿焊缝的纵向做往复直线摆动，如图2-8b所示，这种运条法的特点是焊接速度快，焊缝窄、散热快，焊缝不易烧穿，适用于薄板和间隙较大的多层焊的第一层焊道焊接。

（3）锯齿形运条法　焊接过程中，焊条末端在向前移动的同时，连续在横向做锯齿形摆动，焊条末端摆动到焊缝两侧应稍停片刻，防止焊缝出现咬边缺陷。焊条横向摆动的目的，主要是控制焊接熔化金属的流动和得到必要的焊缝宽度，以获得较好的焊缝成形，这种方法容易操作，在焊接生产中应用较多。锯齿形运条法如图2-8c所示。锯齿形运条法适用于较厚钢板对接接头的平焊、立焊和仰焊及T形接头的立角焊。

（4）月牙形运条法　焊接过程中，焊条末端沿着焊接方向做月牙形横向摆动，摆动的速度要根据焊缝的位置、接头形式、焊缝宽度和焊接电流的大小来决定。焊条末端摆动到坡口两边时稍停片刻，这样既能使焊缝边缘有足够的熔深，又能防止产生咬边现象。月牙形运条法适用于较厚钢板对接接头的平焊、立焊和仰焊及T形接头的立角焊。月牙形运条法如图2-8d所示。月牙形运条法的优点是：金属熔化良好，高温停留时间长，焊缝熔池内的气体有充足时间逸出，熔池内的熔渣也能上浮，对防止焊缝内部产生气孔和夹渣，提高焊缝质量有好处。

（5）斜三角形运条法　焊接过程中，焊条末端做连续的斜三角形运动，并不断地向前移动，适用于平焊、仰焊位置的T形接头焊缝和有坡口的横焊缝。该运条方法的优点是：能借焊条末端的摆动来控制熔化金属的流动，促使焊缝成形良好，减少焊缝内部的气孔和夹渣，对提高焊缝内在质量有好处。斜三角形运条法如图 2-8e 所示。

（6）正三角形运条法　焊接过程中，焊条末端做连续的三角形运动，并不断地向前移动。正三角形运条法适用于开坡口的对接接头和 T 形接头立焊。该运条法的优点是：一次焊接就能焊出较厚的焊缝断面，焊缝不容易产生气孔和夹渣缺陷，有利于提高焊接生产率。正三角形运条法如图 2-8f 所示。

（7）正圆环形运条法　焊接过程中，焊条末端连续做正圆环形运动，并不断地向前移动，只适用于焊接较厚焊件的平焊缝。该运条法的优点是：焊缝熔池金属有足够的高温使焊缝熔池存在时间较长、有利于焊缝熔池中的气体向外逸出和熔池内的熔渣上浮，对提高焊缝内在质量有利。正圆环形运条法如图 2-8g 所示。

（8）斜圆环形运条法　焊接过程中，焊条末端在向前移动的过程中，连续不断地做斜圆环运动，适用于平、仰位置的 T 形焊缝和对接接头的横焊缝焊接。该运条法的优点是：采用斜圆环形法运条有利于控制熔化金属受重力影响而产生的下淌现象，有助于焊缝成形，同时，斜圆环形运条能够减慢焊缝熔池冷却速度，使熔池的气体有时间向外逸出，熔渣有时间上浮，对提高焊缝内在质量有利。斜圆环形运条法如图 2-8h 所示。

（9）八字形运条法　焊接过程中，焊条末端做 8 字形运动，并不断向前移动。这种运条法的优点是：能保证焊缝边缘得到充分加热，使之熔化均匀，保证焊透，焊缝增宽、波纹美观。适用于厚板平焊的盖面层焊接以及表面堆焊。八字形运条法如图 2-8i 所示。

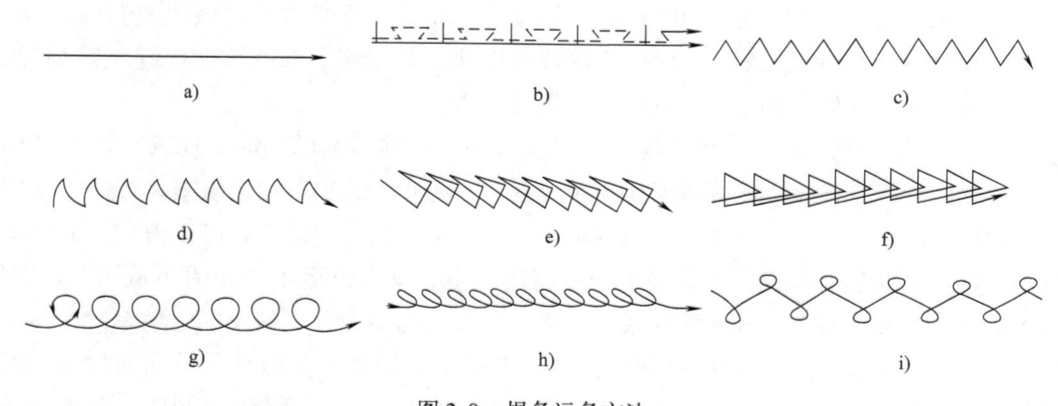

图 2-8　焊条运条方法

a）直线形运条法　b）直线往复形运条法　c）锯齿形运条法　d）月牙形运条法　e）斜三角形运条法　f）正三角形运条法　g）正圆环形运条法　h）斜圆环形运条法　i）八字形运条法

三、焊道的连接

长焊道焊接时，受焊条长度的限制，一根焊条不能焊完整条焊道，为了保证焊道的连续性，要求每根焊条所焊的焊道要互相连接，这个连接处称为焊道的接头。熟练的焊工焊出的焊道接头无明显接头痕迹，就像一根焊条焊出的焊道一样平整、均匀。在保证焊缝连续性的同时，还要使长焊道焊接变形最小。常用的焊道接头方法如下：

1. 直通焊法

焊接引弧点在前一焊缝收弧前 10～15mm 处，引燃电弧后，拉长电弧回到前一焊缝的收弧处预热弧坑片刻，然后，调整焊条位置和角度，将电弧缩短到适当长度继续焊接。采用这种连接法，必须注意后移量（即起弧点在前一焊缝收弧点后移量），如果电弧后移量太大，则可能使焊缝接头部分太高，不仅焊缝不美观，而且还容易产生应力集中；如果电弧后移量太小，容易形成前一焊道与后一焊道脱节，在接头处明显凹下，形成焊缝弧坑未填满的缺陷，不仅焊缝不美观，而且是焊缝受力的薄弱处。此方法多用于单层焊缝及多层焊的盖面焊。直通焊法焊缝变形大，焊缝接头不明显。直通焊法如图 2-9a所示。

直通焊法焊接多层焊的根部或焊接单层焊的根部焊缝，要求单面焊接双面成形时，前一焊缝在收弧时，电弧向焊缝的背面下移，形成熔孔，用新换的焊条重新引弧时，焊条的起弧点在熔孔后面 10～15mm 处，引弧后电弧至熔孔处下移，听到“扑扑”的两声电弧穿透声后，立即抬起电弧向前以焊接速度运行。接头成功与否，关键在于引弧前熔孔是否做好，如果熔孔做得过大，引弧后焊缝背面余高过高，甚至烧穿；如果熔孔过小，引弧后背面焊缝可能焊不透。焊缝熔孔如图 2-10 所示。

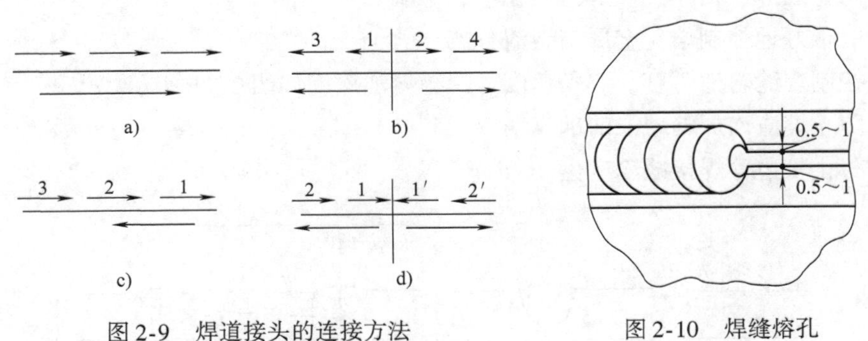

图 2-9　焊道接头的连接方法

a）直通焊法　b）由中间向两端对称焊法

c）分段退焊法　d）由中间向两端退焊法

图 2-10　焊缝熔孔

2. 由中间向焊缝两端对称焊法

由中间向焊缝两端对称焊如图 2-9b 所示，两个焊工采用同样的焊接参数，由中间向两端同时焊接，则每条焊缝所引起的变形可以相互抵消，焊后变形大为减小。这种焊接方法需要两名焊工、两台焊机，焊工实际操作技术水平相近，可以焊出外形既美观、焊接变形又小的焊缝；该种焊法也可以由一个焊工、一台焊机来完成长焊缝的焊接工作，如图 2-9b 所示。

3. 分段退焊法

分段退焊法如图 2-9c 所示，焊条在距焊缝起点处相当一根焊条焊接的长度上引弧，向焊缝起点焊接，第二根焊条由在距第一根焊条起点处一根焊条焊接的长度处引弧，向第一根焊条的起点处焊接。即第二根焊条的收尾处，是第一根焊条的起弧处，焊缝呈分段退焊，焊接热量分散，焊接应力与焊接变形比直通法焊接小，但由于焊接接头处温度较低，接头不平滑，整条焊缝外形不如直通法焊缝美观。同时，要求焊工接头技术水平高。

4. 由中间向两端退焊法

由中间向两端退焊法如图 2-9d 所示。把整条焊缝由中间分为两段，第一条焊缝又分为若干个小段，小段焊缝的长度是一根焊条最大的焊接长度，两条焊缝、两台焊机用同样的焊接参数，在距焊缝长度的中心点一根焊条所能焊到的长度上引弧，向中心点方向焊接。然后，按分段退焊法焊接，即第二根焊条焊接的焊缝收尾处，是第一根焊条的起弧处，焊接中心两侧的焊缝都采用同样的焊法，焊缝全长温度应力较小，引起的焊接变形也较小。该焊法还可以由一个焊工、一台焊机，由中间向两端退焊，也可以把全长焊缝分为若干段，分段退焊完成。该焊接方法适用于大于 1000mm 以上的焊缝焊接。

四、焊条动作的作用

焊接过程中，通过焊条连续不断地沿焊接坡口运动，把熔化金属准确地送到坡口待焊处，形成一条内在质量好、外形美观合格的焊缝。

1. 焊条角度变换的作用

1）防止立焊、横焊、仰焊时熔化金属下淌。

2）能很好地控制熔化金属与熔渣分离。

3）控制焊缝熔池深度。焊条角度与焊缝熔池深度如图 2-11 所示。

4）防止熔渣向焊缝熔池前部流动。

5）防止咬边等焊接缺陷产生。

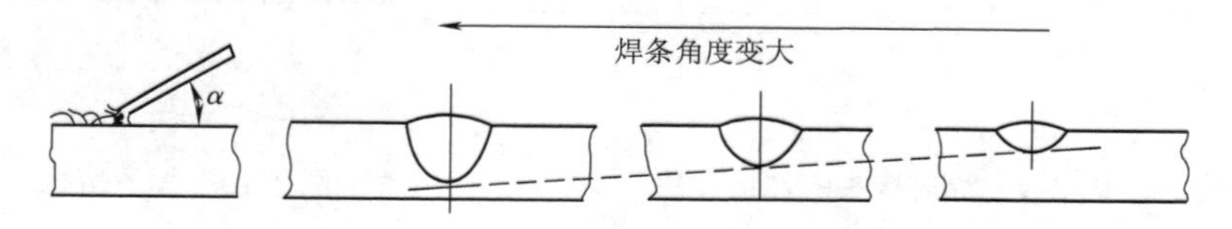

图 2-11 焊条角度与焊缝熔池深度

2. 焊条沿焊接方向移动的作用

1）保证焊条直线施焊形成焊缝。

2）控制每道焊缝的横截面积。

3. 焊条横向摆动的作用

1）保证坡口两侧及焊道之间相互很好地熔合。

2）控制熔化金属液，使焊缝获得预定的熔深与熔宽。

4. 焊条送进的作用

1）控制焊接电弧的弧长，使焊缝熔池获得良好的保护，防止电弧周围有害气体侵入焊缝熔池内，避免产生气孔缺陷。

2）促进焊缝形成。

3）使焊接过程连续不断地进行，最终形成完美的焊缝。

4）与焊条角度变换的作用相似。

五、焊道的收弧

焊道的收弧是指一条焊缝结束时采用的收弧方法。如果焊缝收弧采用立即拉断电弧收弧，则会形成低于焊件表面的弧坑，从而使熄弧处焊缝强度降低，极易形成弧坑裂纹和产生应力集中。碱性焊条熄弧方法不当，弧坑表面会有气孔缺陷存在，降低焊缝强度。为了解决上述问题，焊条电弧焊常采用以下焊缝收弧方法。

1. 划圈收弧法

焊接电弧移至焊缝的终端时，焊条端部做划圈运动，直至焊缝弧坑被填满后再断弧。划圈收弧法适用于厚板焊接时的焊缝收弧。划圈收弧法如图 2-12a 所示。

2. 回焊收弧法

焊接电弧移至焊缝收尾处稍停，然后改变焊条与焊件角度，回焊一小段填满弧坑后断弧，回焊收弧法适用于碱性焊条焊缝收弧。回焊收弧法如图 2-12b 所示。

3. 反复熄弧、引弧法

焊接电弧在焊缝的终端多次熄弧和引弧，直至焊缝弧坑被填满为止。此收弧法适用于大电流厚板焊接或薄板焊接焊缝收弧。碱性焊条收弧时不宜采用反复熄弧、引弧法，因为用这种方法收弧，收弧点容易产生气孔。反复熄弧、引弧法如图 2-12c 所示。

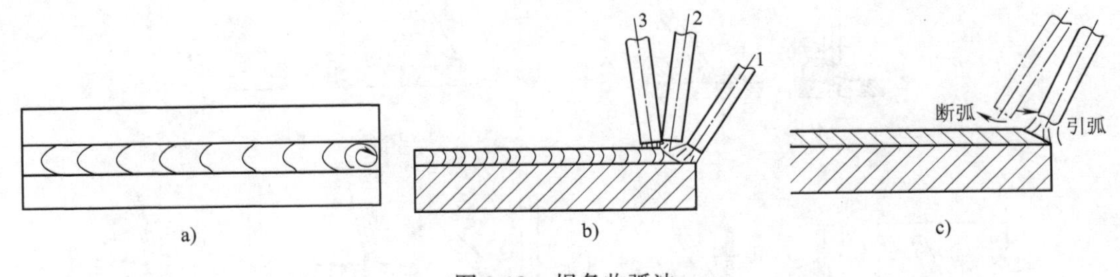

图 2-12　焊条收弧法

a）划圈收弧法　b）回焊收弧法　c）反复熄弧、引弧法

第二节　各种焊接位置的操作要点

焊接位置的变化，对焊工操作技术提出不同的要求。这主要是由于熔化金属的重力作用，会造成焊件在不同的位置上焊缝成形困难，所以，在焊接操作中，要仔细观察并控制焊缝熔池的形状和大小，及时调节焊条角度和运条动作，才能控制焊缝成形和确保焊缝质量。

各种位置的焊接特点及操作要点如下。

一、平焊位置的焊接

1. 平焊位置的焊接特点

1）焊条熔滴金属主要依靠重力向焊接熔池过渡。

2）焊接熔池形状和熔池金属容易保持。

3）焊接同样板厚的焊件，平焊位置上的焊接电流要比其他位置大，焊接生产效率高。

4）熔池金属和熔渣容易混在一起，特别是角焊缝焊接时，熔渣容易往熔池前部流动造成焊缝夹渣缺陷。

5）焊接参数和操作不正确时，可能产生未焊透、咬边或焊瘤等缺陷。

6）平板对接焊接时，若焊接参数或焊接顺序选择不当，容易产生焊接变形。

2. 平焊位置的焊条角度

平焊位置按焊接接头的形式可分为对接平焊、搭接接头平角焊、T 形接头平角焊、船形焊、角接接头平焊等。平焊位置时的焊条角度如图 2-13 所示。

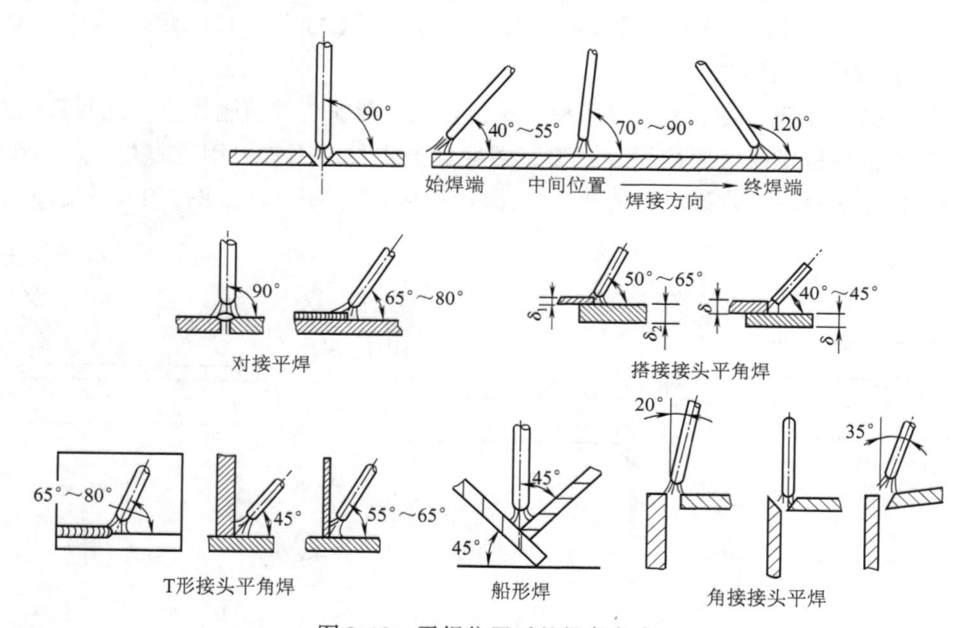

图 2-13 平焊位置时的焊条角度

3. 平焊位置的焊接要点

将焊件置于平焊位置，焊工手持焊钳，焊钳上夹持焊条，面部用面罩保护（头盔式面罩或手持式面罩），在焊件上引弧，利用电弧的高温（6000～8000K）熔化焊条金属和母材金属，熔化后的两部分金属熔合在一起成为熔池。焊条移开后，焊接熔池冷却形成焊缝，通过焊缝将两块分离的母材牢固地结合在一起，实现平焊位置焊接。平焊位置焊接要点如下：

1）由于焊缝处于水平位置，熔滴主要靠重力过渡，所以，根据板厚可以选用直径较粗的焊条，用较大的焊接电流焊接。在同样板厚条件下，平焊位置的焊接电流比立焊位置、横焊位置和仰焊位置的焊接电流大。

2）最好采用短弧焊接，短弧焊接可减少电弧高温热损失，提高熔池熔深；防止电弧周围有害气体侵入熔池，减少焊缝金属元素的氧化；减少焊缝产生气孔的可能性。

3）焊接时，焊条与焊件成40°~90°的夹角，控制好电弧长度和运条速度，使熔渣与液态金属分离，防止熔渣向前流动。焊条与焊件夹角大，焊接熔池深度也大；焊条与焊件夹角小，焊接熔池深度也浅。

4）板厚在5mm以下，焊接时一般开I形坡口，可以用ϕ3.2mm或ϕ4.0mm焊条，采用短弧法焊接。背面封底焊前，可以不用铲除焊根（重要构件除外）。

5）焊接水平倾斜焊缝时，应采用上坡焊，防止熔渣向熔池前方流动，避免焊缝产生夹渣缺陷。

6）采用多层多道焊时，注意选好焊道数及焊道焊接顺序。

7）T形、角接、搭接接头平角焊时，若两板厚度不同，应调整焊条角度，将焊接电弧偏向厚板，使两板受热均均。T形接头平角焊是比较容易焊接的位置。

8）正确选用运条方法。

①板厚在5mm以下，I形坡口的对接平焊，采用双面焊时，正面焊缝采用直线形运条方法，焊缝熔深应大于$2\delta/3$；背面焊缝也采用直线形运条法，但焊接电流应比焊正面焊缝时稍大些，运条速度要快。

②板厚在5mm以上时，根据设计需要，开I形坡口以外的其他形式坡口（V形、双V形、Y形、U形等）对接平焊，可采用多层焊或多层多道焊，打底焊宜用小直径焊条、小焊接电流、直线形运条法焊接。多层焊缝的填充层及盖面层焊缝，根据具体情况分别选用直线形、月牙形、锯齿形运条。多层多道焊时，宜采用直线形运条。

③T形接头焊脚尺寸较小时，可选用单层焊接，用直线形、斜圆环形或锯齿形运条方法；焊脚尺寸较大时，宜采用多层焊或多层多道焊，打底焊都采用直线形运条方法，其后各层可选用斜锯齿形、斜圆环形运条。多层多道焊宜选用直线形运条方法焊接。

④搭接、角接平角焊时，运条操作与T形接头平角焊运条相似。

⑤船形焊的运条操作与开坡口对接平焊相似。

二、立焊位置的焊接

1. 立焊位置的焊接特点

1）熔化金属在重力作用下易向下流淌，形成焊瘤、咬边和夹渣等缺陷。焊缝表面成形不良。

2）熔池金属与熔渣容易分离。

3）T形接头焊缝根部容易产生未焊透。

4）焊接过程中，熔池熔透深度容易控制。

5）焊接过程中，熔化金属以焊接飞溅形式损失，所以比平焊位置多消耗焊条但焊接生产效率却比平焊低。

6）焊接过程中多用短弧焊接。

7）由于立角焊电弧的热量向焊件的三向传递，散热快，所以，在与对接立焊相同的条件下，焊接电流可稍大些，以保证两板熔合良好。

2. 立焊位置的焊条角度

立焊位置焊接按焊件厚度可分为薄板对接立焊和厚板对接立焊；按接头的形式可分为I形坡口对接立焊、T形接头立角焊；按焊接操作技术可分为向上立焊和向下立焊。立焊位置时的焊条角度如图2-14所示。

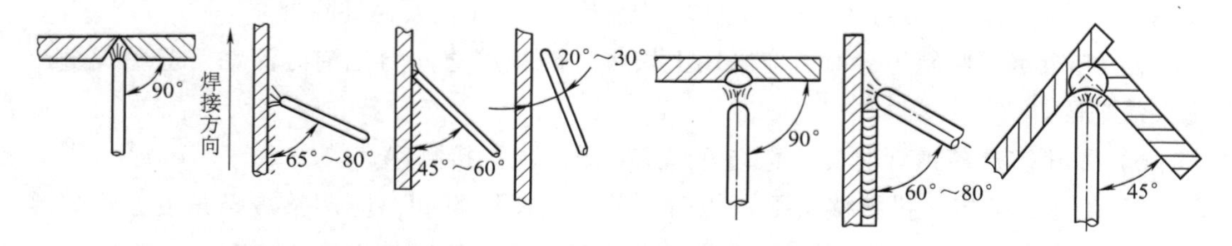

图2-14 立焊位置时的焊条角度

3. 立焊位置的焊接要点

1）立焊时焊钳夹持焊条后，焊钳与焊条应成一直线。焊工的身体不要正对着焊缝，要略偏向左侧或右侧（左撇子），以便于握焊钳的右手或左手（左撇子）操作。

2）焊接过程中，保持焊条角度，减少熔化金属下淌。

3）选用较小的焊条直径（$<\phi4$mm）和较小的焊接电流（平焊位置焊接电流的80%～85%），用短弧焊接。

4）采用正确的运条方式。

①I形坡口对接向上立焊时，可选用直线形、锯齿形、月牙形运条或跳弧法焊接。

②其他形式坡口对接立焊时，第一层焊缝常选用跳弧法或摆幅不大的月牙形、三角形运条焊接，其后可采用月牙形或锯齿形运条方法。

③T形接头立焊时，运条操作与其他形式坡口对接立焊相似，为防止焊缝两侧产生咬边、根部未焊透，电弧应在焊缝两侧及顶角有适当的停留时间。

④焊接盖面层时、应根据对焊缝表面的要求选用运条方法，焊缝表面要求稍高的可采用月牙形运条法；如果只要求焊缝表面平整的可采用锯齿形运条方法。

三、横焊位置的焊接

1. 横焊位置的焊接特点

1）熔化金属和熔渣受重力作用而下流至下坡口面上，容易形成未熔合和层间夹渣，并且在坡口上边缘容易形成熔化金属下坠或未焊透。

2）其他形式坡口对接横焊，常选用多层多道施焊法，防止熔化金属下淌。

3）焊接电流较平焊电流小些。

2. 横焊位置的焊条角度

横焊时，焊工的操作姿势最好是站位，若条件许可，焊工持面罩的手或胳膊最好有依托，以保持焊工在站位焊接时身体稳定。引弧点的位置应是焊工正视部位。焊接时，每焊完一根焊条，焊工就需要移动一下位置，为保证能始终正视焊缝，焊工身体上部应随电弧的移动而向前移动，但眼睛仍需与焊接电弧保持一定的距离。同时，注意保持焊条与焊件的角度，防止熔化金属过分下淌。横焊位置时的焊条角度如图 2-15 所示。

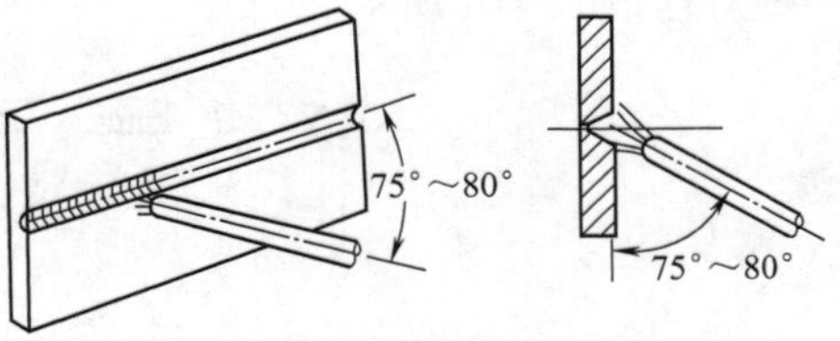

75°～80°
75°～80°

图 2-15　横焊位置时的焊条角度

3. 横焊位置的焊接要点

1）选用小直径焊条，焊接电流比平焊小、短弧操作，能较好地控制熔化金属下淌。

2）厚板横焊时，打底层以外的焊缝，宜采用多层多道焊法施焊。

3）多层多道焊时，要特别注意焊道与焊道间的重叠距离，每道叠焊，应在前一道焊缝的 1/3 处开始焊接，以防止焊缝产生凹凸不平。

4）根据焊接过程中的实际情况，保持适当的焊条角度。

5）采用正确的运条方法。

①开 I 形坡口对接横焊时，正面焊缝采用往复直线运条方法较好，稍厚件选用直线形或小斜圆环形运条，背面焊缝选用直线运条、焊接电流可以适当加大。

②开其他形式坡口对接多层横焊，间隙较小时，可采用直线形运条；根部间隙较大时，打底层选用往复直线运条，其后各层焊道焊接时，可采用斜圆环形运条，多层多道焊缝焊接时，宜采用直线形运条。

四、仰焊位置的焊接

1. 仰焊位置的焊接特点

1）熔化金属因重力的作用容易下坠，熔滴过渡、焊缝成形较困难。

2）焊缝熔池金属温度较高，熔池尺寸大。

3）正面焊缝因熔池温度高、熔化金属容易下淌而形成焊瘤，背面焊缝会出现内凹过大的缺陷。

4）流淌的熔化金属以飞溅扩散，若防护不当，容易造成烫伤事故。

5）仰焊位置焊接比其他空间位置焊接生产效率低。

2. 仰焊位置的焊条角度

根据焊件距焊工的距离，焊工可采取站位、蹲位或坐位，个别情况还可采取躺位，即焊工仰面躺在地上，手举焊钳仰焊（这种焊位焊工劳动强度大，焊接质量不稳定，通常用于焊接事故的抢修，不适用于大批量的制造业生产。可把焊件待焊部位翻转为平焊位或横焊位焊接）。施焊时，胳膊应离开身体，小臂竖起，大臂与小臂自然形成角支撑，重心在大胳膊的根部关节上或胳膊肘上，焊条的摆动应靠腕部的作用来完成，大臂要随着焊条的熔化向焊缝方向逐渐地上升和向前方移动，眼睛要随着电弧的移动观察施焊情况，头部与上身也应随着焊条向前移动而稍微倾斜。仰焊前，焊工一定要穿戴仰焊工所必备的劳动保护服，纽扣扣紧，颈部围紧毛巾，头戴披肩帽，脚穿防烫鞋，以防铁液下落和飞溅金属烫伤皮肤。焊工手持焊钳，根据具体情况变换焊条角度，仰焊位置时的焊条角度如图2-16所示。

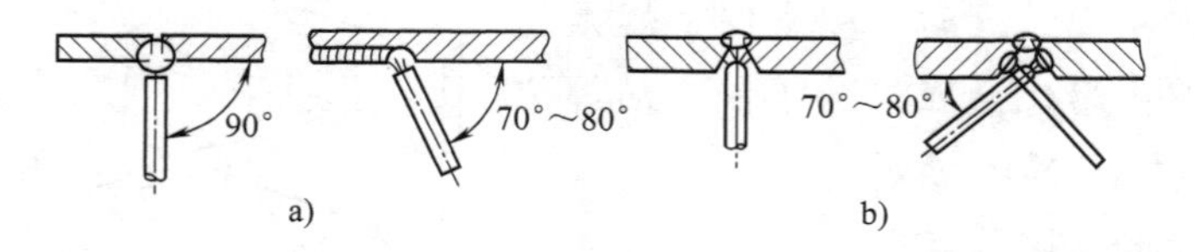

图2-16 仰焊位置的焊条角度

3. 仰焊位置的焊接要点

1）为便于熔滴过渡，减少焊接时熔化金属下淌和飞溅，焊接过程中应采用最短的弧长施焊。

2）打底层焊缝，应采用小直径焊条和小焊接电流施焊，以免焊缝两侧产生凹陷和夹渣。

3）根据具体情况选用正确的运条方法。

①开I形坡口对接仰焊时，直线形运条方法适用于小间隙焊接，往复直线形运条方法适用于大间隙焊接。

②开其他形式坡口对接多层仰焊时，打底层焊接的运条方法应根据坡口间隙的大小，选定使用直线形运条或往复直线形运条方法。其后各层可选用锯齿形或月牙形运条方法；多层多道焊宜采用直线形运条方法，无论采用哪种运条方法，每一次向熔池过渡的熔化金属不宜过多。

③T形接头仰焊时，如果焊脚尺寸较小，可采用直线形或往复直线形运条方法，由单层焊接完成；焊脚尺寸如果较大时，可采用多层焊或多层多道焊施焊，第一层打底焊宜采用直线形运条，其后各层可选用斜三角形或斜圆环形运条方法焊接。

第三部分 生产实习

项目一 引 弧

教学目的：能够正确运用焊接设备，调节焊接电流，掌握焊道起头、运条连接和收尾的方法。焊后焊件上无引弧痕迹。

重点：操作姿势及弧光保护。

难点：电弧的三个基本运动方向、两种引弧方法的掌握，如何防止粘条。

教学内容：

焊条电弧焊时引燃焊接电弧的过程，称为引弧。常用的引弧方法有划擦法引弧和直击法引弧。

一、操作准备

1）电弧焊机 ZX7-400STGB 型。

2）焊条 E4303（结 422），直径 ϕ3. 2mm；E5015（结 507），直径 ϕ3. 2mm。

3）实习焊件低碳钢板，300mm×200mm×6mm。

二、操作要领

1. 引弧步骤

1）手持面罩，看准引弧位置。

2）用面罩挡住面部，将焊条对准引弧处。

3）划擦法或直击法引弧，迅速而适当地提起焊条，形成电弧。

2. 引弧方法

（1）划擦法　先将焊条前端对准焊件，然后将手腕扭转一下，使焊条在焊件表面上轻微划擦一下，焊条提起 2～4mm，即在空气中产生电弧。引弧后，使电弧长度不超过焊条直径。这种引弧方法似划火柴，易于掌握。

（2）直击法　先将焊条前端对准焊件，然后将手腕下弯，使焊条轻微碰一下焊件，再迅速将焊条提起 2～4mm 即产生电弧。引弧后，手腕放平，使弧长保持在与所用焊条直径相适应的范围内。初学这种引弧方法时因手腕动作不灵活，感到不易掌握。

不论用哪一种方法引弧，应注意以下几点：

1）引弧处应无油污、锈斑，以免影响导电和使熔池产生氧化物，导致焊缝产生气孔和夹渣。

2）为便于引弧，焊条直端应裸露焊芯，若引弧时焊芯不裸露，可用锉刀轻锉，不得过猛敲击，以防药皮脱落造成保护不良。

3）焊条与焊件接触后，焊条提起的时间要适当。提起太快，气体电离差，难以形成稳定的电弧；提起太慢，则焊条和焊件粘在一起造成短路，时间过长会烧坏焊机。

引弧时，如果焊条还不能脱离焊件，就应该立即将焊钳从焊条上取下，待焊条冷却后，用手将焊条扳下。

4）重新引弧时要注意夹持好焊条，重复上述步骤。

三、注意事项

1）引弧的质量主要用引弧的熟练程度来衡量。在规定时间内，引燃电弧的成功次数越多，引弧的位置越准确，说明越熟练，可分别用结 422 和结 507 焊条在低碳钢板上进行操作。

2）初学引弧，学生好奇心强，要注意防止电弧光灼伤眼睛，对刚焊完的焊件和焊条头不要用手触摸，以免烫伤。

项目二　平敷焊

教学目的：1. 掌握焊条电弧焊的引弧、操作和平敷焊运条方法过程。

2. 掌握焊缝的起头、接头和收尾。

3. 平敷焊技术要求，严格遵守安全操作规程。

重点：1. 平敷焊运条操作方法和过程。

2. 焊缝起头、接头和收尾。

难点：1. 平敷焊的运条方法和过程。

2. 焊缝起头、接头和收尾。

教学内容：

平敷焊是在平焊位置件上堆敷焊道的一种操作方法。

一、操作准备

1）电弧焊机 ZX7-400STGB 型。

2）焊条 E4303（结 422），直径 ϕ3. 2mm；E5015（结 507），直径 ϕ3. 2mm。

3）实习焊件低碳钢板，300mm × 200mm × 6mm。

二、操作要领

1. 操作步骤

1）用砂纸打磨待焊处直至露出金属光泽。

2）在钢板上划直线，并打样冲眼做标记。

3）启动电焊机。

4）引弧并起头。

5）运条。

6）收尾。

7）检查焊缝质量。

2. 焊道的起头

起头是指刚开始焊接的阶段，在一般情况下这部分焊道略高些，质量也难以保证。因为焊件未焊之前温度较低，而引弧后又不能迅速使焊件温度升高，所以起点部分的熔深较浅；对焊条来说在引弧后的 2s 内，由于焊条药皮未形成大量保护气体，最先熔化的熔滴几乎是在无保护气氛的情况下过渡到熔池中去的，这种保护不好的熔滴中有不少气体。如果这些熔滴在施焊中得不到二次熔化，其内部气体就会残留在焊道中形成气孔。

为了解决熔深太浅的问题，可在引弧后先将电弧稍微拉长，使电弧对端头有预热作用，然后适当缩短电弧进行正式焊接。

为了减少气孔，可将前几滴熔滴甩掉。操作中的直接方法是采用跳弧焊，即电弧有规律地瞬间离开熔池，把熔滴甩掉，但焊接电弧并未中断。另一种间接方法是采用引弧板，即在焊前装配一块金属板，从这块板上开始引弧。采用引弧板，不但保证了起头处的焊缝质量，也能使焊接接头始端获得正常尺寸的焊缝，常在焊接重要结构时应用。

3. 运条

在正常焊接阶段，焊条一般有三个基本的运动，即沿焊条中心线向熔池送进、焊条沿焊接方向移动、焊条的横向摆动。平敷焊练习时焊条可不摆动。

沿焊条中心线向熔池送进，既是为了向熔池添加填充金属，也是为了在焊条熔化后，继续保持一定的电弧长度，因此，焊条的送进速度应与熔化速度相同。否则，会发生断弧或焊条粘在焊件上的现象。电弧长度通常为 2 ~ 4mm，碱性焊条较酸性焊条弧长要短些。

焊条沿焊接方向移动，目的是控制焊道成形。若焊条移动速度太慢．则焊道会过高、过宽、外形不整齐，焊接薄板时甚至会发生烧穿等缺陷。若焊条移动太快，则焊条和焊件熔化不均，造成焊道较窄，甚至发生未焊透等缺陷。焊条沿焊接方向移动速度，由焊接电流、焊条直径及接头的型式来决定。

焊条的横向摆动，是为了对焊件输入足够的热量、排渣、排气等，并获得一定宽度的焊缝或焊道。其摆动范围根据焊件厚度、坡口形式、焊道层次和焊条直径来决定。

上述三个动作组成焊条有规则的运动，焊工可根据焊接位置、焊接接头型式、焊条直径与性能、焊接接电流大小以及技术熟练程度等因素来掌握。

4. 焊道的连接

在操作时、由于受焊条长度的限制或操作姿势的变换，一根焊条往往不可能完成一条焊道。因此，出现了焊道前后两段的连接问题。焊道的连接一般有以下几种方式，如图 2-17 所示。

第一种接头方式（图 2-17a）使用最多，接头的方法是在先焊焊道弧坑稍前处（约 10mm）引弧。电弧长度比正常焊接略微长些（碱性焊条电弧不可加长，否则易产生气孔）。然后将电弧移到原弧坑的 1/2 处），填满弧坑后，即向前进入正常焊接，如图 2-18所示。如果电弧后移太多，则可能造成接头过高。电弧后移太少，将造成接头脱节，产生弧坑未填满的缺陷。焊接头时，更换焊条的动作越快越好，因为在熔池尚未冷却时进行接头，不仅能保证质量，而且焊道外表面成形美观。

第二种接头方式（图 2-17b）要求先焊焊道的起头处要略低些，接头时在先焊焊道的起头略前处引弧，并稍微拉长电弧，将电弧引向先焊焊道的起头处，并覆盖它的端头，待起头处焊道焊平后再向先焊焊道相反的方向移动，如图 2-19 所示。

第三种接头方式（图 2-17c）是后焊道从接口的另一端引弧，焊到前焊道的结尾处，焊接速度略慢些，以填满焊道的弧坑，然后以较快的焊接速度再向前焊一小段熄弧，如图 2-20所示。

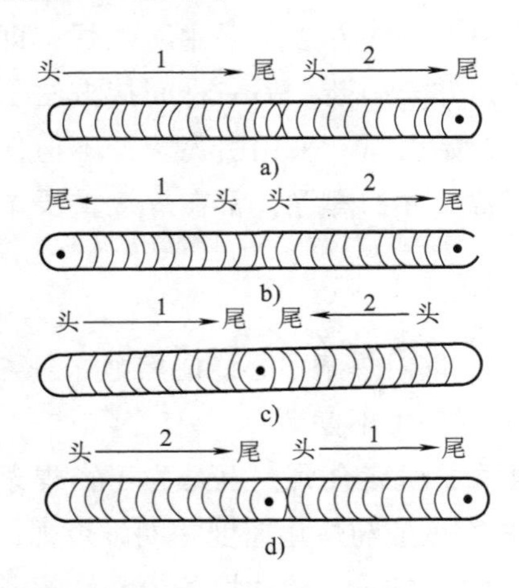

图 2-17　焊道的接头方法

1—先焊焊道　2—后焊焊道

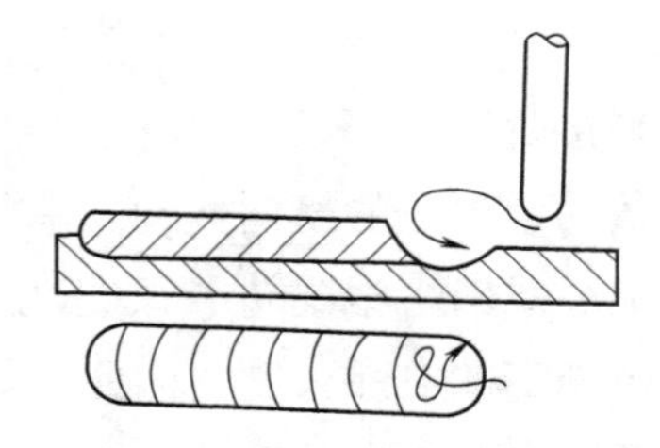

图 2-18　从先焊焊道末尾处接头的方法

第四种接头方式（图 2-17d）是后焊的焊道结尾与先焊的焊道起头相连接，要利用结尾时的高温重复熔化先焊焊道的起头处，将焊道焊平后快速收弧。

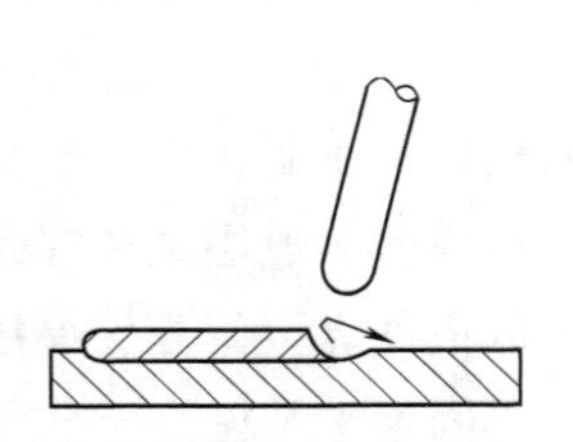

图 2-19　从先焊焊道端头处接头的方法

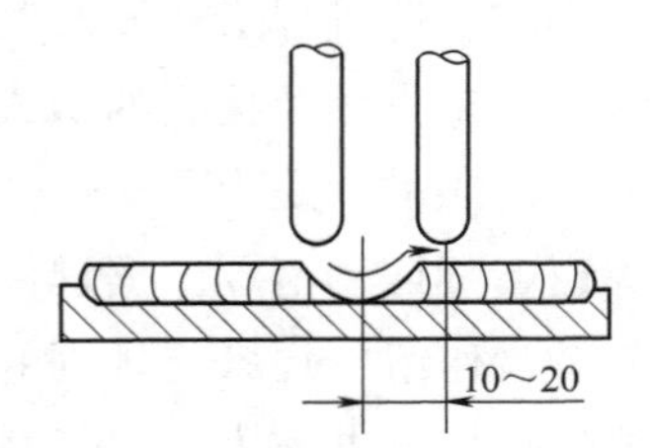

图 2-20　焊道接头的熄弧

5. 焊道的收尾

指一条焊道结束时如何收尾，如果操作无经验，收尾时即拉断电弧，则会形成低于焊件表面的弧坑，过深的弧坑使焊道收尾处强度减弱，并容易造成应力集中而产生弧坑裂纹。所以，收尾动作不仅是熄弧，还要填满弧坑。一般收尾动作有以下几种：

（1）划圈收尾法　焊条移至焊道终点时，做圆圈运动，直到填满弧坑再拉断电弧，如图 2-21所示。此法适用于厚板焊接，对于薄板则有烧穿的危险。

（2）反复断弧收尾法　焊条移至焊道终点时，在弧坑上需做数次反复熄弧—引弧，直到填满弧坑为止，如图 2-22 所示。此法适用于薄板焊接，但碱性焊条不宜采用此法，因为容易产生气孔。

（3）回焊收尾法　焊条移至焊道收尾处即停止，但未熄弧，此时适当改变焊条角度，如图 2-23 所示。焊条由位置 1 转到位置 2，待填满弧坑后再转到位置 3，然后慢慢拉断电弧。碱性焊条宜用此法。

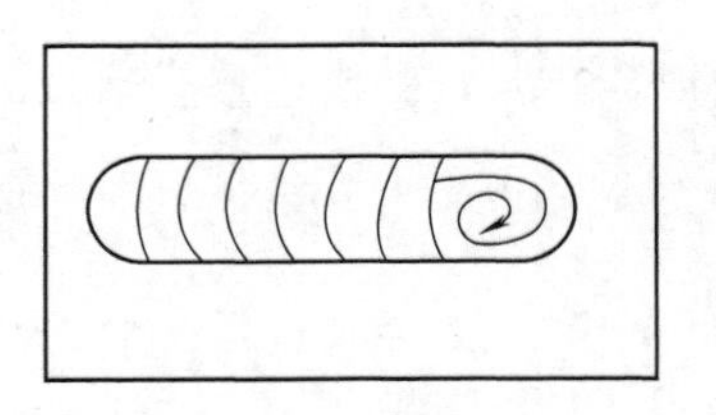
图 2-21 划圈收尾法

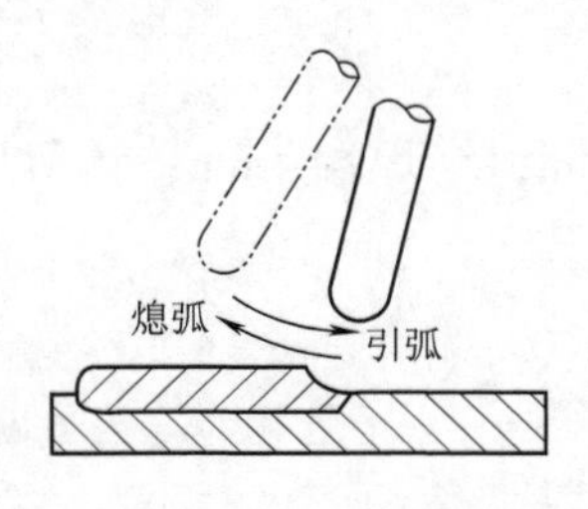

图 2-22 反复断弧收尾法

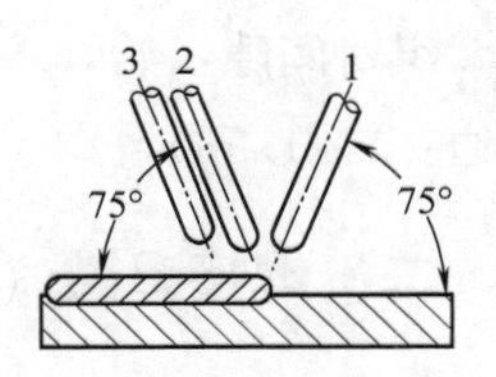

图 2-23 回焊收尾法

三、注意事项

1）从下列方面评定平敷焊的操作质量。

①正确运用焊道的起头、运条、连接和收尾的方法。

②能正确使用焊接设备，调节焊接电流。

③焊道的起头和连接处基本平滑，无局部过高现象，收尾处无弧坑。

④每条焊道焊波均匀，无明显咬边。

⑤焊后的焊件上不应有引弧痕迹。

2）为了安全和延长焊机的使用寿命，调节电流时，应在焊机空载状态下进行。

项目三 低碳钢平焊单面焊双面成形

教学目的：1. 掌握焊条电弧焊操作要点。

2. 掌握单面焊双面成形技术。

3. 掌握焊道设计及焊接参数选择。

重点：1. 单面焊双面成形，每层焊道运条接头、收弧方法。

2. 每层焊道焊接参数选择及弧坑填满的方法。

难点：1. 打底焊质量如何保证。

2. 焊接过程中质量操作控制。

教学内容：

一、焊前准备

1. 试件及坡口尺寸

材质：Q235；试件尺寸：300mm×200mm×12mm；坡口尺寸如图 2-24 所示。

2. 焊接材料及设备

E4303，ϕ3.2mm/ϕ4.0mm

3. 焊前清理

将坡口及两侧 20mm 范围内的铁锈、油污、氧化物等清理干净，使其露出金属光泽。

4. 装配与定位焊

组对间隙：始焊端3.2mm，终焊端4mm；预留反变形：3°~4°；错边量：≤1mm；钝边：1~1.5mm。

二、焊接参数（见表2-3）

表2-3 焊接参数

焊接层次	焊条直径/mm	焊接电流/A
打底层	3.2	110~120
填充层（1）	3.2	130~140
填充层（2）	4.0	170~185
盖面层	4.0	160~170

三、操作要点

1. 打底焊

打底层的焊接是单面焊双面成形的关键。主要有三个重要环节，即引弧、收弧、接头。焊条与焊接前进方向的角度为40°~50°，选用断弧焊一点击穿法。

1）引弧。在始焊端的定位焊处引弧，并略抬高电弧稍作预热。当焊至定位焊缝尾部时，将焊条向下压一下，听到“噗”的一声后，立即灭弧。此时熔池前端应有熔孔，深入两侧母材0.5~1mm，如图2-25所示。当熔池边缘变成暗红、熔池中间仍处于熔融状态时，立即在熔池的中间引燃电弧，焊条略向下轻微地压一下，形成熔池，打开熔孔立即灭弧，这样击穿直到焊完。运条间距要均匀准确，使电弧的2/3压住熔池，1/3作用在熔池前方，用来熔化和击穿坡口根部形成熔池。

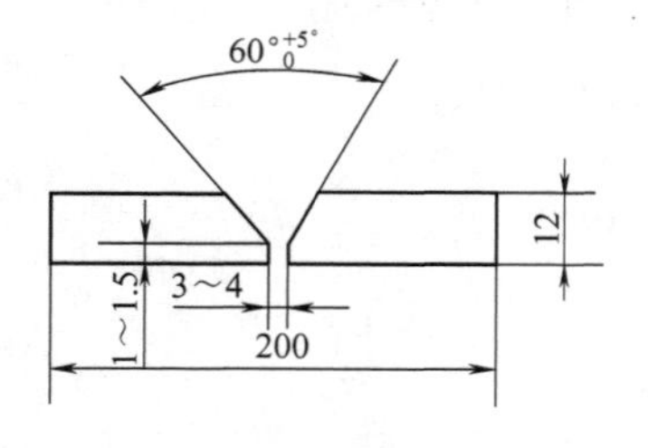

图2-24 试件及坡口尺寸

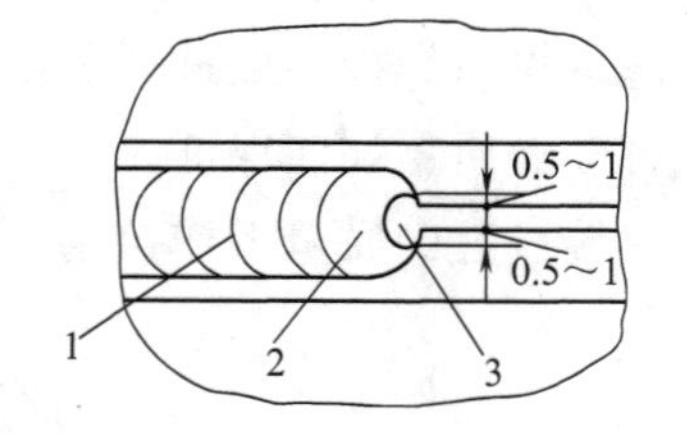

图2-25 平板对接平焊时的熔孔

1—焊缝 2—熔池 3—熔孔

2）收弧。即将更换焊条前，应在熔池前方做一个熔孔，然后回焊10mm左右，再灭弧；或向末尾熔池的根部送进2~3滴铁水，然后灭弧更换焊条，以使熔池缓慢冷却，避免接头出现冷缩孔。

3）接头。采用热接法接头。接头时换焊条的速度要快，在收弧熔池还没有完全冷却时，立即在熔池后10~15mm处引弧。当电弧移至收弧熔池边缘时，将焊条向下压，听到击穿声，稍作停顿，然后灭弧。接下来再给两滴铁液，以保证接头过渡平整，然后恢复原来的断弧焊法。

2. 填充焊

填充焊前应对前一层焊缝仔细清渣，特别是死角处更要清理干净。填充焊的运条手法为月牙形或锯齿形，焊条与焊接前进方向的角度为40°~50°。填充焊时应注意以下问题：焊条摆动到两侧坡口处要稍作停留，保证两侧有一定的熔深并使填充焊道略向下凹。最后一层的焊缝高度应低于母材0.5~1.5mm。要注意不能熔化坡口两侧的棱边，以便于盖面焊时掌握焊缝宽度。

接头方法如图2-26所示，不需要再向下压电弧。

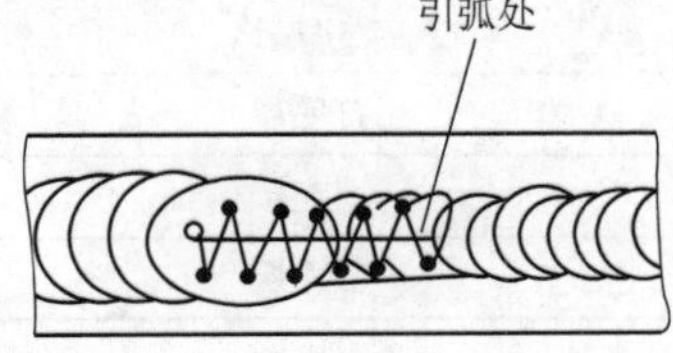

图2-26　填充层焊接头

3. 盖面焊

盖面层施焊的焊条角度、运条方法及接头方法与填充层相同。但盖面层施焊的焊条摆动的幅度要比填充层大。摆动时，要注意摆动幅度一致，运条速度均匀。同时，注意观察坡口两侧的熔化情况，施焊时在坡口两侧稍作停顿，以便使焊缝两侧熔合良好，避免产生咬边，以得到优良的盖面焊缝。注意保证熔池边缘不得超过表面坡口棱边2mm；否则，焊缝超宽。

项目四　低碳钢立焊单面焊双面成形

教学目的：1. 掌握对接立焊打底焊操作技术。

2. 掌握焊条电弧焊立焊单面焊双面成形技能及操作技术。

3. 能正确选择焊接参数。

4. 掌握焊条角度和运条方法。

重点：立焊单面焊双面成形时手法操控。

难点：立焊位打底焊操作技术及弧坑填满技术。

教学内容：

一、焊前准备

1. 试件及坡口尺寸

材质：Q235；试件尺寸：300mm×200mm×12mm；坡口尺寸如图2-24所示。

2. 焊接材料及设备

E4303，ϕ3.2mm/ϕ4.0mm

3. 焊前清理

将坡口及两侧20mm范围内的铁锈、油污、氧化物等清理干净，使其露出金属光泽。

4. 装配与定位焊

组对间隙：始焊端3mm，终焊端4mm；预留反变形：3°～4°；错边量：≤1mm；钝边：1～1.5mm。

二、焊接参数（表2-4）

表2-4 焊接参数

焊接层次	焊条直径/mm	焊接电流/A
打底层	3.2	90～100
填充层	3.2	110～120
盖面层	3.2	110～120

三、操作要点

立焊时液态金属在重力作用下易下坠而产生焊瘤，并且熔池金属和熔渣易分离造成熔池部分脱离熔渣的保护，操作或运条角度不当，容易产生气孔。因此立焊时，要注意控制焊条角度和短弧焊接。

1. 打底焊

打底层的焊接要点与钢板平焊位置基本一致。采用直径为3.2mm的焊条，焊接电流90～100A。焊条与板件下倾角度为70°～80°，选用断弧焊一点击穿法。

2. 填充焊

填充焊的运条手法为月牙形或横向锯齿形，采用直径为3.2mm的焊条，焊接电流110～120A。焊条与板件下倾角度为70°～80°。

3. 盖面层

盖面层施焊的焊条直径、焊接电流、焊条角度、运条方法及接头方法与填充层相同。

项目五 低碳钢横焊单面焊双面成形

教学目的：1. 熟练操作弧焊机。

2. 掌握横焊的操作要领。

3. 完成高质量横焊焊缝。

重点：1. 横焊操作要领。

2. 熟练调整焊机参数。

难点：1. 不同焊道技术要领。

2. 横焊中应该注意掌握防止金属液体因重力向下流淌开坡口的方法及技术手法。

教学内容：

一、焊前准备

1. 试件及坡口尺寸

材质：Q235；试件尺寸：300mm×200mm×12mm。

2. 焊接材料及设备

E4303，ϕ3.2mm/ϕ4.0mm

3. 焊前清理

将坡口及两侧20mm范围内的铁锈、油污、氧化物等清理干净，使其露出金属光泽。

4. 装配与定位焊

组对间隙：始焊端3mm，终焊端4mm；预留反变形：5°~6°；错边量：≤1mm；钝边：1~1.5mm。

二、操作要点

横焊时液态金属在自重作用下易下淌，在焊缝上侧易产生咬边，下侧易产生焊瘤。因此，要选用较小直径的焊条、较小的焊接电流，采用多层多道焊、短弧操作。

1. 打底焊

打底层的焊接要点与平焊基本一致。采用直径为3.2mm的焊条，焊接电流110~120A。焊条与板件下倾角度为70°~80°，与焊接前进方向的夹角约为70°。选用断弧焊一点击穿法。

2. 填充焊

填充焊的运条手法为直线运条，不做任何摆动。采用直径为3.2mm的焊条，焊接电流130~140A。焊道分布如图2-27所示。焊下侧焊道时焊条与下试板倾角为90°，焊上侧焊道时焊条与下试板夹角60°~70°。焊道之间搭接要适当，不要产生深沟，以免产生夹渣。一般两焊道之间搭接1/3~1/2为宜。最后一层填充层距母材表面2mm。

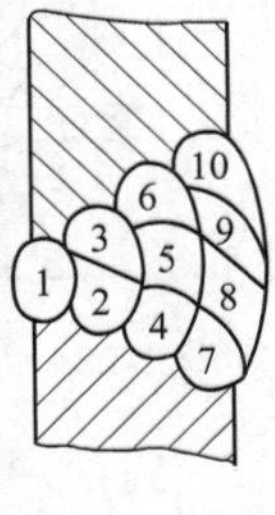

图2-27　焊缝层次分布简图

3. 盖面层

盖面层施焊的焊条直径为3.2mm，焊接电流100~110A。直线运条，不做任何摆动。焊下侧焊道时，要注意与坡口下侧的熔合。焊上侧焊道时，要注意推动熔池金属熔合坡口上侧被熔化的母材，避免咬边。盖面层的各焊道应平直，搭接平整，后一道焊缝压住前一道焊缝1/2左右。

项目六　低碳钢板的T形接头

教学目的：1. 掌握T形接头焊接技术要点。

2. 掌握T形接头焊道分布及引弧、运条的方法。

3. 合理选择焊接参数。

重点：T形接头焊接要点。

难点：引弧、运条中的技术要领。

教学内容：

一、焊前准备

1）试件材质：Q235；试件尺寸：150mm×80mm×12mm。

2）焊接材料E4303，ϕ3.2mm；焊接设备BX3—300。

3）焊前将待焊区两侧20mm范围内的铁锈、油污、氧化物等清理干净，使其露出金属光泽。

4）定位焊缝位于T形接头的首尾两处。

二、操作要点

焊道分布如图2-28所示。

1. 打底焊

焊条直径3.2mm，焊接电流为130～140A，焊条角度如图2-29所示。

采用直线运条，压低电弧，必须保证顶角处焊透，电弧始终对准顶角，焊接过程中注意观察熔池，使熔池下沿与底板熔合好，熔池上沿与立板熔合好，使焊脚对称。

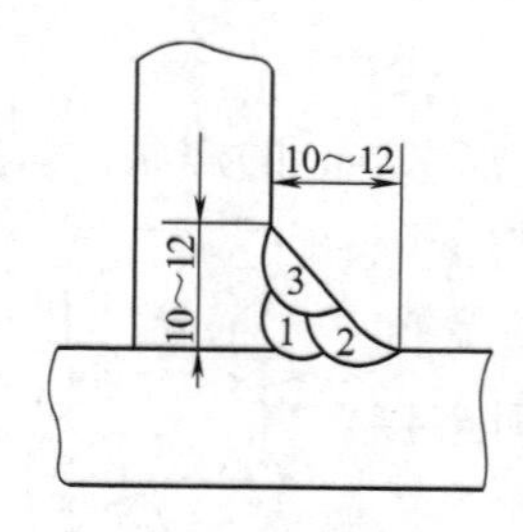

图2-28 焊道分布

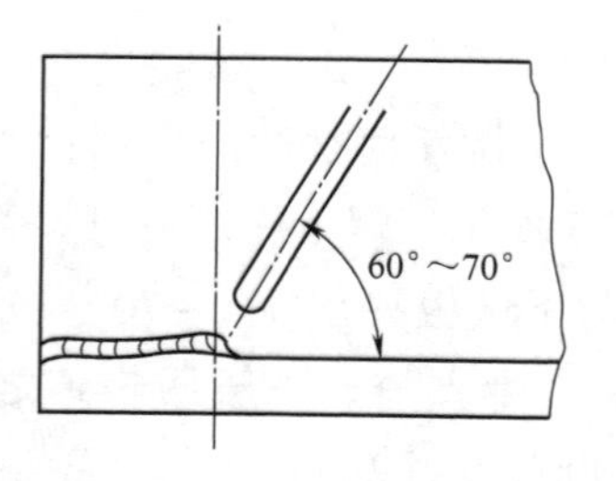

图2-29 焊条角度

2. 盖面焊

盖面焊前应将打底层清理干净。焊条角度如图2-30所示。焊盖面的焊道时，电弧应对准打底焊道的下沿，直线运条。焊盖面层上面的焊道时，电弧应对准打底焊道的上沿，焊条稍横向摆动，使熔池上沿与立板平滑过渡，溶池下沿与下面的焊道均匀过渡。焊接速度要均匀，以便形成表面较平滑且略带凹形的焊缝。如果要求焊脚较大，可适当摆动焊条，如锯齿形、斜圆圈形都可。

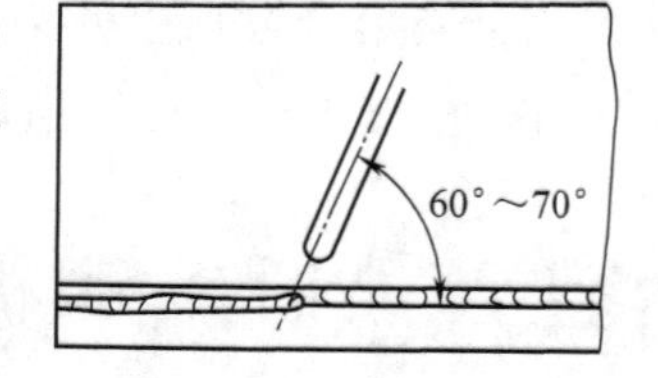

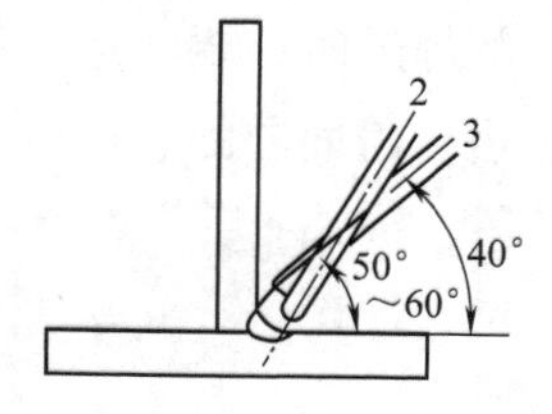

图2-30 盖面焊条角度

项目七 低碳钢管水平转动的焊接

教学目的：1. 掌握水平转动钢管焊接技术要点。

2. 合理选择焊接参数。

重点：水平转动钢管焊接技术要点。

难点：打底焊及接头处的处理方法。

教学内容：

管子在水平位置下焊接，由全位置变为平焊或爬坡焊的位置，对焊工的操作和焊缝成形都十分有利。

一、焊前准备

1. 试件坡口尺寸及材质

20钢；试件尺寸：ϕ108mm × 8mm；坡口尺寸如图2-31所示。

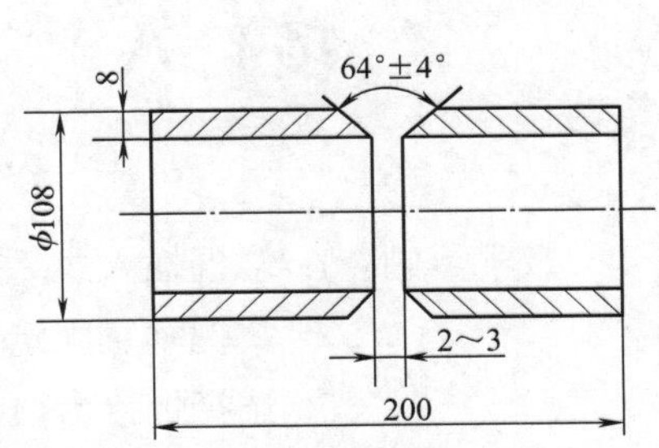

图2-31 管道水平转动焊坡口尺寸

2. 焊接材料及设备

E4303，ϕ2.5mm/ϕ3.2mm；BX3—300。

3. 焊前清理

将坡口及两侧20mm范围内的铁锈、油污、氧化物等清理干净，使其露出金属光泽。

4. 装配与定位焊

组对间隙：2～3mm；错边量：≤1mm；钝边：0.5～1mm；定位焊：定位焊缝位于管道截面上相当于“10点钟”和“两点钟”的位置，每处定位焊缝长度为10～15mm。

二、操作要点

1. 打底焊

打底焊道为单面焊双面成形，既要保证坡口根部焊透，又要防止烧穿或形成焊瘤。采用断弧焊，操作手法与钢板平焊基本相同。焊条直径2.5mm，焊接电流60～80A。打底焊的操作顺序是：从管道截面上相当于“10点半钟”的位置起焊，进行爬坡焊，每焊完一根焊条转动一次管子，把接头的位置转到管道截面上相当于“10点半钟”的位置。焊条角度如图2-32所示。焊条伸

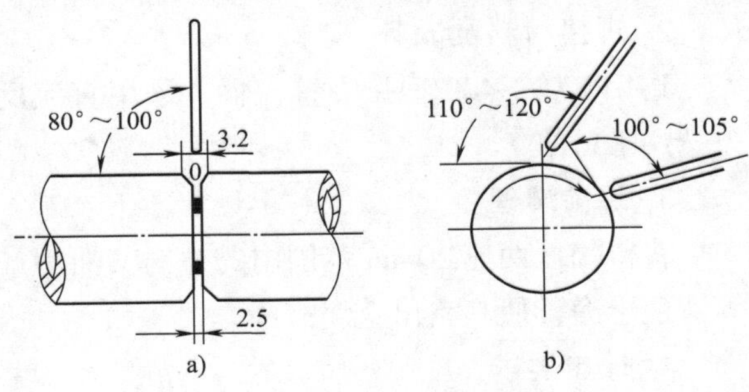

图2-32 水平转动焊时的焊条角度示意图

进坡口内让1/3～1/4的弧柱在管内燃烧，以熔化两侧钝边。熔孔深入两侧母材0.5mm。更换焊条进行焊缝中间接头时，采用热焊法，焊接方法与钢板平焊相同。

在焊接过程中，经过定位焊缝时，只需将电弧向坡口内压送，以较快的速度通过定位焊缝，过渡到坡口处进行施焊即可。

2. 填充焊

采用连弧焊进行焊接。施焊前应将打底层的熔渣、飞溅清理干净。焊条直径3.2mm，焊接电流90～120A，焊条角度与打底焊相同。其他注意事项与钢板平焊相同。

3. 盖面焊

盖面焊缝要满足焊缝几何尺寸要求，外形美观，与母材圆滑过渡，无缺陷。施焊前应将填充层的熔渣、飞溅清理干净。焊条直径3.2mm，焊接电流90～110A。施焊时焊条角度、运条方法与填充焊相同，但焊条水平横向摆动的幅度应比填充焊更宽，电弧从一侧摆至另一侧时应稍快些，当摆至坡口两侧时，电弧应进一步缩短，并要稍作停顿以避免咬边。

项目八 管板插入式垂直固定焊接

教学目的：1. 掌握插入式垂直管板焊接技术要点。

2. 掌握垂直固定俯焊装配、定位、引弧、焊接、接头方法。

3. 选择焊接参数。

重点：1. 插入式垂直固定焊接要点。

2. 引弧、接头方法。

难点：1. 焊接过程中的操作要领。

2. 接头处的处理方法。

教学内容：

一、焊前准备

1. 试件尺寸材质

Q235；试件尺寸如图2-33所示。

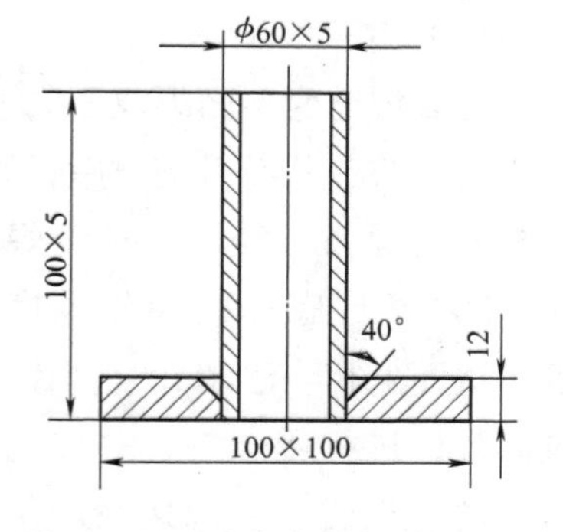

图2-33 垂直固定试件及坡口尺寸

2. 焊接材料及设备

选用ZX5—400型弧焊整流器，采用直流反接；焊条选用E5015。

3. 焊前清理

将待焊区两侧20mm范围内的铁锈、油污、氧化物等清理干净，使其露出金属光泽。

4. 焊接要求

单面焊双面成形，根部焊透。

5. 试件装配与定位焊

采用与焊接试件相应型号的焊条进行定位焊。定位焊缝长度为 10～15mm，焊脚不可过高，成形平整、无缺陷。

二、焊接参数（见表 2-5）

表 2-5 管板插入式焊接垂直固定位置焊接参数

焊接层次	焊条直径/mm	焊接电流/A
打底焊	2.5	75～85
盖面焊	3.2	110～120

三、操作要点及注意事项

由于管道与孔板厚度的差异，导致焊接温度场不均，使管与板熔化情况有异，应妥善掌握、控制运条。采用连弧焊接。

1）打底焊在定位焊点相对称的位置起焊，并在管道与板连接处的孔板上引弧，进行预热。当孔板和管形成熔池相连接后，采用小锯齿形或直线形运条方式进行正常焊接。焊条角度如图 2-34 所示。

焊接过程中焊条角度要求基本保持不变，运条速度要均匀平稳，保持熔池形状大小基本一致。焊缝根部要焊透。

每根焊条即将焊完前，向焊接相反方向回焊约 10mm，形成小斜坡，以利于在换焊条后接头。换焊条动作要迅速。接头应尽量采用热接头。

焊缝的最后接头，应先将焊缝始端修成斜坡状，焊至与始焊缝重叠约 10mm 处，填满弧坑即可灭弧。

2）盖面焊必须使管道不咬边且焊脚对称。盖面层采用两道焊，后道覆盖前一道焊缝的 1/3～2/3。应避免在两道间形成沟槽及焊缝上凸，盖面层焊条角度如图 2-35 所示。

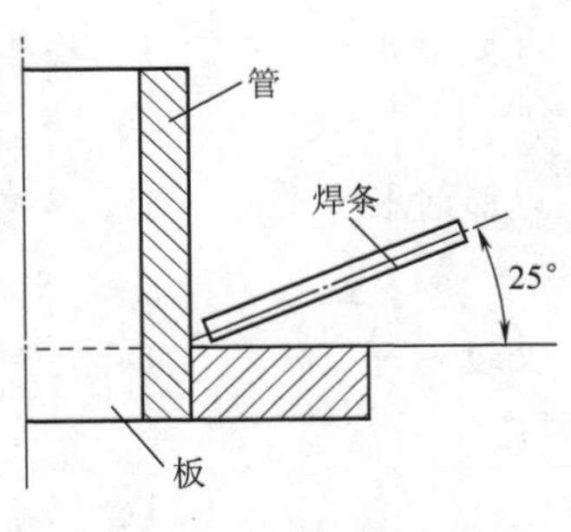

图 2-34 管板插入式焊接垂直固定打底焊焊条角度

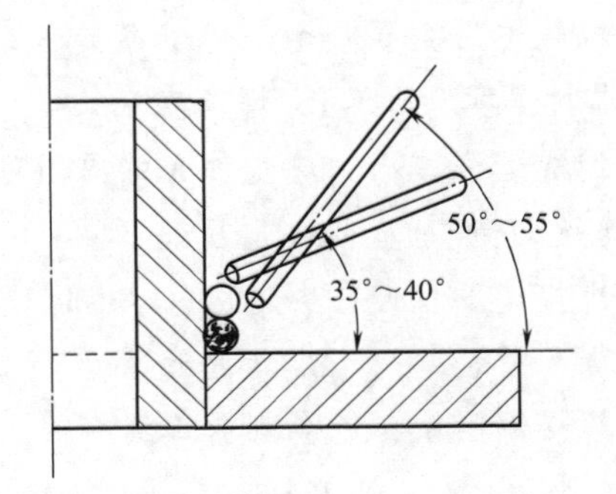

图 2-35 管板插入式焊接垂直固定盖面焊焊条角度

复习思考题

2-1 选择题。

1. 焊条电弧焊的特点是(　　)。

A. 生产效率高　　B. 设备复杂、维修不方便

C. 操作灵活、适用性广　　D. 适合高导热性的材料

2. 焊条药皮的作用不包括(　　)。

A. 传导电流　　B. 机构保护

C. 改善焊接工艺性能　　D. 渗合金

3. 焊接速度过慢，会造成(　　)。

A. 未焊透　　B. 未熔合　　C. 烧穿　　D. 咬边

4. 焊条的直径是以(　　)来表示的。

A. 焊条外径　　B. 药皮厚度

C. 焊芯直径　　D. 焊芯直径和一侧药皮厚度之和

5. 焊接速度是(　　)速度。

A. 焊条沿轴线向熔池方向的送进　　B. 焊条的横向摆动

C. 焊条沿着焊接方向的移动　　D. 焊条的综合运动

6. 焊条直径大小的选择和(　　)无关。

A. 焊接位置　　B. 接头形式　　C. 焊接速度　　D. 焊件厚度

7. 可以选择较大的焊接电流的焊接位置是(　　)焊接。

A. 平位　　B. 立位　　C. 横位　　D. 仰位

8. 焊接时发现焊条发红、药皮脱落，其原因是(　　)。

A. 焊接电流太大　　B. 焊接电流太小　　C. 焊接电压过高　　D. 焊接速度过大

9. 焊接电流过小时，焊缝(　　)，焊缝两边与母材熔合不好。

A. 宽而低　　B. 宽而高　　C. 窄而低　　D. 窄而高

10. 电弧电压主要是由(　　)决定的。

A. 母材厚度　　B. 焊条直径　　C. 电弧长度　　D. 接头形式

11. 造成熔深减小，熔宽加大的原因可能是(　　)。

A. 电流过大　　B. 电压过低　　C. 电弧过长　　D. 焊接速度过慢

12. 焊接速度过慢，会造成(　　)。

A. 焊缝过高　　B. 焊缝过宽　　C. 咬边　　D. 烧穿

13. 焊接缺陷中，不会削弱焊缝有效工作截面的是(　　)。

A. 咬边　　B. 夹渣　　C. 气孔　　D. 焊瘤

14. 对密封性有要求的受压容器，可进行(　　)来检查焊缝的密封性和承压能力。

A. 水压试验　　B. 拉伸试验　　C. 弯曲试验　　D. 冲击试验

15. 焊接过程中，烧穿产生的根本原因是(　　)。

A. 电压过高　　B. 电流过大

C. 焊接加热不够　　D. 焊接速度过快

2-2 简述焊条电弧焊的焊接原理。

2-3 简述焊条电弧焊的优、缺点。

2-4 焊条由哪两部分组成？各部分的作用是什么？

2-5 焊条药皮由哪些材料组成？这些材料在焊条药皮中起什么作用？

2-6 酸性焊条和碱性焊条药皮的主要成分有何不同？简要分析两种焊条的工艺特点。

2-7 E4315、E5016 两种型号焊条是什么类型的焊条。

2-8 焊条的型号和牌号的意义一样吗？

2-9 选用焊条的基本原则是什么？

2-10 在烘干焊条时，有哪些注意事项？

2-11 分述焊条电弧焊时交流电源和直流电源各自的特点。

2-12 焊条电弧焊时采用的安全防护要注意哪些方面？

2-13 如何确定直流弧焊电源的正极性和反极性？

2-14 焊条电弧焊时，焊条的运条包括哪三个动作？常用的运条方法有哪几种？

2-15 焊条电弧焊时，熄弧有哪几种方式？

2-16 长焊缝焊接时，为减小焊接变形，可采用哪些调整焊接次序的技术？

2-17 简单分析焊条电弧焊时夹渣、气孔和咬边三种缺陷的生产原因和预防措施。

第三章 CO_2 气体保护焊

二氧化碳气体保护电弧焊（简称焊 CO_2）是以二氧化碳气为保护气体，进行焊接的方法。(有时采用 CO_2 和 Ar 的混合气体)。在应用方面操作简单，适合自动焊和全位置焊接。在焊接时不能有风，适合室内作业。由于它成本低，二氧化碳气体易生产，广泛应用于各企业。由于二氧化碳气体的热物理性能的特殊影响，使用常规焊接电源时，焊丝端头熔化金属不可能形成平衡的轴向自由过渡，通常需要采用短路和熔滴缩颈爆断，因此，与 MIG 焊自由过渡相比，飞溅较多。但如采用优质焊机，焊接参数选择合适，可以得到很稳定的焊接过程，使飞溅降低到最小的程度。由于所用保护气体价格低廉，采用短路过渡时焊缝成形良好，加上使用含脱氧剂的焊丝即可获得无内部缺陷的高质量焊接接头。因此这种焊接方法目前已成为黑色金属材料最重要焊接方法之一。

第一部分　知识积累

第一节　概　　述

一、CO_2 气体保护焊原理

CO_2 气体保护焊是一种以 CO_2 气体作为保护气体，保护焊接区和金属熔池不受外界空气的侵入，依靠焊丝和焊件间产生的电弧来熔化焊件金属的一种熔化极气体保护电弧焊，其原理如图 3-1 所示。

由图 3-1 可知，焊接时使用成盘的焊丝，焊丝由送丝机构经软管和焊枪的导电嘴送出。焊机电源的输出两端，正极接在焊枪上，负极接在焊件上。

当焊丝与焊件接触后便产生电弧，在高温电弧的作用下，则焊件局部熔化形成熔池，而焊丝末端也随着熔化，形成熔滴过渡到熔池中去。同时，气瓶中送出 CO_2 气体以

一定的压力和流量从焊枪的喷嘴喷出，在电弧周围形成了一个具有挺直性的气体帷幕，像保护罩一样，保护了熔化的液态金属，阻止外界有害气体的侵入，随着焊枪的不断移动，熔池凝固后便形成了焊缝。

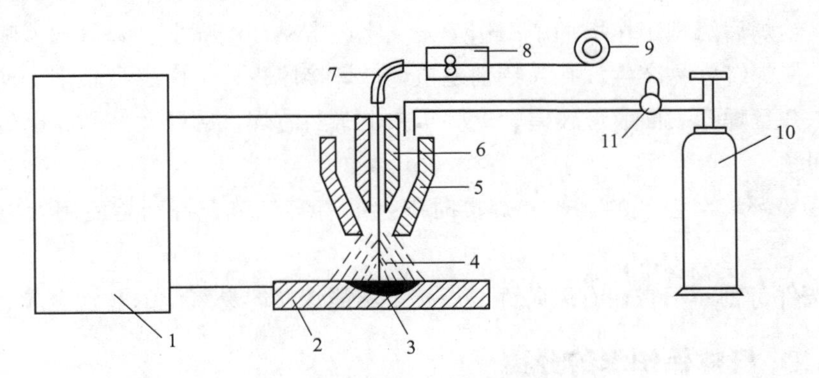

图 3-1 CO_2 气体保护焊过程示意图

1—焊接电源 2—焊件 3—熔池 4—保护气体 5—气体喷嘴 6—导电嘴
7—软管 8—送丝机 9—焊丝盘 10—CO_2 气瓶 11—气体流量计

二、CO_2 气体保护焊的特点

1. 优点

CO_2 气体保护焊与焊条电弧焊、埋弧焊相比有以下优点。

1）生产效率高。由于焊丝进给的自动进行，焊丝通过导电嘴送出，焊丝伸出长度较短，则电阻较小，所以焊接电流密度较大，通常为 100～300A/mm^2；电弧热量集中，焊丝的熔化率高，母材的熔透深度大，焊接速度高，而用焊条电弧焊和埋弧焊时，有相当大一部分热能用于熔化药皮或焊剂，这就超过了 CO_2 气体保护焊时，损失在辐射、金属烧损、飞溅等方面的热能，另外，焊后没有焊渣，特别进行多层焊时，减少了清渣时间，因此提高了生产效率，是焊条电弧焊的 2～4 倍。

2）焊接成本低。CO_2 气体和焊丝的价格比较便宜，对焊前生产准备要求低，焊后清渣和校正所需的工时也少，而且电能消耗少，因此成本比焊条电弧焊和埋弧焊低。

3）焊接变形小。由于电弧热量集中和的 CO_2 的冷却作用，焊件受热面积小，特别是焊接薄板时，变形很小。

4）对油、锈的敏感性低。因 CO_2 气体保护焊过程中 CO_2 气体的分解，造成氧化性强，降低了对油、锈的敏感性。

5）焊缝中含氢量小。CO_2 气体在高温中分解出氧，与氢气结合能力比较强，提高了焊接接头的抗冷裂纹的能力。

6）熔滴短路过渡时，适用于各种空间位置焊接和全位置焊。

7）电弧可见性好，有利于焊丝对中，便于实现机械化和自动化焊接。

8）操作简单，容易掌握。

2. 缺点

（1）飞溅多　这是实心 CO_2 气体保护焊接中的主要问题之一。由于飞溅的颗粒粘在焊件上，给焊后清理工作增加了工作量，飞溅经常粘在喷嘴上，阻碍气流喷出，影响保护效果，使焊缝容易产生气孔。特别是粗焊丝焊接厚板时，由于飞溅多，使大量的原材料浪费，并且焊缝表面成形较差。近些年来由于药芯焊丝的开发使用，已经很好地解决了飞溅问题。

（2）污染环境　强烈的弧光和焊接时产生的有害气体，特别是使用大电流焊接时更为严重。

（3）条件苛刻　不宜在有风条件下焊接，不能焊接容易氧化的非铁金属。

三、CO_2 气体保护焊的分类

1）CO_2 气体保护焊分为自动焊和半自动焊两种。

2）CO_2 气体保护焊采用的焊丝直径可分为细焊丝和粗焊丝两种。细焊丝采用的焊丝直径小于1.6mm，并适用于薄板焊接；粗焊丝采用的焊丝直径大于或等于1.6mm，适用于中厚板的焊接。

四、CO_2 气体保护焊的应用范围

CO_2 气体保护焊有很多优点，已广泛用于焊接低碳钢、低合金钢以及低合金高强度钢。在某些情况下，可以焊接耐热钢、不锈钢或用于堆焊耐磨零件以及焊补铸钢件和铸铁。

目前一些先进工业发达国家应用 CO_2 气体保护焊非常广泛，占常用焊接方法的50%～70%，我国目前 CO_2 气体保护焊的应用也较普遍，尤其在造船及汽车工业中得到广泛应用。

五、CO_2 气体保护焊电弧

1. 电弧的静特性

CO_2 气体保护焊采用的电流密度很大，电弧的静电特性处于上升阶段，即焊接电弧电流增加时，电弧电压也增加。

2. 电弧极性

通常 CO_2 气体保护焊都是采用直流反接，采用直流反接时，电弧稳定，飞溅小，成形好，熔深大，焊缝金属中扩散的含量少。

堆焊及补焊铸件时，采用直流正接比较合适。因为阴极发热量较阳极大，正极性时焊丝接阴极，熔化系数大，约为负极性的1.6倍，熔深较浅，对焊金属的稀释率小。

六、CO_2 气体保护焊溶滴的过渡形式

CO_2 气体保护焊过程中，电弧燃烧的稳定性和焊缝成形的好坏取决于熔滴过渡形式。此外，熔滴过渡对焊接工艺和冶金特点也有影响，CO_2 气体保护焊熔滴过渡大致可分为三种形式。

1. 短路过渡

焊接电流很小、电弧电压很低时，由于弧长小于溶滴自由成形的直径，焊接时将不断发生短路，此时电弧稳定，飞溅小，焊缝成形好，这种过渡形式叫作短路过渡。它广泛用于薄板和空间位置的焊接。

短路过渡时，熔滴越小，过渡越快。焊接过程越稳定，也就是说短路频率越高，焊接过程越稳定。

为了获得高的短路频率，要选择合适的电弧电压，对于直径为 0.8 ~ 1.2mm 的焊丝，该值是 20V 左右，最高短路频率约为 100Hz。

当采用短路过渡形式焊接时，由于电弧不断发生短路，因此可听见均匀的“啪啪”声。如果电弧电压太低，则弧长很短，短路频率很高，电弧燃烧时间短，可能焊丝端部还未来得及熔化就插入熔池，会发生固体短路，因短路电流很大，致使焊丝突然爆断，产生严重的飞溅，焊接过程极不稳定。

2. 颗粒过渡

焊接电流较大、电弧电压较高时，会发生颗粒过渡。焊接电流对颗粒过渡的影响非常显著，随着焊接电流的增加，熔滴体积减小，过渡频率增加。

（1）大颗粒过渡　当电弧电压较高、弧长较长，但焊接电流较小时，焊丝端部形成的熔滴不仅左右摆动，而且上下跳动，最后落入熔池中，这种过渡形式叫大颗粒过渡。大颗粒过渡时，飞溅较多，焊缝成形不好，焊接过程很不稳定，没有应用价值。

（2）小颗粒过渡　对于 ϕ1.6mm 的焊丝，当焊接电流超过 400A 时，熔滴较细，过渡频率较高，称为小颗粒过渡。此时飞溅少，焊接过程稳定，焊缝成形良好，焊丝熔化效率高，这种过渡适用于焊接中厚板。

（3）喷射过渡　对于 ϕ1.6mm 的焊丝，当焊接电流超过 700A 时，发生喷射过渡。很小的溶滴从焊丝端部脱落如射流状冲向熔池，使熔池翻滚，焊缝成形差，因此 CO_2 气体保护焊补采用这种过渡形式。

3. 半短路过渡

焊接电流和电弧电压较低时产生短路过渡；而焊接电流和电弧电压较大时会产生细颗粒过渡；若焊接电流和电弧电压介于上述两种情况中间时，如对于 ϕ1.2mm 焊丝，焊接电流为 180 ~ 260A，电弧电压为 24 ~ 31V 时，即发生半短路过渡。在这种情况下，除有少量颗粒状的大滴飞落到熔池外，还会发生短路过渡。半短路过渡时，焊缝成形好，但飞溅较大，当焊机的外特性适合时，飞溅损失可减小到百分之几以下。半短路过渡可用于 6 ~ 8mm 中厚度钢板的焊接。

第二节 焊接材料

一、气体

1. CO_2 气体

（1）CO_2 气体的性质 纯 CO_2 是无色、无嗅的气体，密度为 1.977kg/m³，比空气重（空气的密度为 1.29kg/m³）。

CO_2 有三种状态：固态、液态和气态。不加压力冷却时，CO_2 直接由气态变成固态干冰。当温度升高时，干冰升华直接变成气体。因空气中的水分不可避免地会凝结在干冰上，使干冰升华时产生的 CO_2 气体中含有大量的水分，故固态 CO_2 不能直接用于焊接。常温下，CO_2 加压至 5 ~7MPa 时变成液体，常温下液态 CO_2 比水轻，其沸点为 -78℃，在 0℃ 和 0.1MPa 时，1kg 的液态 CO_2 可产生 509L 的 CO_2 气体。

（2）CO_2 气体的纯度对焊缝质量的影响 CO_2 气体的纯度对焊缝金属的致密性和塑性有很大的影响。CO_2 气体中的主要杂质是水分和氮气。氮气一般含量较少，危害较小；水分危害较大，随着气体中 CO_2 水分的增加，焊缝金属总的扩散氢含量也增加，焊缝金属的塑性变差，容易出现气孔，还可能产生裂纹。

根据 GB/T6052—1993 规定，焊接用气 CO_2 体的纯度应不低于 99.5%（体积分数），其水含量不超过 0.005%（质量分数）。

（3）瓶装 CO_2 气体 工业上使用的瓶装液态 CO_2 既经济又方便。规定钢瓶主体喷成蓝色，用黑漆标明“二氧化碳”字样。

容量为 40L 的标准钢瓶，可灌入 25kg 液态 CO_2，约占钢瓶容积的 80%，其余 20% 的空间充满了气体 CO_2，气瓶压力表上指示的就是这部分气体的饱和压力，它的值与环境温度有关。温度升高时，饱和气体增加；温度降低时，饱和气体减少。0℃ 时，饱和气压为 3.633MPa；20℃ 时，饱和气压为 5.72MPa；30℃ 时，饱和气压为 7.48MPa。因此严禁 CO_2 气体靠近热源或在烈日下暴晒，以免发生爆炸事故。当气瓶内的液态 CO_2 全部挥发成气体后，气瓶内压力才逐渐下降。

（4）CO_2 气体的提纯 国内以前焊接使用的 CO_2 气体主要是酿造厂、化工厂的副产品，水分含量较高，纯度不稳定，为保证焊接质量，应对这种瓶装气体进行提纯处理，以减少其中的水分和空气。

2. 其他气体

（1）氩气 氩气是无色、无味、无嗅的惰性气体，比空气重，密度为 1.784kg/m³。瓶装氩气最高充气压力为 15MPa，气瓶为灰色，用绿漆标明“氩气”两字。

混合气体保护焊时，需使用氩气，主要用于焊接含合金元素较多的低合金高强度钢。为了确保焊缝质量，焊接低碳钢时也采用混合气体保护焊。

（2）氧气　氧气是自然界中最重要的元素，在空气中按体积计算约占21%，在常温下它是一种无味、无色、无嗅的气体。在标准状态下密度为1.43kg/m^3，比空气重。在－183℃时变成淡蓝色液体，在－129℃时变成淡蓝色固体。

氧气本身不会燃烧，它是一种活泼的助燃气体。氧的化学性质极为活泼，能同很多元素化合成氧化物，焊接过程中使合金元素氧化，起有害作用。

工业用氧气分为两级：一级氧气的纯度不低于99.2%（体积分数），二级的氧气纯度不低于98.5%（体积分数）。氧气的纯度对气焊和气割的效率和质量有一定影响。一般情况下，使用二级纯度的氧气就能满足气焊和气割的要求。对于切割质量要求较高时应采用一级氧气。

混合气体保护焊时应采用一级氧气。

通常瓶装氧气体积为40L，工作压力为15MPa，瓶体为天蓝色，用黑漆标明“氧气”两字，钢瓶应远离火源及高温区（10m以外的地方），不能曝晒，严禁与油脂类物品接触。

（3）混合气体　一些先进的工业发达国家进行混合气体保护焊时，多用预先混合好的瓶装混合气体。我国从20世纪90年代已经开始生产混合气体，其混合气体种类见表3-1。

表3-1　焊接保护混合气体

主要气体	混入气体	混合范围（体积分数，%）	允许气压/MPa（35℃）
Ar	O_2	1～12	9.8
	H_2	1～15	
	N_2	0.2～1	
	CO_2	18～22	
	He	50	
He	Ar	25	
Ar	CO_2	5～13	
	O_2	3～6	
CO_2	O_2	1～20	
Ar	O_2	3～4	
	N_2	（900～1000）$\times 10^{-5}$	

二、焊丝

1. 实心焊丝

CO_2 是一种氧化性气体，在电弧高温区分解为一氧化碳和氧气具有强烈的氧化作用，使合金元素烧损，容易产生气孔和飞溅。为了防止气孔，减小飞溅和保证焊缝具有良好的力学性能，要求焊丝中含有足够的合金元素。若用碳来脱氧，将产生气孔及飞溅，故限制焊丝中 w（C）<0.1%；若仅用硅脱氧，将产生高熔点 SiO_2，不易浮出熔池，容易引起夹渣；若仅用锰脱氧，生成氧化锰密度大，不易浮出熔池，也容易引起夹渣；若用硅和锰联合脱氧，并保持适当比例，则硅和锰的氧化物形成硅酸锰盐，它的密度小，粘度小，容易从熔池浮出，不易产生夹渣。因此，CO_2 气体保护焊用焊丝都含有较高的硅和锰。

常用的两种 CO_2 气体保护焊用焊丝的牌号及化学成分见表 3-2。

表 3-2　CO_2 气体保护焊用焊丝的牌号及化学成分

焊丝牌号	化学成分（质量分数,%）						
	C	Mn	Si	Cr	Ni	S	P
H08Mn2SiA	≤0.11	1.8~2.1	0.65~0.95	≤0.20	≤0.30	0.03	0.03
H08Mn2Si		1.7~2.1				0.04	0.04

焊丝的直径及允许的极限偏差见表 3-3。

表 3-3　焊丝直径及允许的极限偏差

焊丝直径/mm	允许极限偏差/mm
0.5，0.6	$^{+0.01}_{-0.03}$
0.8，1.0，1.2，1.6	$^{+0.01}_{-0.03}$
2.0，2.5，3.0，3.2	$^{+0.01}_{-0.03}$

焊丝熔敷金属的力学性能符合表 3-4 的规定。

表 3-4　焊丝熔敷金属的力学性能

焊丝种类	屈服点 R_{el}/MPa	抗拉强度 R_m/MPa	伸长率 A（%）	常温冲击吸收功 A_K/J
H08Mn2SiA	≥272	≥480	≥20	≥47
H08Mn2Si				≥39.2

2. 药芯焊丝

药芯焊丝是用薄钢带卷成圆形或异形管，在其管中填上一定成分的药粉，经拉制而成的焊丝，通过调整药粉的成分和比例，可获得不同性能、不同用途的焊丝。国内许多电焊条生产厂家于20世纪90年代起开始生产药芯焊丝。药芯焊丝的牌号和性能见表 3-5。

表 3-5　药芯焊丝的牌号和性能

焊条牌号		YJ502	YJ507	YJ507CuCr	YJ607	YJ707
焊缝金属的化学成分（质量分数）	C	≤0.10	≤0.10	≤0.12	≤0.12	≤0.15
	Mn	≤0.12	≤0.12	0.5~1.2	1.25~1.75	≤1.5
	Si	≤0.5	≤0.5	≤0.6	≤0.6	≤0.6
	Cr	—	—	0.25~0.60	—	—
	Cu	—	—	0.2~0.5	—	—

（续）

焊条牌号			YJ502	YJ507	YJ507CuCr	YJ607	YJ707
焊缝金属的化学成分（质量分数）	Mn		—	—	—	0.25～0.45	≤0.3
	Ni		—	—	—	—	≤1.0
	S		≤0.03				
	P						
焊缝力学性能	R_{el}/MPa		≥490	≥490	≥490	≥590	≥590
	R_m/MPa		—	—	≥343	≥530	≥590
	A/（%）		≥22	≥22	≥20	≥15	≥15
	A_k/J		≥28（-20℃）	≥28（-20℃）	≥47（-20℃）	≥27（-20℃）	≥27（-20℃）
推荐焊接参数	I/A	ϕ1.6	180～350	180～400	110～350	180～320	200～320
		ϕ2.0	200～400	200～450	220～370	250～400	250～400
	U/V	ϕ1.6	23～30	25～32	27～32	28～32	25～32
		ϕ2.0	25～32	25～32	27～32	28～35	28～35
	CO_2 流量		15～25	15～20	15～25	15～20	15～20

第三节　CO_2 气体保护焊设备

半自动 CO_2 焊设备由四部分组成，如图 3-2 所示。

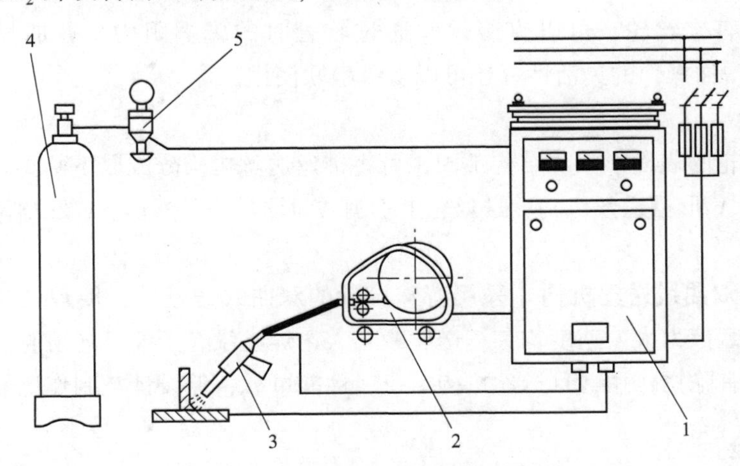

图 3-2　半自动 CO_2 焊设备示意图

1—电源　2—送丝机　3—焊枪　4—气瓶　5—减压流量调节器

（1）供气系统　由气瓶、减压阀流量调节器及管道组成。

（2）焊接电源　具有平特性的直流焊接电源。面板上装有指示灯及调节旋钮等。

（3）送丝机构　该机构是送丝的动力，包括机架、送丝电动机、焊丝矫直轮、压紧轮和送丝轮等，还装有焊丝盘、电缆及焊枪机构。要求送丝机构能均匀输送焊丝。

（4）焊枪　用来传导电流、输送焊丝和保护气体。

一、供气系统

本系统的功能是向焊接区提供稳定的保护气体的供气系统，由气瓶、减压阀、预热器、流量计及管路等组成。

（1）气瓶　在上节中已经介绍。

（2）减压阀　将气瓶中的高压 CO_2 气体的压力降低，并保证输出气体压力稳定。

（3）流量计　用来调节和测量保护气体的流量。

（4）预热器　高压 CO_2 气体经减压阀变成低压气体时，因体积突然膨胀，温度会降低，可能使瓶口结冰，将阻碍 CO_2 气体流出，装上预热器可防止瓶口结冰。

二、送丝机构

1. 送丝方式

常用的送丝方式可分为以下三种。

（1）推丝式送丝　焊枪与送丝机构是分开的，焊丝经一段软管送到焊枪中。这种焊枪的结构简单、轻便，但焊丝通过软管时受到的阻力大，因而软管长度受到限制。通常只能在离送丝机 3～5m 的范围内操作。

（2）拉丝送丝　送丝机构与焊枪合为一体，没有软管，送丝阻力小，速度均匀稳定，但焊枪结构复杂，重量大，操作时劳动强度大。

（3）推拉式送丝　这种送丝结构是以上两种送丝方式的组合，送丝时以推为主，由于焊枪上装有拉丝轮，可以克服焊丝通过软管时的摩擦阻力。若加长软管长度至 60m，能大大增加操作的灵活性。还可以多级串联使用。

2. 送丝轮

根据送丝轮的表面形状和结构不同，可将推丝送丝机构分成以下两类。

（1）平轮 V 形槽送丝机构　送丝轮上切有 V 形槽，靠焊丝与 V 形槽两个接触点的摩擦送丝。

（2）行星双曲线送丝机构　采用特殊设计的双曲线送丝轮，使焊丝与送丝轮保持线接触，送丝摩擦力大，速度均匀，送丝距离大，焊丝没有压痕，能矫直焊丝，对带轻微锈斑的焊丝有除锈作用，且送丝机构简单，性能可靠，但设计与制作比较麻烦。

三、焊枪

1. 焊枪的种类

根据送丝方式的不同，焊枪可分为两类。

（1）拉丝式焊枪　如图 3-3 所示，这种焊枪的主要特点是送丝均匀稳定，其活动范围大，但因送丝机构和焊丝都装在焊枪上，故焊枪结构复杂笨重，只能使用直径 0.5～0.8mm 的细焊丝焊接。

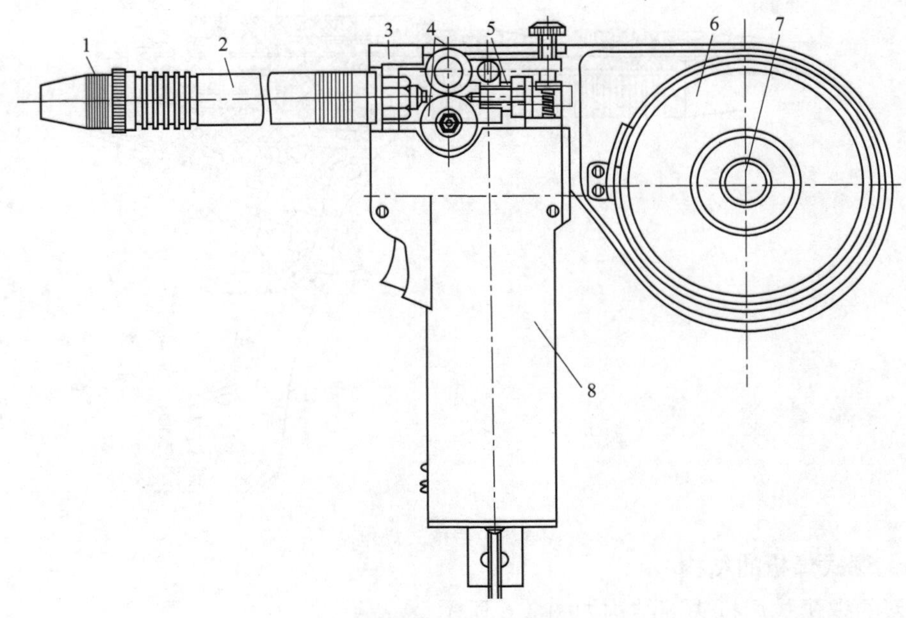

图 3-3　拉丝式焊枪

1—喷嘴　2—枪体　3—绝缘外壳　4—送丝轮　5—螺母　6—焊丝盘　7—压栓　8—电动机

（2）推丝式焊枪　这种焊枪结构简单、操作灵活，但焊丝经过软管时受较大的摩擦阻力，只能采用直径 1mm 以上的焊丝焊接。

焊枪根据形状不同，可分为两种。

（1）鹅颈式焊枪　如图 3-4 所示，这种焊枪形似鹅颈，应用较广，适用于平焊位置。

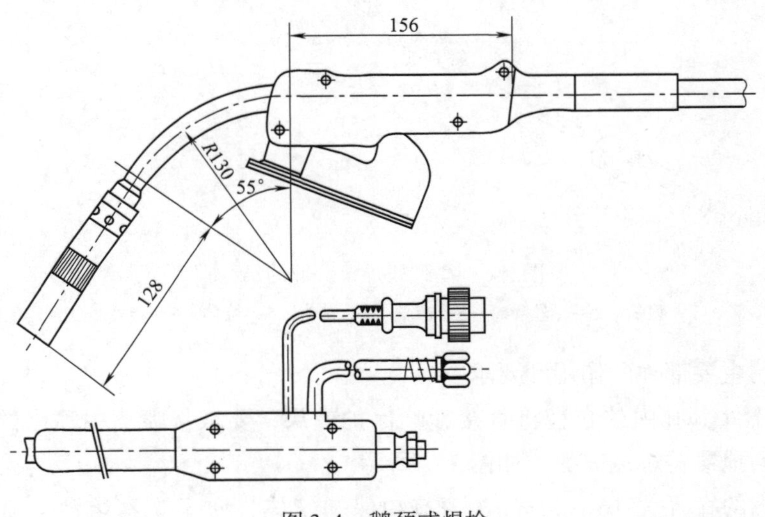

图 3-4　鹅颈式焊枪

（2）手枪式焊枪　如图 3-5 所示，这种焊枪形似手枪，适用于焊接除水平面以外的空间焊接。焊接电流较小时，焊枪采用自然冷却；焊接电流较大时，采用水冷式焊枪。

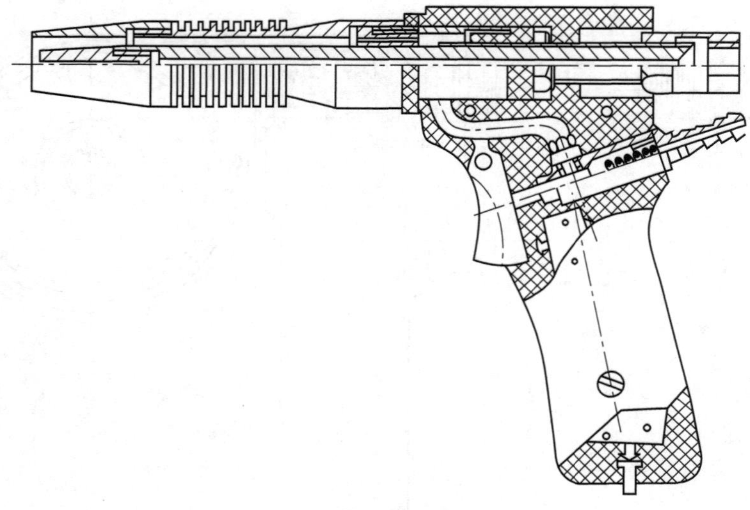

图 3-5　手枪式焊枪

2. 鹅颈式焊枪的结构

典型的鹅颈式焊枪头部结构如图 3-6 所示。

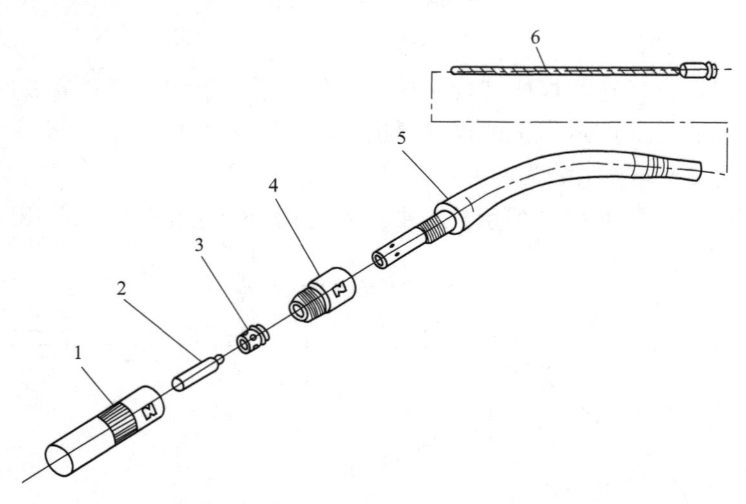

图 3-6　鹅颈式焊枪头部的结构

1—喷嘴　2—焊丝嘴　3—分流器　4—接头　5—枪体　6—弹簧软管

下面说明主要部件的作用和要求：

(1) 喷嘴　其孔内的直径将直接影响保护效果，要求从喷嘴中喷出的气体为截头圆锥体，均匀地覆盖熔池表面，如图 3-7 所示。

喷嘴孔内的直径为 16 ~ 22mm，为节约保护气体，便于观察熔池，喷嘴直径不宜过大。

常用纯铜或陶瓷材料制作喷嘴，为降低其内表面粗糙度值，要求在纯铜喷嘴的表面镀上一层铬，以提高其表面的硬度和较低表面粗糙度值。

喷嘴以圆柱形较好，也可做成上大下小的圆锥形，如图 3-8 所示。焊接前，最好在喷嘴的内、外表面喷涂上一层防飞溅的硅油，以便于清除粘附在喷嘴上的飞溅并延长喷嘴的使用寿命。

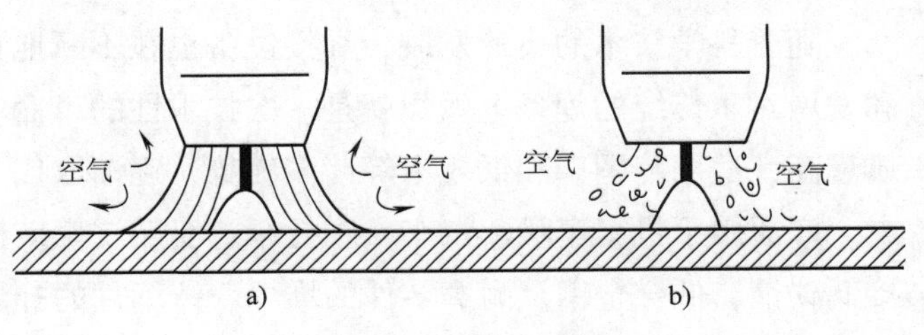

图 3-7 保护气体的形状

a）层流 b）紊流

（2）焊丝嘴 又称导电嘴，其外形如图 3-9 所示。它常用纯铜、铬青铜材料制造。为保证导电性良好，减小送丝阻力和保证对准中心，焊丝嘴内孔直径必须按焊丝直径选取孔径大小，送丝阻力大；孔径太大，送出的焊丝端部摆动态厉害，造成焊缝不直，保护效果也不好。通常焊丝嘴的孔径比焊丝直径大 0.2mm 左右。

（3）分流器 它是用绝缘陶瓷制成的，上有均匀分布的小孔，从枪里喷出保护气体经分流器后，从喷嘴中呈层流状均匀喷出，可改善保护效果。

（4）导管电缆 导管电缆的外面为橡胶绝缘管，内有弹簧软管、纯铜导电电缆，保护气管和控制线，常用标准长度是 3m。根据需要，也可采用 6m 长的导管电缆。

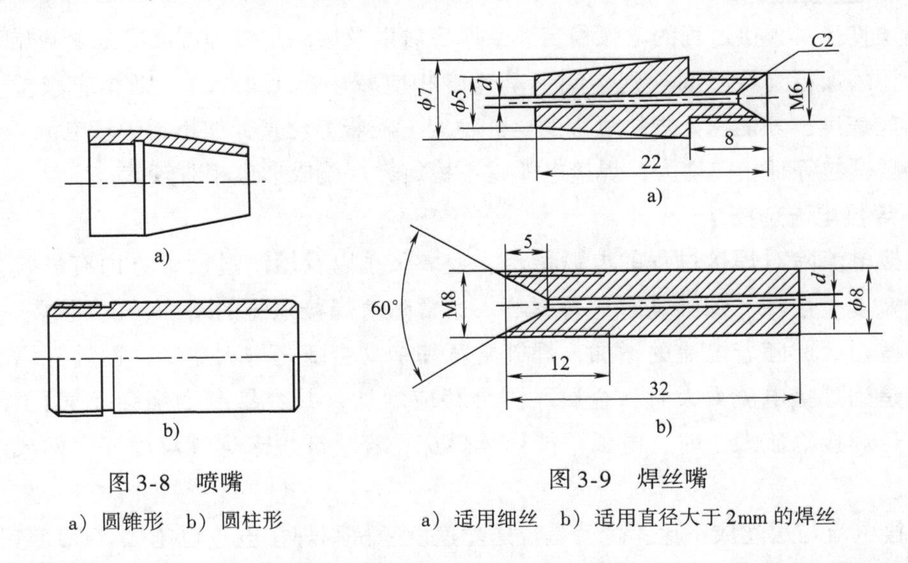

图 3-8 喷嘴

a）圆锥形 b）圆柱形

图 3-9 焊丝嘴

a）适用细丝 b）适用直径大于 2mm 的焊丝

第四节 CO_2 气体保护焊的焊接参数选择

CO_2 气体保护焊以其速度快、操作方便、焊接质量高、适用范围广和成本低廉等诸多优势，逐渐取代了传统的焊条电弧焊。在焊接生产中，焊接参数对焊接质量和焊接生产率有很大的影响，正确选择焊接参数是获得质量优良的焊接接头和提高生产率的关键。本文主要对 CO_2 气体保护焊中各种相关的焊接参数对 CO_2 气体保护焊的影响及其焊接参数选择进行了比较详细的分析。

随着科学技术的飞速发展，焊接设备也在不断地更新换代。CO_2 气体保护焊的出现和发展对于传统的焊条电弧焊就是一次技术性的革命。它以其速度快、操作方便、焊接质量高、适用范围广和低成本等诸多优势，逐渐取代了传统的焊条电弧焊。在实际生产中，广泛用于机车车辆、汽车、摩托车、船舶、煤矿机械及锅炉制造行业，主要用于焊接低碳钢、低合金钢及耐磨零件的堆焊、铸钢件的补焊等方面。为了充分发挥 CO_2 气体保护焊的效能，在焊接时必须正确选择焊接参数。

焊接参数就是焊接时为保证焊接质量而选定的各项参数的总称。CO_2 气体保护焊焊接参数主要包括焊丝直径、焊接电流、电弧电压、焊接速度、气体流量、焊丝伸出长度、焊枪倾角和电源极性等。

一、CO_2 气体保护焊各焊接参数对其焊接的影响

焊接参数对焊接质量和焊接生产率有很大的影响。为了获得优质的焊接接头，必须先清楚各焊接参数对焊接的影响。

1. 焊丝直径选择

焊丝直径对焊接过程的电弧稳定、金属飞溅以及熔滴过渡等方面有显著影响。随着焊丝直径的加粗（或减细）则熔滴下落速度相应减小（或增大），则相应减慢（或加快）送丝速度，才能保证焊接过程的电弧稳定。随着焊丝直径加粗，焊接电流、焊接电压、飞溅颗粒等都相应增大，焊接电弧越不稳定，焊缝成形也相对较差。

2. 焊接电流选择

焊接电流除对焊接过程的电弧稳定、金属飞溅以及熔滴过渡等方面有影响外，还对焊缝宽度、熔深、加强高有显著影响。通常随着焊接电流的增加，电弧电压会相应增加一些。因此随着电流的增加，焊缝熔宽和余高会随之增大一些，而熔深增大最明显。但是当焊接电流太大时，金属飞溅会相应增加，并容易产生烧穿及气孔等缺陷。反之，若焊接电流太小时，电弧不能连续燃烧，容易产生未焊透及焊缝表面成形不良等缺陷。

焊接电流与送丝成正比，也就是说送丝速度越快则焊接电流也越大。CO_2 气体保护焊接电流的大小是由送丝速度来调节的。

焊接电流对焊丝的熔化影响也很大。焊接电流与熔化速度的关系如图 3-10 所示。图中表明随着焊接电流的增大，焊丝熔化速度也增大。其中细焊丝的熔化速度增大更快些，这是因为细焊丝产生的电阻热较大。

3. 电弧电压选择

电弧电压是影响熔滴过渡、金属飞溅、电弧燃烧时间以及焊缝宽度的主要因素。在一般情况下，电弧电压越高，电弧笼罩也越大。于是熔宽增加，而熔深、余高却减小，焊接趾部易出现咬边；电弧电压过低，则电弧太短，焊丝容易伸入熔池，使电弧不稳定，焊缝易造成熔合不良（焊道易成为凸形）。电弧电压与焊缝成形的关系如图 3-11 所示。

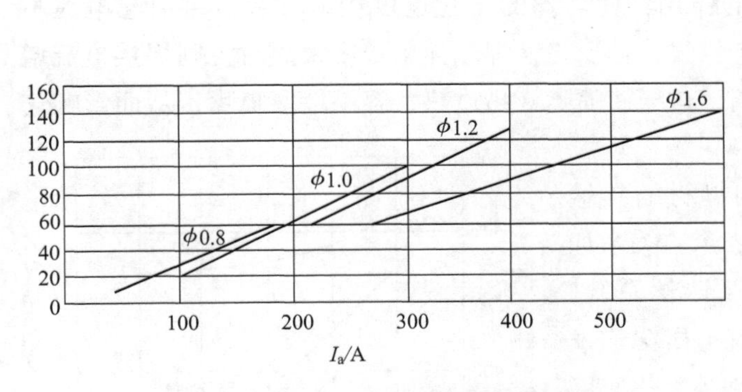

图 3-10　焊接电流与熔化速度关系

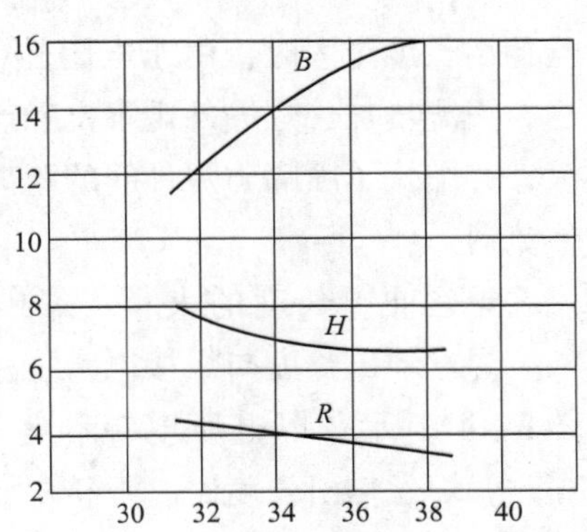

图 3-11　电弧电压与焊缝成形的关系

B—熔宽　*H*—余高　*R*—熔深

电弧电压也反映了弧长的大小。电弧电压越高，弧长也越长，则焊枪喷嘴到焊件的距离也越大，气体保护效果会越差，这样就易产生气孔。电弧电压与气孔的关系如图 3-12 所示。

4. 焊接速度选择

焊接速度对焊缝内部与外观的质量都有重要影响。在保持焊接电流和电弧电压一定的情况下，焊接速度加快则焊缝的熔深、熔宽和余高都会减小，焊道会成为凸形。焊接速度对焊缝成形的影响，如图 3-13 所示。焊接速度再加快，在焊缝趾部易出现咬边。进一步提高焊接速度时出现驼峰焊道。相反焊接速度过低，熔池中液态金属将流到电弧前面，电弧在液态金属上面燃烧，从而使焊缝熔合不良，形成未焊透。

通常半自动焊时，当焊速低于 15cm/min 时，焊枪移动不易均匀。而在焊速达 60～70cm/min 时，焊枪难以对准焊接线，所以通常焊接速度多为 30～50cm/min。

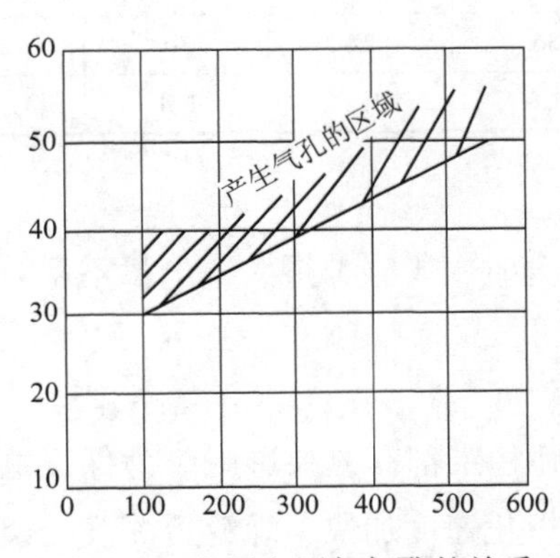

图 3-12　电弧电压与气孔的关系

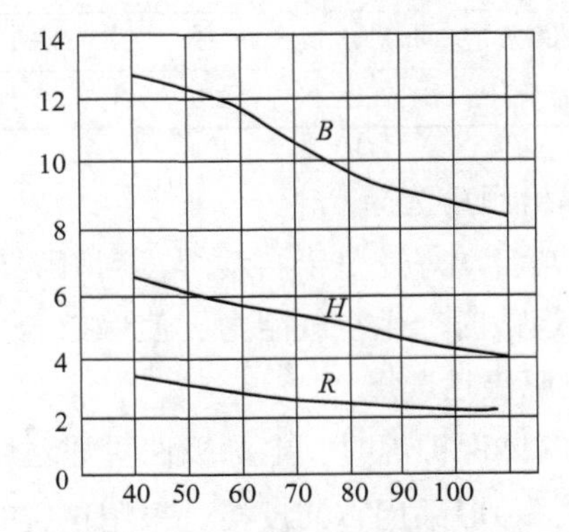

图 3-13　焊接速度对焊缝成形的影响

B—熔宽　*H*—余高　*R*—熔深

5. 焊丝伸出长度选择

焊丝伸出长度是指焊接时导电嘴与焊件间的距离。焊丝伸出长度对焊接过程的稳定性影响比较大。当焊丝伸出长度增加时，焊丝的熔化速度加快，可以使生产率提高。焊丝伸出长度过大时，由于电阻热的作用，使焊丝的熔化速度相应加快，将引起电弧不稳，飞溅增加，焊缝外观不良和产生气孔；反之，焊丝伸出长度太短时，则焊接电流增大，并缩短了喷嘴与焊件间的距离，这样使喷嘴极易过热，容易堵塞喷嘴，从而影响气体流通。

焊丝伸出长度的大小还影响母材的热输入。焊丝伸出长度与焊接电流、熔深的关系如图3-14所示。恒电压电源和等速送丝系统，当改变焊丝伸出长度时，焊接电流与熔深均发生变化。当伸出长度增大时，焊丝熔化的速度加快。而焊缝熔深及焊接电流减少，根据这一特点，在半自动焊时焊工可以通过调节焊枪高度来调节热输入。

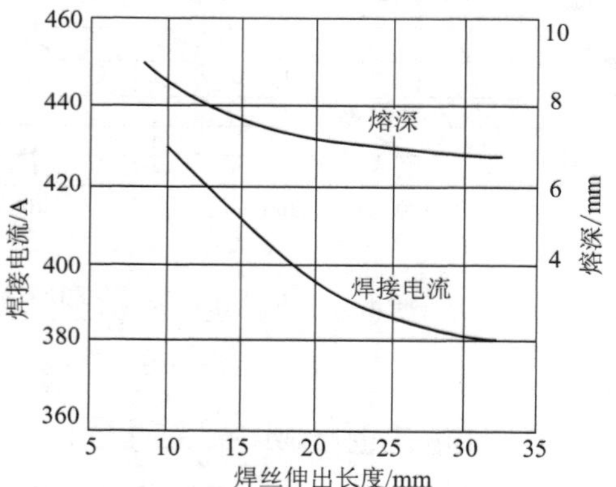

图3-14 焊丝伸出长度与焊接电流、熔深的关系

6. 气体流量选择

CO_2 气体保护焊是利用 CO_2 气体的屏蔽作用实现保护的，气体流量、焊丝伸出长度及风的大小都是影响保护效果的主要因素。气体流量的大小与电流有关，在大电流时气体的流量则要大，为20~25L/min。在工作环境有风时，应适当增大喷嘴直径，以便在大流量时仍可获得稳定的电弧。CO_2 气体流量和风速上限的关系见表3-6。通常实心焊丝 CO_2 焊时，为得到可靠的保护效果，风速上限为4m/s，如果风速超过这一上限值，则应采取必要的防风措施。

表3-6 CO_2 气体流量和风速上限的关系

喷嘴直径/mm	16	16	16	22	22	22
CO_2 流量/（L/min）	25	30	36	25	30	35
风速上限/（m/s）	2.1	2.5	3.0	1.1	1.4	1.7

7. 焊枪倾角选择

无论是自动焊还是半自动焊，当喷嘴与工件垂直时，飞溅都很大，电弧不稳。其主要原因是运条时产生空气阻力，使保护气流后偏吹。

8. 电源极性选择

CO_2 气体保护焊时，电源极性对焊缝熔深、电弧稳定都有重要影响。为保证电弧的稳定燃烧，一般采用直流反接。采用正接时，焊丝熔化速度加快、焊缝熔深浅、余高增加，电弧燃烧没有反接稳定。

二、CO_2 气体保护焊焊接参数的选择

CO_2 气体保护焊广泛用于各种位置、不同坡口形式和各种厚度焊件的焊接。如果不能正确选择焊接参数，将引起各种焊接缺陷，增加工时和降低工作效率。

1. 焊丝直径

根据焊件情况，首先应选择合适的焊丝直径。常用焊丝直径为0.6~1.2mm，各种直径的焊丝都有其通用的电流范围、适合的焊接位置，见表3-7。从表中可以看到，小于ϕ1.2mm的焊丝适合于全位置焊，大于ϕ1.2mm的焊丝主要适用于平焊。

表3-7 焊丝直径、焊接电流、焊接位置的关系

焊丝直径/mm	焊接电流/A	适合焊件厚度/mm	适合焊接位置
0.6	40~90	1.0~4.0	全位置
0.8	50~120		
0.9	60~150		
1	70~80	2.0~12.0	
1.2	80~350		
≥1.6	300~500	≥6	平焊位置

2. 焊接电流

焊接电流是焊接的主要参数之一，主要根据母材厚度，接头形式以及焊丝直径等正确选择。在保证焊透的前提下，尽量选择小电流，因为当电流太大时，易造成熔池翻滚，不仅飞溅大，焊缝成形也非常差。焊丝直径与焊接电流的关系见表3-7。

3. 电弧电压

确定焊接电流的范围后，调整电弧电压。使电弧电压与焊接电流形成良好的匹配。焊接过程中电弧稳定，飞溅小，能听到“沙沙”的声音，能看到焊机的电流表、电压表的指针稳定，摆动小，焊接电流和电弧电压也就达到了最佳匹配。最佳的电弧电压一般在16~24V，粗滴过渡时，电压为25~45V，所以电弧电压应细心调试。

4. 焊接速度

随着焊接速度增大（或减小），则焊缝熔宽、熔深和堆积高度都相应减小（或增大）。当焊接速度过快时，会使气体保护的作用受到破坏，易使焊缝产生气孔。同时焊缝的冷却速度也会相应提高，也降低了焊缝金属的塑性的韧性，并会使焊缝中间出现一条棱，造成成形不良。当焊接速度过慢时，熔池变大，焊缝变宽，易因过热造成焊缝金属组织粗大或烧穿。因此焊接速度应根据焊缝内部与外观的质量选择。一般自动焊速度为15~30m/h。

5. 焊丝伸出长度

焊丝伸出长度一般为焊丝直径的10~20倍。焊丝伸出长度与电流有关，电流越大，伸出长度越长。焊丝伸出长度与焊接电流的关系见表3-8。焊丝伸出长度太长时，焊丝的电阻热越大，焊丝熔化速度加快，易造成成段焊丝熔断，飞溅严重，焊接过程不稳定；焊丝伸出长度太短时，飞溅物容易堵住喷嘴，有时飞溅物熔化到熔池中，造成焊缝成形差。一般伸出长度为焊丝直径的10倍，即ϕ1.2mm焊丝选择伸出长度为12mm左右。

表 3-8 焊丝伸出长度与焊接电流的关系

焊接电流/A	焊丝伸出长度/mm
<250	6 ~ 15
>250	15 ~ 25

6. 气体流量

气体流量会直接影响焊接质量，一般根据焊接电流、焊接速度、焊丝伸出长度及喷嘴直径来选择。当焊接电流越大，焊接速越快，焊丝伸出长度越长时，气体流量应大些。气体流量太大或太小时，都会造成成形差，飞溅大，产生气孔。一般经验公式是，数量为焊丝直径的 10 倍，即 $\phi1.2$mm 焊丝选择 12L/min。当采用大电流快速焊接或室外焊接及仰焊时，应适当提高气体流量。CO_2 气体纯度不低于 99.5%（体积分数）。

7. 焊枪倾角

无论是自动焊还是半自动焊，当喷嘴与工件垂直时，飞溅都很大，电弧不稳。其主要原因是运条时产生空气阻力，使保护气流后偏吹。为了避免这种情况的出现，一般采用左向焊法焊接，可将喷嘴前倾 10° ~ 15°，不仅能够清楚地观察和控制熔池，而且能够保证焊缝成形良好，焊接过程稳定。

8. 电源极性

CO_2 气体保护焊电源极性应采用直流反接焊接，因为直流反接时熔深大，飞溅小，电弧稳定，焊缝成形好。

CO_2 气体保护焊在实际生产中，选择焊接参数时，应做到以下几点：

1）根据母材先确定焊丝直径和焊接电流。

2）根据选择的焊接电流，在试板上试焊，细心调整出相匹配的电弧电压。

3）根据试板上焊缝成形情况，细调整焊接电流，焊接电压，气体流量，达到最佳的焊接参数。

4）在工件上正式焊接过程中，应注意焊接回路，接触电阻引起的电压降低，及时调整焊接电压。

有了一定的理论基础，再加上勤于思考，相信每一名焊接操作者通过不断的调整，最终都能获得最佳的焊接参数。正确使用焊接参数，可以避免各种焊接缺陷，提高操作技能、为保证焊接质量奠定良好的基础，同时也增加了工时利用率，提高了生产效率。

第五节 CO_2 焊的冶金特性与焊接材料

一、合金元素的氧化与脱氧

1. 合金元素的氧化

CO_2 及其在高温分解出的氧，都具有很强的氧化性。随着温度的提高，氧化性增强。氧化反应的程度取决于合金元素在焊接区的浓度和它们对氧的亲和力。熔滴和熔池金属中 Fe 的浓度最大，Fe 的氧化比较激烈。Si、Mn、C 的浓度虽然较低，但它们与氧的亲和力比 Fe 大，所以也很激烈。

2. 氧化反应的结果

反应生成的 CO 气体有两种情况：其一是在高温时反应生成的 CO 气体，由于 CO 气体体积急剧膨胀，在逸出液态金属过程中，往往会引起熔池或熔滴的爆破，发生金属的飞溅与损失。其二是在低温时反应生成的 CO 气体，由于液态金属呈现较大的粘度和较强的表面张力，产生的 CO 无法逸出，最终留在焊缝中形成气孔。

合金元素烧损、气孔和飞溅是 CO_2 焊中三个主要的问题。它们都与 CO_2 电弧的氧化性有关，因此必须在冶金上采取脱氧措施予以解决。但应指出，气孔、飞溅除和 CO_2 气体的氧化性有关外，还和其他因素有关，这些问题以后还要讨论。

3. CO_2 焊的脱氧

加入到焊丝中的 Si 和 Mn，在焊接过程中一部分直接被氧化和蒸发，一部分耗于 FeO 的脱氧，剩余的部分则残剩留在焊缝中，起焊缝金属合金化作用，所以焊丝中加入的 Si 和 Mn，需要有足够的数量。但是焊丝中 Si、Mn 的含量过多也不行。Si 含量过高会降低焊缝的抗热裂纹能力；Mn 含量过高会使焊缝金属的冲击韧度下降。

此外，Si 和 Mn 之间的比例还必须适当，否则不能很好地结合成硅酸盐浮出熔池，而会有一部分 SiO_2 或者 MnO 夹杂物残留在焊缝中，使焊缝的塑性和冲击韧度下降。

根据试验，焊接低碳钢和低合金钢用的焊丝，一般 w（Si）为 1% 左右。经过在电弧中和熔池中烧损和脱氧后，还可在焊缝金属中剩下约 0.4% ~0.5%（质量分数）。焊丝中 w（Mn）一般为 1% ~2% 左右。

二、CO_2 焊的气孔及防止

CO_2 焊时，由于熔池表面没有熔渣覆盖，CO_2 气流又有冷却作用，因而熔池凝固比较快。如果焊接材料或焊接工艺处理不当，可能会出现 CO 气孔、氮气孔和氩气孔。

1. CO 气孔

在焊接熔池开始结晶或结晶过程中，熔池中的 C 与 FeO 反应生成的 CO 气体来不及逸出，而形成 CO 气孔。这类气孔通常出现在焊缝的根部或近表面的部位，且多呈针尖状。

2. 氮气孔

在电弧高温下，熔池金属对 N_2 有很大的溶解度。但当熔池温度下降时，N_2 在液态金属中的溶解度便迅速减小，就会析出大量 N_2，若未能逸出熔池，便生成 N_2 气孔。N_2 气孔常出现在焊缝近表面的部位，呈蜂窝状分布，严重时还会以细小气孔的形式广泛分布在焊缝金属之中。这种细小气孔往往在金相检验中才能被发现，或者在水压试验时被扩大成渗透性缺陷而表露出来。

3. 氢气孔

氢气孔产生的主要原因是，熔池在高温时溶入了大量氢气，在结晶过程中又不能充分排出，留在焊缝金属中成为气孔。

三、CO_2 焊的飞溅及防止

1. 产生原因

飞溅是 CO_2 焊最主要的缺点，严重时甚至要影响焊接过程的正常进行。产生飞溅的主要原因有以下几种：

1）气体爆炸引起的飞溅。

2）由电弧斑点压力而引起的飞溅。

3）短路过渡时由于熔滴爆断引起的飞溅。

4）当焊接参数选择不当时，也会引起飞溅。

2. 防止措施

减少金属飞溅的措施主要是正确选择焊接参数。

1）焊接电流与电弧电压。

2）焊丝伸出长度。

3）焊枪角度。

四、CO_2 焊的气体及焊丝

1. CO_2 气体

（1）CO_2 气体的性质　CO_2 气体是无色、无味和无毒的气体。在常温下它的密度为 $1.98kg/m^3$，约为空气的 1.5 倍。在常温时很稳定，但在高温时发生分解，至 5000K 时几乎能全部分解。气瓶的压力与环境温度有关，当温度为 0 ~ 20℃ 时，瓶中压力为 $4.5 \sim 6.8 \times 10^6 Pa$（40 ~ 60 大气压），当环境温度在 30℃ 以上时，瓶中压力急剧增加，可达 $7.4 \times 10^6 Pa$（73 大气压）以上。所以气瓶不得放在火炉、暖气等热源附近，也不得放在烈日下曝晒，以防发生爆炸。

（2）提高 CO_2 气体纯度的措施

1）洗瓶后应该用热空气吹干，因为洗瓶后在钢瓶中往往残留较多的自由状态水。

2）倒置排水。液态的 CO_2 可溶解质量分数约 0.05% 的水分，另外还有一部分自由态的水分沉积于钢瓶的底部。焊接使用前首先应去掉自由态水分。可将 CO_2 钢瓶倒立静置 1 ~ 2h，以便使瓶中自由状态的水沉积到瓶口部位，然后打开阀门放水 2 ~ 3 次，每次放水间隔 30min，放水结束后，把钢瓶恢复放正。

3）正置放气。放水处理后，将气瓶正置 2h，打开阀门放气 2 ~ 3min，放掉一些气瓶上部的气体，因这部分气体通常含有较多的空气和水分，同时带走瓶阀中的空气。

4）使用干燥器。可在焊接供气的气路中串接过滤式干燥器。用以干燥含水较多的

CO_2 气体。

5）使用时注意瓶中的压力。

2. 焊丝

CO_2 焊丝既是填充金属又是电极，所以焊丝既要保证一定的化学成分和力学性能，又要保证具有良好的导电性和工艺性能。对焊丝的要求如下：

1）使用脱氧剂。

2）C、S、P 在焊丝中的含量要低。

3）为防锈及提高导电性，焊丝表面最好镀铜。

第二部分　生产实习

项目一　二氧化碳气体保护焊

教学目的：通过对二氧化碳气体保护焊的学习，使学生掌握二氧化碳气体保护的焊接方法。

重点：掌握 CO_2 焊的相关基础知识及电流和电压的匹配。

难点：CO_2 焊冶金原理。

教学内容：

一、概述

CO_2 气体保护焊是利用 CO_2 作为保护气体的气体保护电弧焊，简称 CO_2 焊。

$$CO_2 = CO + 1/2 \quad O_2 + Q$$

上式反应有利于对熔池的冷却作用。

二、特点

1. 优点

1）生产效率高和节省能量。

2）焊接成本低。

3）焊接变形小。

4）对油、锈的敏感度较低。

5）焊缝中含氢量少，提高了低合金高强度钢抗冷裂纹的能力。

6）电弧可见性好，短路过渡可用于全位置焊接。

2. 缺点

1）设备复杂，易出现故障。

2）抗风能力差及弧光较强。

三、CO_2 焊冶金原理

在进行焊接时，电弧空间同时存在 CO_2、CO、O_2 和 O 原子等几种气体，其中 CO 不与液态金属发生任何反应，而 CO_2、O_2、O 原子却能与液态金属发生如下反应：

$$Fe + CO_2 \rightarrow FeO + CO$$（进入大气中）

$$Fe + O \rightarrow FeO$$（进入熔渣中）

$$C + O \rightarrow CO$$（进入大气中）

CO 气孔问题：由上述反应式可知，CO_2 和 O_2 对 Fe 和 C 都具有氧化作用，生成的 FeO 一部分进入渣中，另一部分进入液态金属中，这时 FeO 能够被液态金属中的 C 所还原，反应式如下：

$$FeO + C \rightarrow Fe + CO$$

这时所生成的 CO 一部分通过沸腾散发到大气中去，另一部分则来不及逸出，滞留在焊缝中形成气孔。

针对上述冶金反应，为了解决 CO 气孔问题，需使用焊丝中加入含 Si 和 Mn 的低碳钢焊丝，这时熔池中的 FeO 将被 Si、Mn 还原：

$$2FeO + Si \rightarrow 2Fe + SiO_2$$（进入渣中）

$$FeO + Mn \rightarrow Fe + MnO$$（进入渣中）

反应物 SiO_2、MnO 它们将生成 FeO 和 Mn 的硅酸盐浮出熔渣表面，另一方面，液态金属含 C 量较高，易产生 CO 气孔，所以应降低焊丝中的含 C 量，通常其质量分数不超过 0.1%。

氢气孔问题：焊接时，工件表面及焊丝含有油及铁锈，或 CO 气体中含有较多的水分，但是在 CO_2 保护焊时，由于 CO_2 具有较强的氧化性，在焊缝中不易产生氢气孔。

四、CO_2 焊的熔滴过渡形式

1. 短路过渡

细丝（焊丝直径小于 1.2mm），以小电流、低电弧电压进行焊接。

2. 射滴过渡

中丝（焊丝直径 1.6~2.4mm），以大电流、高电弧电压进行焊接。

3. 射流过渡

粗丝（焊丝直径为 2.4~5mm）以大电流、低电弧电压进行焊接。

五、焊接材料

1. 焊丝

H08Mn2SiA，ϕ1.0~1.2mm。

2. CO_2 保护气体

无色、无味、无毒，纯度大于99.5%（体积分数）。气瓶涂银白色，写有“CO_2”标记。

不纯的 CO_2 气体可采取如下措施（倒置放水和正置放气）：

1）气瓶倒立静置1~2h，然后打开阀门，放水2~3次，间隔30min。

2）水处理后，将气瓶正置2h，打开阀门，放掉气瓶上部的气体。

六、焊接设备

1）焊机型号

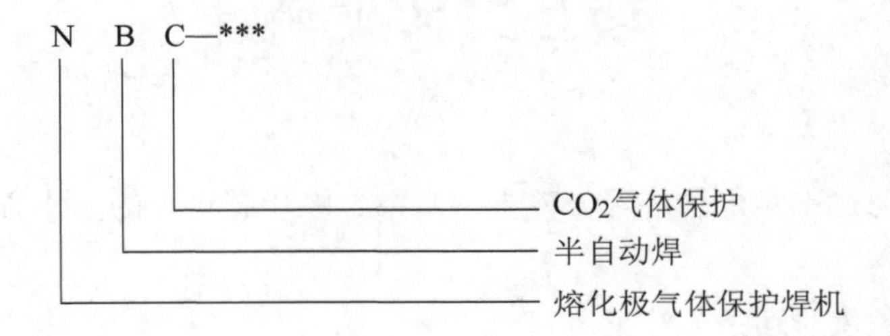

2）送丝机构

3）送丝软管和焊枪

4）供气装置：气瓶、预热气、干燥器、流量计。

七、焊接参数

1. 电流

电流决定熔化速度，电流越大，熔化速度越快。

2. 电弧电压

$U=$（20±0.5~1.5）V。

电压适当时，为均匀密集的短路声。

电压较小时，飞溅增加，焊道变窄，易出现顶丝。

电压过大时，弧长变长，飞溅颗粒度变大，易产生气孔，焊道变宽，熔深和余高变小，有较强的爆破声。

3. 气体流量

一般与喷嘴大小一致，为10~15L / min。

4. 焊接速度

速度过慢时，焊缝变宽。而焊速过快时，易出现凸形焊道。通常焊接速度为30~60cm/min。

5. 电流极性

采用直流反极性，这时电弧稳定，焊接过程平稳，飞溅小。若采用直流正极性，则熔深较浅，余高较大和飞溅很大。而在堆焊、铸铁补焊时均采用直流正极性接法。

6. 焊丝干伸长

$L=10d$，d 为焊丝直径。

当焊丝杆伸长增加时，焊丝熔化速度增加，这时电流减小，将使熔滴与熔池温度降低，造成热量不足，而引起未焊透；另外，电弧不稳，难以操作，飞溅大，成形差，易产生气孔。

当焊丝杆伸长变短时，电流增大，弧长变短，熔深变大，飞溅易粘附到喷嘴内壁，不易观察熔池，甚至烧坏导电嘴。

焊丝杆伸长与弧长见图 3-15。

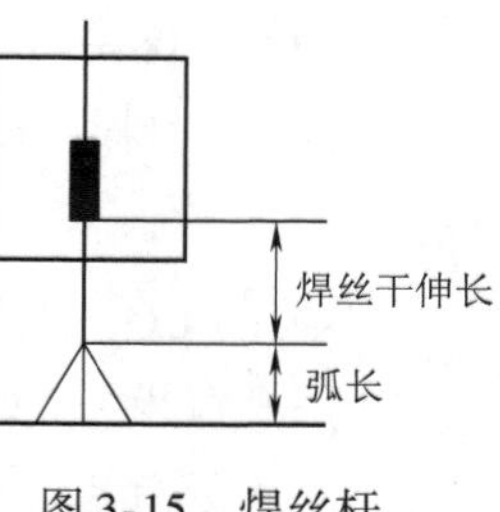

图 3-15　焊丝杆伸长与弧长

项目二　平角焊

教学目的：通过平角焊的练习，使学生掌握二氧化碳角焊的操作方法，为立角焊打下基础。

重点：焊枪角度、运条方法。

难点：焊脚易下垂。

教学内容：平角焊的操作方法。

一、焊前准备

实习焊件：Q235 钢板，300mm×6mm×60mm 一对。

定位焊：对称焊两点，长度 5mm；当焊件较长时，每隔 200mm 焊一点，长度20～30mm。

二、焊接参数（见表 3-9）

表 3-9　焊接参数

焊丝牌号	规格/mm	焊接电流/A	电弧电压/V
H08Mn2SiA（ER50—6）	ϕ1.2	160～180	22～24

三、操作要领

焊脚尺寸决定焊接层次与焊道数，一般焊脚尺寸在 10～12mm 以下时采用单层焊。超过 12mm 采用多层多道焊。

1. 单层焊

1）焊脚尺寸≤10 mm。

2）焊枪角度如图 3-16、图 3-17 所示。

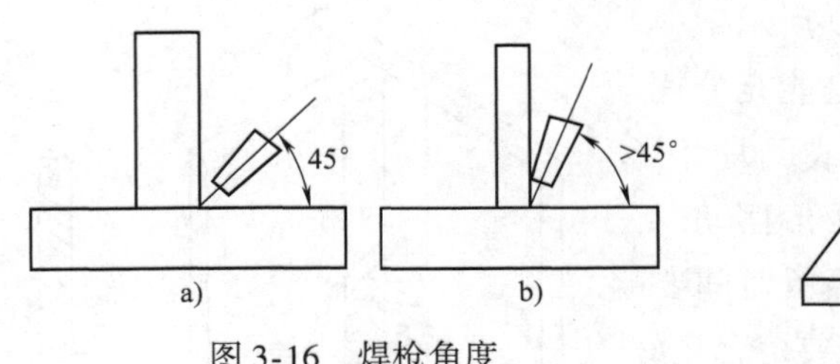

图 3-16　焊枪角度
a）等厚板　b）不等厚板

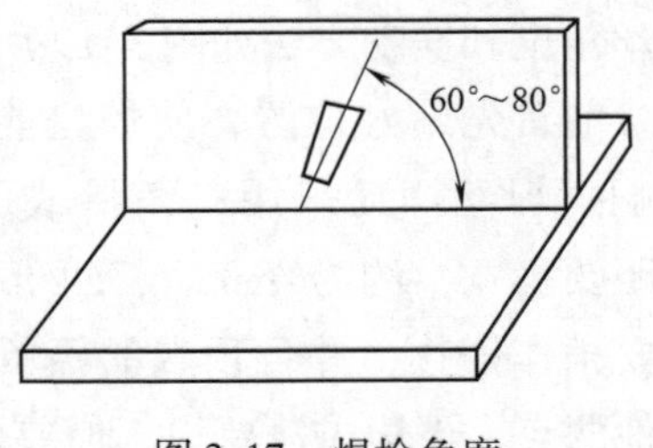

图 3-17　焊枪角度

3）运丝方法采用斜锯齿形、左焊法，如图 3-18 所示。斜锯齿形运丝时，跨距要宽，并在上边稍作停留，防止咬边及焊脚尺寸下垂。

2. 多层多道焊

焊第一道与单层焊相同；焊第二道时，焊枪与水平方向的夹角应大些，使水平位置的焊件很好地熔合，多为 45°～55°，对第一道焊缝应覆盖 2/3 以上，焊枪与水平方向的夹角仍为 60°～80°，运条方法采用斜锯齿形；焊第三道时，焊枪与水平方向的夹角应小些，约为 40°～45°，其他的不变，不至于产生咬边及下垂现象，运条方法采用斜锯齿形，均匀，对第二道焊缝的覆盖应为 1/3。

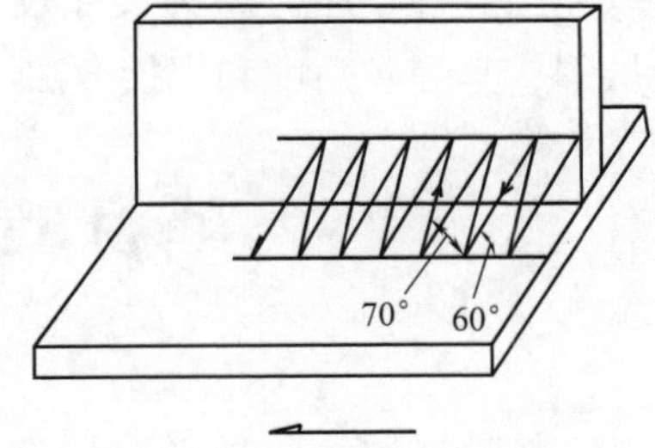

图 3-18　焊枪运丝方法

项目三　立角焊

教学目的：通过立角焊的练习，使学生掌握二氧化碳角焊的操作方法。

重点：焊丝角度、运条方法。

难点：焊缝高度不易控制。

教学内容：立角焊的操作方法。

一、焊前准备

同平角焊相同，焊接参数见表 3-10。

表 3-10　焊接参数

焊丝牌号	规格/mm	焊接电流/A	电弧电压/V	气体流量/（L/min）
H08Mn2SiA（ER50—6）	ϕ1.2	120～130	19～20	15

二、操作要领

1. 单层焊

焊脚尺寸≤16mm。

焊丝角度和摆动方法如图 3-19 所示。

焊接前首先站好位置，使焊枪能充分摆动不受影响，焊丝摆动采用三角形或反月牙形，摆动间距要稍宽，约为 4mm。三角形摆动时三个顶点要稍作停顿，并且顶点的停留时间要略长于其他两点，下边过渡要快，但要熔合良好，防止电弧不稳产生跳弧现象。

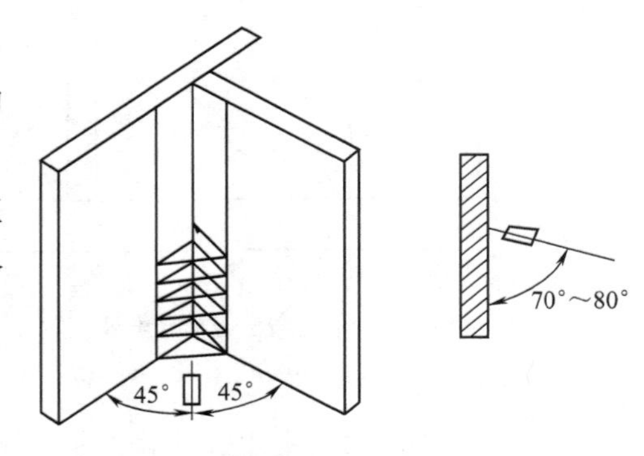

图 3-19　焊丝角度和摆放方法

2. 双层焊

当焊件较厚、焊脚尺寸较大时需要采用双层焊，其焊丝角度和焊接方法与单层焊相同。

项目四　开坡口平对接板焊接

教学目的：通过平对接焊的练习，使学生掌握二氧化碳单面焊双面成形的操作方法。

重点：焊丝运条方法。

难点：背面易超高。

教学内容：平对接板焊的操作方法。

一、焊前准备

1）焊件　Q235 钢板，300mm × 150mm × 8mm 一对。

2）坡口角度为 60°，钝边 0.5 ~ 1mm，间隙 1.5 ~ 2mm。

二、焊接参数（见表 3-11）

表 3-11　焊接参数

焊丝牌号	规格/mm	焊接电流/A	电弧电压/V	气体流量/（L/min）
H08Mn2SiA（ER50—6）	ϕ1.2	打底层：90 ~ 100	18 ~ 19	15
		盖面层：120 ~ 130	19 ~ 20	

三、操作要领

焊接时，采用左焊法，焊丝中心线前倾角为 10° ~ 15°。打底层焊丝要伸到坡口根部，采用月牙形的小幅度摆动焊丝，焊枪摆动时在焊缝的中心移动稍快，摆动到焊缝两侧要稍作停顿 0.5 ~ 1s。若坡口间隙较大，应在横向摆动的同时做适当前后移动的倒退式月牙形摆动，这种摆动可避免电弧直接对准间隙，以防烧穿。盖面层采用锯齿形或月牙形摆动焊丝，并在坡口两侧稍作停顿，防止咬边。

复习思考题

3-1 选择题。

1. CO_2 气体保护焊当焊丝伸出过长时，飞溅将(　　)。

A. 增加　　B. 不变　　C. 减少

2. CO_2 气体保护焊时，电弧的电场强度(　　)氩弧焊的电场强度。

A. 大于　　B. 等于　　C. 小于

3. 当 CO_2 气体保护焊的焊接电流相等，焊丝为阳极时的弧根面积(　　)焊丝为阴极时的弧根面积。

A. 大于　　B. 等于　　C. 小于

4. CO_2 气体保护焊的焊接电压较高，随着焊接电流的增加，熔滴过渡频率增高而熔滴颗粒的体积将(　　)。

A. 增大　　B. 不变　　C. 减小

5. CO_2 气体保护焊的焊接时，为获得最高的短路频率，要有一个最佳的电弧电压值，当焊丝直径为 1mm 时，该值大约为(　　)V。

A. 15　　B. 20　　C. 25

6. CO_2 气体保护焊每次短路时，电压为零而电流将增加，其最大值可为焊接电流的(　　)倍。

A. 2 ~ 4　　B. 3 ~ 5　　C. 4 ~ 6

7. CO_2 气体半自动保护焊时，选择(　　)送丝系统时，焊枪的活动范围最小。

A. 推拉丝式　　B. 拉丝式　　C. 推丝式

8. CO_2 气体保护焊时，加入少量氩气时会发生飞溅，随着氩气的含量增加，(　　)将减少。

A. 电流　　B. 飞溅率　　C. 亚射流

9. CO_2 气体保护焊(　　)过渡时，焊接电弧的穿透较大，容易烧穿焊件，所以对焊件的装配质量要求较严格。

A. 滴状　　B. 细颗粒　　C. 短路

10. CO_2 气体保护焊(　　)过渡时，熔深较浅，所以要求焊件留较小的钝边，甚至不留钝边。

A. 滴状　　B. 细颗粒　　C. 短路

11. CO_2 气体保护焊和其他熔化极气体保护焊，往往都是采用直流(　　)，带电质点的冲击力小，比较容易产生小颗粒过渡。

A. 正接　　B. 反接　　C. 随意接

12. 在 CO_2 气体保护焊时，CO_2 气是焊接过程的保护气体，虽然在高温具有强烈的氧化作用，但 CO_2 气体却排除了(　　)的有害作用。

A. 氮气　　B. 氦气　　C. 氨气

3-2 简述 CO_2 焊的特点。

3-3 简述 CO_2 气体保护焊设备的组成部分。

3-4 CO_2 焊可能产生什么样的气孔?

3-5 提高 CO_2 焊气体纯度的措施有哪些?

第四章 埋弧焊

第一部分 知识积累

第一节 埋弧焊机分类及组成

一、埋弧焊机的分类

图 4-1 是双丝埋弧焊示意图，图 4-2 是带极埋弧焊和带极形状。

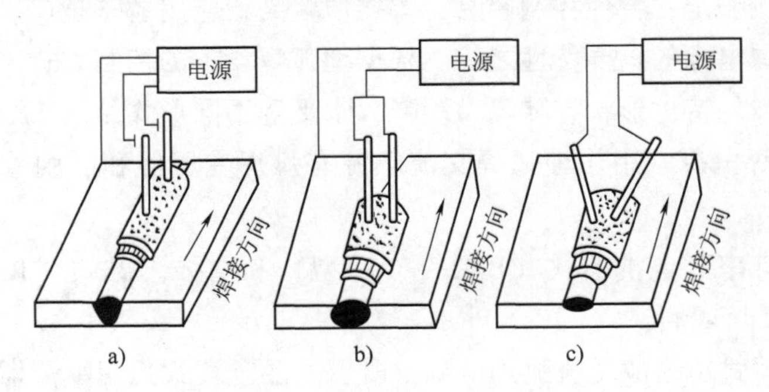

图 4-1 双丝埋弧焊示意图
a）纵列式 b）横列式 c）直列式

埋弧焊机按其工作性质、结构特点、用途等不同，可分类如下。

1）按自动化程度分为半自动焊机和自动焊机。

2）按焊丝的数目分为单丝和多丝埋弧自动焊机。

3）按焊丝的形状分为丝极埋弧焊和带极埋弧焊。

4）按焊机结构形式可分为焊车式、悬挂式，车床式、门架式、悬臂式埋弧焊机。

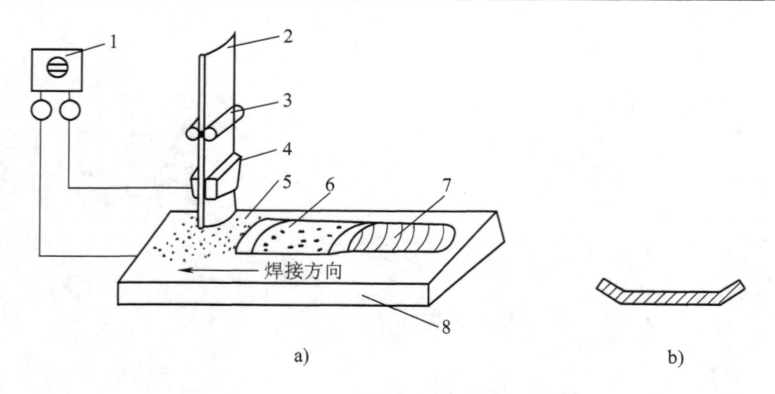

图 4-2 带极埋弧焊和带极形状

a）带极埋弧焊示意图 b）轧制带极形状

1—电源 2—带极 3—带极送进装置 4—导电嘴 5—焊剂 6—渣壳 7—焊道 8—工件

二、埋弧焊机的组成

埋弧焊机主要由弧焊电源、控制系统、焊接机头三大部分组成。

1. 埋弧焊用焊接电源

埋弧焊焊接电源有直流电源和交流电源两大类。

交流电源以正弦波输出，其特点是结构简单，成本低。矩形波交流电源结构复杂，只在特殊场合下使用。

直流电源电弧稳定，特性控制容易，焊接质量高，应用越来越广。

外特性是弧焊电源的重要特性之一。根据埋弧焊设备的控制方式，送丝控制形式和工艺要求的不同，外特性形状有陡降、缓降、水平等不同形式。

（1）交流弧焊电源 用作埋弧焊交流电源有弧焊变压器和晶闸管电抗器式矩形波弧焊电源。

弧焊变压器有串联电抗器式（BX2—1000 型）和增强漏磁式（BX1—1000 型）两种，其外特性是下降特性。

晶闸管电抗器式矩形波交流弧焊电源，既保持晶闸管式弧焊整流器的优点，又无直流电弧的磁偏吹现象。

（2）直流弧焊电源 埋弧焊用直流弧焊电源有磁放大器和晶闸管式两种。

1）磁放大器式弧焊整流器。

①主变压器将电网电压降低到所需的空载电压。

②磁放大器控制输出特性与调节焊接电流。

③整流器将变压器二次交流电整流成直流。

④输出电抗器改善或控制动特性与滤波。

典型的埋弧焊用整流器型号为 ZXG—1000R。

2）晶闸管弧焊整流器。该整流器依靠改变晶闸管导通角输出电流及产生不同的输出特性。其典型的电源是 ZX5—1000 晶闸管式弧焊整流器。

2. 埋弧焊机的控制系统

埋弧焊机控制系统用来对焊接时电弧长度、电流及焊接速度等多参数控制，保证焊接质量。

（1）埋弧焊电弧的自动调节原理　埋弧焊过程中，焊丝的送进速度与其熔化速度在任何状况下能保持相等，此种理想状态可使焊接电弧稳定，焊接质量也同样稳定。但实际焊接过程中，电网电压的波动、工艺条件的变化，均可使弧长变化。弧长调节系统的作用是当弧长变化时，能立即调整送丝速度和焊丝熔化速度之间的关系，使弧长恢复至给定值。调整的方法有两种：

1）电弧的自身调节。送丝速度保持不变（即等速送丝），依靠电弧自身调节作用调节焊丝的熔化速度，改变电弧长度。电弧的自身调节作用是靠电流变化而实现的。

2）电弧电压均匀调节（电弧的强迫调节）。电弧电压均匀调节是使送丝速度随着弧长的波动而变化，来保持弧长不变的。当受到某种因素的影响使弧长变长时，电弧电压增加，使送丝电动机转动加快，送丝速度相应增加，从而使弧长恢复。反之，弧长变短时，电弧电压减小，送丝电动机转动变慢，送丝速度减小，使弧长变长。电弧电压均匀调节是靠送丝速度的变化而实现的。

（2）埋弧焊送丝控制电路　送丝系统控制着埋弧焊机焊接时焊丝的送进。在等速送丝系统中，焊丝的输送要求稳定，并且要求具有一定的调速范围，满足不同规范要求。在变速送丝系统中，焊丝的输送除上述要求外，还要有一定的响应速度，使系统以最佳状态工作。

送丝系统还要考虑引弧问题。埋弧焊的引弧需要使焊丝与工件短路，通过端部熔化或焊丝上抽引燃电弧。

送丝系统调速方法如下：

1）交流感应电动机调速是用变换齿轮调速。该种调速方法结构电路简单，使用寿命长。但速度调节不方便，起弧过程无法通过电弧电压反馈实现反抽，只能手动控制，难以达到理想效果。

2）电动机—发电机组调速。系统由交流感应电动机带动直流发电机运转，通过励磁电流控制发电机的输出，为送丝电动机提供工作电压。这种机组经久耐用，对电网要求低，是一种简单可靠的调速系统。

3）晶闸管送丝控制电路由晶体管、单结晶体管及晶闸管等电子元件组成。与电动机—发电机组调速相比，体积小，成本低，性能好。

（3）埋弧焊行走机构控制电路　行走机构常采用以下几种方式：感应电动机驱动，变换齿轮调速；电动机—发电机组调速；晶闸管控制系统调速。

（4）焊接机头　埋弧焊焊接机头典型结构是MZ—1000型自动焊接小车，如图4-3所示。

3. 常用埋弧焊机型号及主要技术参数

1）常用埋弧焊机有MZA—1000、MZ—1000和MZ-1—1000。其型号及主要参数见表4-1。

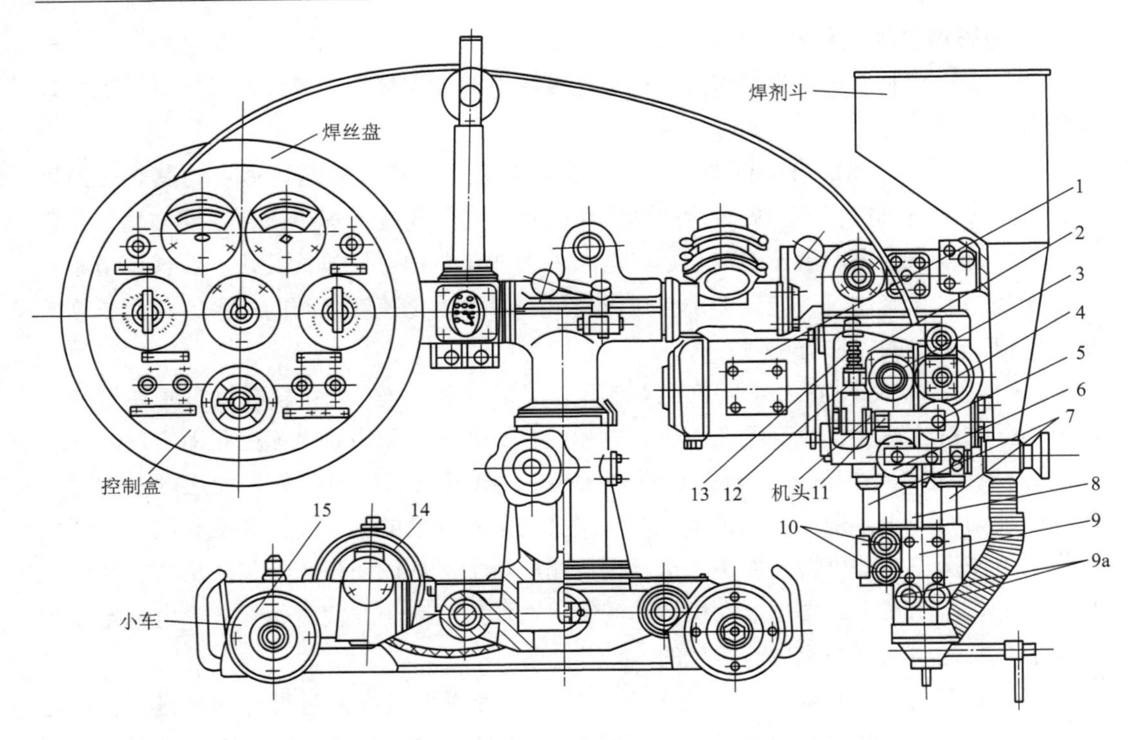

图 4-3　MZ—1000 型埋弧自动焊机小车

1—送丝电动机　2—杠杆　3、4—送丝滚轮　5、6—矫直滚轮　7—圆柱导轮　8—螺杆　9—导电嘴　9a—螺钉（压紧导电块用）　10—螺钉（接电极用）　11—螺钉　12—旋转螺钉　13—弹簧　14—小车电动机　15—小车行走轮

表 4-1　国产自动埋弧焊机主要技术数据

技术规格＼型号	NZA—1000	MZ—1000	MZ1—1000	MZ2—1500	MZ—1×1000	MZ6—2×500	MU22×300	MUI—1000
送丝方式	变速送丝	变速送丝	等速送丝	等速送丝	变速送丝	等速送丝	等速送丝	变速送丝
焊机结构特点	埋弧、明弧两用焊车	焊车	焊车	悬挂式自动机头	焊车	焊车	堆焊专用焊机	堆焊专用焊机
焊接电流/A	200～1200	400～1200	200～1000	400～1500	200～600	200～600	160～300	400～1000
焊丝直径/mm	3～5	3～6	1.6～5	3～6	3～6	1.6～2	1.6～2	焊带：宽 30～80 厚 0.5～1
送丝速度/（cm/min）	50～600（弧压反馈控制）	50～200（弧压 35V）	87～672	47.5～375	50～200	250～1000	160～540	25～100
焊接速度/（cm/min）	3.5～130	25～117	26.7～210	22.5～187	25～116	13.3～100	32.5～58.3	12.5～58.3
焊接电流种类	直流	直流或交流	直流或交流	直流或交流	直流	交流	直流	直流
送丝速度调整方法	用电位器无级调速（用改变晶闸管导通角来改变电动机转速）	用电位器调整直流电动机转速	调换齿轮	调换齿轮	用电位器无级调速	用自耦变压器无级调节直流电动机转速	调换齿轮	用电位器无级调节直流电动机转速

2）MZ—1000 型埋弧焊机电气原理如图 4-4 所示。

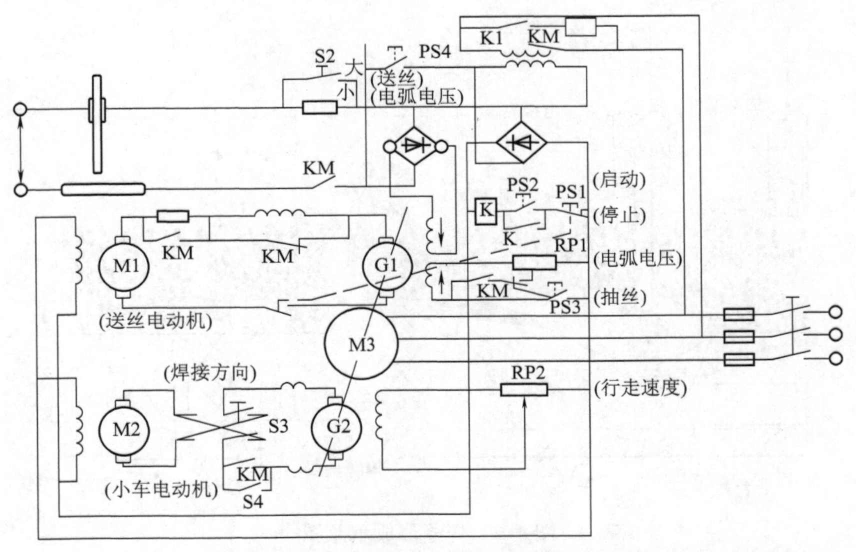

图 4-4　MZ—1000 型埋弧焊机电气原理图

第二节　焊接方法

埋弧焊是电弧在焊剂层下燃烧进行焊接的方法，由于电弧掩埋在焊剂下燃烧，弧光不外露，因此称为埋弧焊，该方法均为自动焊接方法，因此，该方法又称为焊剂层下自动电弧焊或自动埋弧焊。

一、原理及特点

埋弧焊的设备组成如图 4-5 所示。

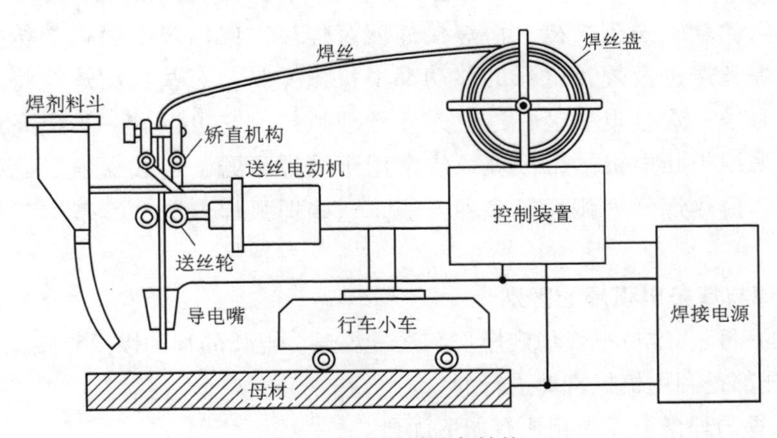

图 4-5　埋弧焊设备结构

焊缝的成形过程如图 4-6 所示。

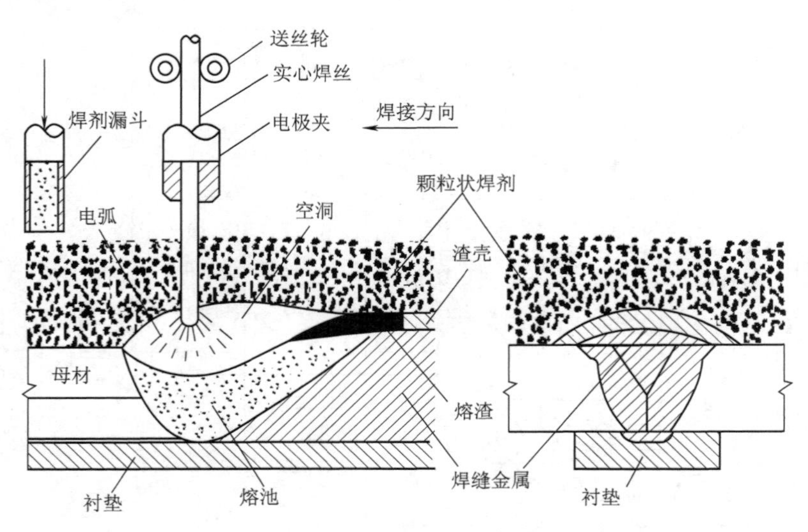

图 4-6　焊缝形成示意图

焊接时，在焊接部位覆盖着一层焊剂，焊剂在常温下是不导电的。在开始引弧时，作为电极的焊丝与工件接触，短路后通电，焊丝反抽形成电弧。电弧的辐射热使焊丝末端周围的焊剂熔化，形成液态熔渣，部分焊剂分解蒸发成气体。气体排开熔渣，使熔渣在电弧周围形成一个封闭的空腔，使电弧与外界空气隔绝，电弧在空腔内稳定燃烧，焊丝便不断熔化，并以熔滴落下，与焊件被熔化的液态金属混合形成焊接熔池。随着焊接过程的进行，电弧向前移动，焊接熔池随之冷却而凝固形成焊缝。密度较轻的熔渣浮在熔池表面，冷却后形成渣壳。去除渣壳后就能得到一个具有良好力学性能、外表光滑平整的焊缝。

二、工艺特点

埋弧焊有半自动埋弧焊和自动埋弧焊两类。半自动埋弧焊时，焊丝的送进由送丝装置经专门的软管送到焊枪，而焊接速度及焊接方向由焊工手握焊枪控制。自动埋弧焊时，焊丝送进及焊接电弧的移动都由机械操纵。有些自动焊机将两根焊丝或多根焊丝同时送入焊接电弧区，这就是多丝埋弧焊。它可以进一步提高熔敷速度和焊接速度。采用带状电极的带极埋弧焊常用于堆焊耐磨、耐蚀材料。此外，还有窄间隙埋弧焊、预热焊丝埋弧焊等多种方法。这些埋弧焊方法，其基本工作原理都是相同的。

1. 埋弧焊与焊条电弧焊的区别

埋弧焊的引弧、维持电弧稳定燃烧和送进焊丝、电弧的移动以及焊接结束时填满弧坑等动作，全部是利用机械自动进行的。

1）埋弧焊与焊条电弧焊相比有如下优点：

①生产效率高。埋弧焊时，焊丝从导电嘴伸出的长度较短，故可以使用较大的电

流。因而，使埋弧焊在单位时间内的熔化量显著增加。另外，埋弧焊的电流大、熔深也大的特点，保证了对较厚的焊件不开坡口也能焊透，可大大提高生产效率。

②焊接接头质量好。埋弧焊焊接参数稳定，焊缝的化学成分和力学性能比较均匀。焊缝外形平整光滑，由于是连续焊接、中间接头少，所以不容易产生缺陷。

③节约焊接材料和电能。由于熔深大，埋弧焊时可不开坡口或少开坡口，减少了焊缝中焊丝的填充量。这样既节约了焊丝和电能，又节省了由于加工坡口而消耗的金属。同时，由于熔剂的保护，金属的烧损和飞溅明显减少，完全消除了焊条电弧焊中焊条头的损失。另外，埋弧焊的热量集中，利用率高，在单位长度焊缝上所消耗的电能大大降低。

④降低劳动强度。焊接电弧在焊剂层下，没有弧光外露，产生的烟尘及有害气体较少。自动埋弧焊时，焊接过程机械化，操作较简便，焊工的劳动强度比焊条电弧焊时大为减轻。

2）埋弧焊与焊条电弧焊相比，具有如下缺点：

①只适用于平焊或倾斜度不大的位置上进行焊接。

②焊接设备较为复杂，维修保养的工作量大。对于单件或批量较小、焊接工作量并不太大的场合，辅助准备工作量所占比例增加，限制了它的应用。

③仅适用于长焊缝的焊接。并且由于需要导轨行走，故对于一些形状不规则的焊缝无法焊接。

④当电流小于100A时，电弧稳定性不好，不适合焊接薄板。

⑤由于熔池较深，对气孔敏感性较大。

⑥焊工看不见电弧，不能判定熔深是否足够，不能判断焊道是否对正焊缝坡口，容易产生焊偏和未焊透，不能及时调整焊接参数。

2. 应用范围

（1）焊缝类型和厚度　埋弧焊可用于对接、角接和搭接接头。埋弧焊可焊接的材料厚度范围很大。除了厚度5mm以下的材料由于容易烧穿而用得不多外，较厚的材料可采用适当的坡口，采用多层焊的方法都可以焊接。

（2）材料种类　埋弧焊可焊接低碳钢、低合金钢、调质钢和镍合金，可焊接奥氏体不锈钢和耐热钢。但是焊接时。要严格控制热输入，以免造成耐蚀性的严重下降。纯铜可以采用埋弧焊和埋弧堆焊。但不适用于铝、钛等氧化性能强的金属和合金。

因此，埋弧焊在造船、锅炉、桥梁、起重机械及冶金，化工机械制造中被广泛地应用。

第三节　埋弧焊的焊接材料

埋弧焊熔深比较大，使焊缝金属的性质受母材的化学成分影响比较大，但焊丝及焊剂的组合对焊缝金属的性质也有较大影响。

一、焊丝作用及要求

1. 焊丝的作用

与焊件之间产生电弧并熔化补充焊缝金属。

2. 焊丝要求

要降低碳、硫、磷的含量，增加合金元素的含量，以保证焊后各方面的性能不低于母材金属。使用时，要求焊丝表面清洁，不应有氧化皮、铁锈及油污等。

二、焊丝的牌号及分类

1. 焊丝牌号

埋弧焊所用的焊丝（实心）与焊条电弧焊的焊芯同属一个国家标准。焊丝牌号前用“H”表示。如末尾为“A”表示优质品；为“E”表示高级优质品。当元素的质量分数小于1%时，元素后面的数字可省略，如H08Mn2SiA。

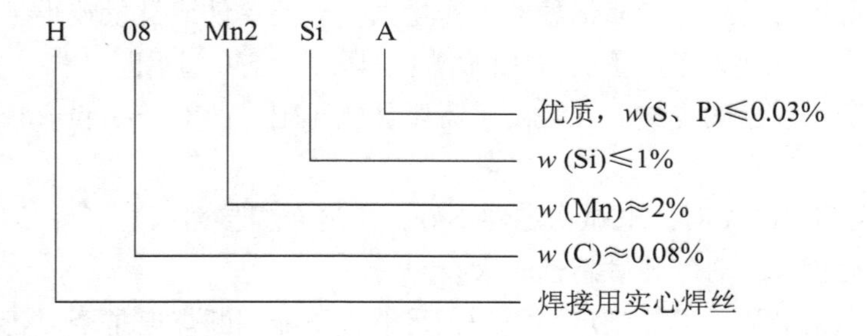

2. 焊丝分类

可分为碳素钢焊丝、结构钢焊丝、不锈钢焊丝、有色金属焊丝、堆焊用特殊合金焊丝。埋弧焊常用的焊丝直径有1.6mm、2mm、3mm、4mm、5mm和6mm六种。前两种直径的焊丝用于半自动埋弧焊；后四种直径的焊丝用于自动埋弧焊。

三、焊剂

1. 焊剂的作用

保护电弧、稳定电弧、焊缝成形、合金过渡、特殊姿态。

2. 对焊剂的要求

具有良好的冶金性能、具有良好的工艺性能。

3. 按制造方法分类

（1）熔炼焊剂

1）熔炼焊剂的优点：焊缝外表美观；不吸湿，使用前不需要干燥；未熔化的焊剂可重复利用。

2）熔炼焊剂的缺点：无法加入脱氧剂和铁合金。

(2) 烧结焊剂

1) 烧结焊剂的优点：大电流下焊接操作性好，适合焊接厚板，生产效率高；焊缝金属性能特别是冲击韧性优良；易于加入合金元素；消耗少，经济性好；对不同的电流范围有较好的适应性。

2) 烧结焊剂的缺点：吸潮，要在350～400℃烘干。

(3) 陶质焊剂

4. 按化学成分分类

按碱度分为碱性焊剂、酸性焊剂和中性焊剂。

焊剂熔化成为熔渣，熔渣呈碱性还是呈酸性，对焊缝金属的性能、焊接操作性都有很大的影响。

一般酸性焊剂的焊接操作性好，能得到漂亮的焊缝，但焊缝冲击值低。而碱性焊剂得到的焊缝冲击值高，抗裂纹能力强，但焊接操作性不太好。

5. 按化学性质分类

氧化性焊剂、弱氧化性焊剂、惰性焊剂。

6. 焊剂型号编制方法

熔炼焊剂编制方法是由“HJ”表示熔炼焊剂，后加三个阿拉伯数字组成。第一位数字表示根据焊剂中MnO的含量（质量分数）的不同而区分的焊剂类型，4、3、2、1分别代表高锰型、中锰型、低锰型、无锰型；第二位数字表示焊剂中SiO_2和CaF_2的含量；第三位数字表示同一类型焊剂不同的牌号，按0、1、2、4、5、6、7、8、9顺序排列。对同一牌号焊剂生产两种颗粒度时，在细颗粒号后面加“X”字母。

烧结焊剂编制方法是由“SJ”表示烧结焊剂后加三个阿拉伯数字组成。第一位数字表示焊剂熔渣的渣系，其数字1表示氟碱型，2表示高铝型、3表示钙硅型，4表示硅锰型，5表示铝钛型，6表示其他型渣系。第二位、第三位数字表示同一渣系类型焊剂中的不同牌号的焊剂，按01、02、03、04、05、06、07、08、09顺序排序。

7. 焊剂的保管与使用

焊剂保存时应注意防止受潮；防止包装破损。使用前，必须按规定温度烘干并保温，酸性焊剂在250℃烘干2h；碱性焊剂在300～400℃烘干2h，焊剂烘干后应立即使用。回收的焊剂，应清除其中的渣壳、碎粉及其他杂物，与新焊剂混合均匀后使用。

8. 焊接材料的选用

焊丝与焊剂的组配对埋弧焊焊缝金属的性能有着决定作用。

低碳钢的焊接可选用高锰高硅型焊剂，配用H08MnA焊丝，或选用低锰低硅型焊剂配用H08MnA、H10Mn2焊丝。

低合金高强钢的焊接可选用中锰中硅型焊剂，配用适当的低合金高强钢焊丝。

耐热钢、低锰钢、耐蚀钢的焊接可选用中硅或低硅型焊剂，配用相应的合金钢焊丝。

铁素体、奥氏体钢一般选用碱度较高的焊剂，以降低合金元素的烧损及掺加较多的合金元素。

第四节 埋弧焊的冶金过程

一、基本过程

在焊接过程中随着电弧电压的增高，焊接速度的降低，所形成的空洞就增大。反之在焊丝前面就会有未熔化的焊剂，而在焊丝的后方会形成空洞。

低速焊接时，熔滴多数沿着前面的熔渣壁产生过渡，焊接速度增大后，熔滴多数从后部过渡。由于电流密度低（与 MIG、CO_2 焊相比），熔滴的过渡频率达不到喷射过渡的程度，在焊接电流 400A、焊丝连接负级时，其过渡的频率约为 10 滴/s，这时熔滴的尺寸也比较小，其直径与焊丝直径相当。

二、埋弧焊的冶金过程

特点：空气不易侵入焊接区；冶金反应充分，气体及杂质易析出；合金成分易控制；焊缝金属纯度较高且成分均匀。

低碳钢的基本冶金反应如下：

$$2[Fe] + (SiO_2) \Leftrightarrow 2(FeO) + [Si]$$

$$[Fe] + (MnO) \Leftrightarrow (FeO) + [Mn]$$

（1）碳的氧化烧损　焊剂中不含有碳元素，只有通过母材和焊丝过渡。碳元素烧损严重 $C + O \Leftrightarrow CO$ 促进熔池搅拌，易于气体析出。

（2）硫磷的控制

1）硫磷的危害：使焊缝产生裂纹的倾向性加大；导致焊缝冷脆性；降低冲击韧度。

2）控制方法：控制焊丝、焊剂中的硫、磷含量。

（3）去除氢元素

1）氢元素的危害：使焊缝容易产生气孔、冷裂纹。

2）去除方法：控制氢的来源；使用前清理焊丝、烘干焊剂；还可以采用冶金手段进行去除。

第五节 埋弧焊的焊接参数

一、焊缝成形系数和熔合比

焊缝形状是对焊缝金属的横截面而言，不同的焊接参数将获得不同的焊缝形状。焊缝形状对焊缝的质量有很大的影响。有两个参数要特别提出，即焊缝成形系数和熔合比。

1. 焊缝成形系数

熔焊时，在单道焊缝横截面上焊缝宽度（B）与焊缝计标厚度（H）之比，即 $\psi = B/H$，称为焊缝成型系数，如图 4-7 所示。

焊缝成形系数过小的焊缝，表示焊缝窄而深。这样的焊缝容易产生气孔、夹渣甚至裂纹。因此，在选择埋弧焊焊接参数时，要注意控制焊缝的成形系数，一般以 1.3～2 为宜。这时，对熔池中气体的逸出以及防止夹渣或裂纹等缺陷是有利的。

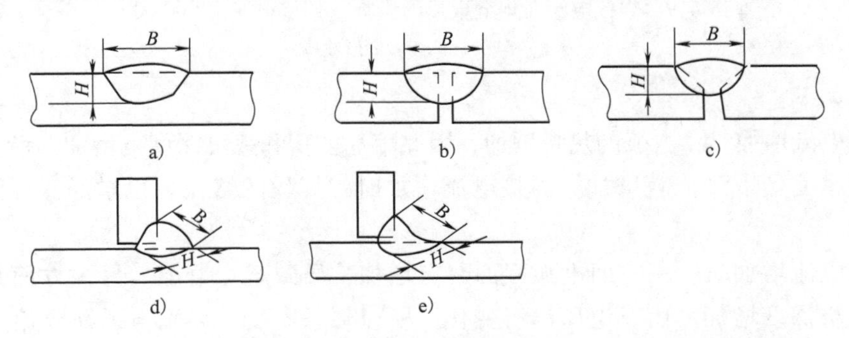

图 4-7　焊缝成形系数的计算

2. 熔合比

基本金属熔化的横截面 F_m 与焊缝横截面积（$F_m + F_t$）的比值称为焊缝的熔合比（r），即

$$r = \frac{F_m}{F_m + F_t} \times 100\%$$

熔合比的计算如图 4-8 所示。

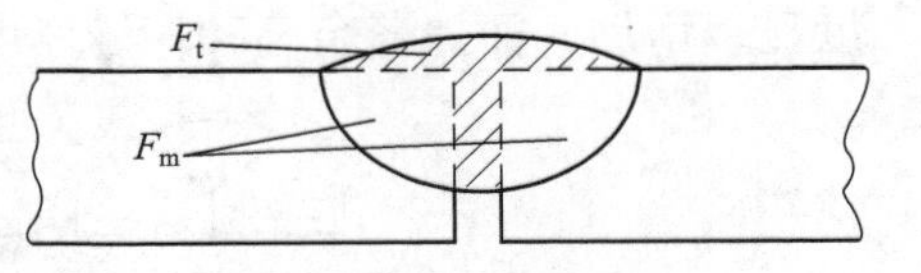

图 4-8　熔合比的计算

熔合比实际上就是母材在焊缝中所占的比例。它主要影响焊缝的化学成分和力学性能。由于熔合比的变化反映了母材金属在整个焊缝金属中所占比例发生了变化。这就导致焊缝成分、组织和性能的变化。例如，母材中的含碳量和硫、磷杂质的含量比焊丝高，合金元素含量与焊丝也有差别，所以熔合比大的焊缝，由母材带入焊缝的碳量和杂质就多，容易对焊缝产生不良影响。熔合比的数值变化范围较大，可在 10%～85% 的范围内变化，而埋弧焊的变化范围一般在60%～70%之间。焊缝的成形系数 ψ 和熔合比 r 数值的大小，主要取决于焊接参数的选择。

二、埋弧焊焊接参数的选择

埋弧焊最主要的焊接参数是焊接电流、电弧电压和焊接速度，其次是焊丝直径、焊丝伸出长度、焊剂粒度和焊剂层厚度、焊丝倾斜和焊件倾斜等。所有这些参数，对焊缝成形和焊接质量都有不同程度的影响。

1. 焊接电流

焊接电流是埋弧焊最重要的焊接参数，它决定焊接熔化速度、熔深和母材熔化量。

在其他条件不变时，增加焊接电流，则焊缝厚度和余高都增加，而焊缝宽度几乎保持不变（或略有增加），如图 4-9 所示。

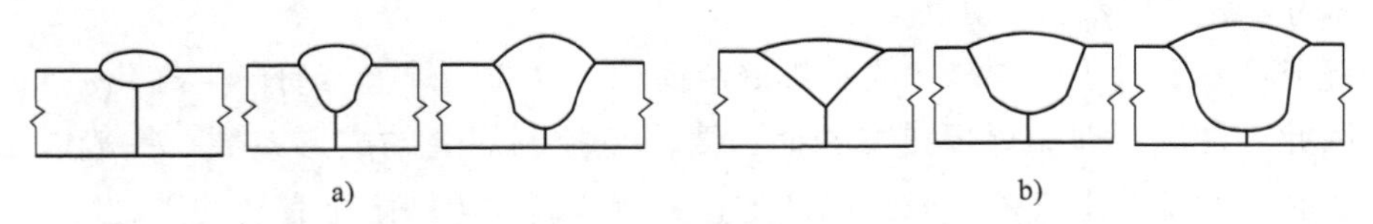

图 4-9　焊接电流对焊缝成形的影响（焊接电流由小到大）

a）I 形坡口　b）Y 形坡口

原因如下：

焊接电流增加时，电弧的热量增加，因此熔池体积和弧坑深度也增加，所以冷却下来后焊缝厚度（熔深）就增加。焊接电流增加时，焊丝的熔化量也增加，因此焊缝余高也增加。

焊接电流增加时，一方面电弧截面略有增加，导致熔宽增加。另一方面是电流增加促使弧坑深度增加，由于电压没有变化，所以弧长不变，导致电弧深入熔池，使电弧摆动范围缩小，则促使熔宽减小。由于两者的作用，所以实际上熔宽几乎保持不变。

电流过大，容易产生咬边或成形不良，使热影响区增大，甚至造成烧穿。电流过小，焊缝厚度减小，容易产生未焊透，电弧稳定性也差。所以要正确选择焊接电流。

2. 电弧电压

电弧电压与弧长成正比，在其他条件不变时，电压增大（即弧长增加）使焊缝宽度显著增加，而焊缝余高和焊缝厚度略为减小。焊缝变得平坦，如图 4-10 所示。

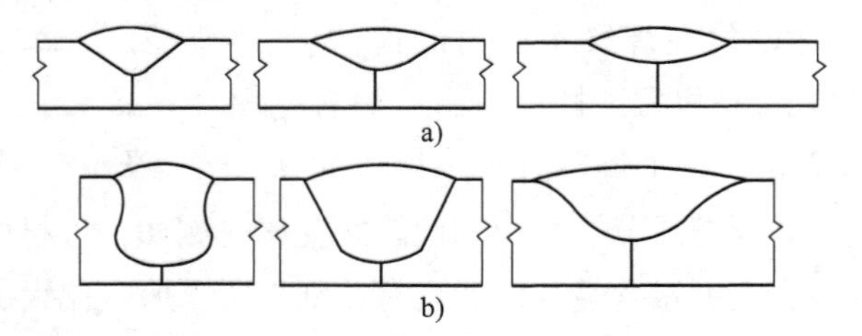

图 4-10　电弧电压对焊缝成形的影响（电弧电压由小到大）

a）I 形坡口　b）Y 形坡口

电弧电压增大（即意味着电弧长度增加），因此电弧摆动范围扩大而导致焊缝宽度增加。然而，电弧长度增加后，电弧热量损失加大，所以用来熔化母材和焊丝的热量减小，使得相对焊缝厚度和余高略有减小。

电弧电压增加，焊剂熔化量增多，增加焊剂的消耗。但在电弧电压过低时，会使焊缝变得窄而高，造成母材熔化不足，焊缝成形不良和脱渣困难。

从上述可见，电流是决定焊缝厚度的主要因素，而电压则是影响焊缝宽度的主要因素。为了保证焊缝成形美观，所以在提高焊接电流的同时要提高电弧电压，使它们保持合适的比例，以获得合适的焊缝成形。焊接电流与相应的电弧电压见表 4-2。

表 4-2 焊接电流与相应的电弧电压

焊接电流/A	600～700	700～850	850～1000	1000～1200
电弧电压/V	36～38	38～40	40～42	42～44

3. 焊接速度

焊接速度对焊缝厚度和焊缝宽度有明显的影响，如图 4-11 所示。当焊接速度增加时，焊缝厚度和焊缝宽度都大为下降。这是因为焊接速度增加时，焊缝中单位时间内输入的热量减少，当焊接速度过高时，则会造成未焊透、咬边、焊缝粗糙不平等缺陷。适当降低焊接速度，熔池体积增大，存在时间变长，有利于气体浮出，减小气孔生成的倾向。但是，过低的焊接速度会形成易裂的“蘑菇形”焊缝或产生烧穿、夹渣、焊缝不规则等缺陷。

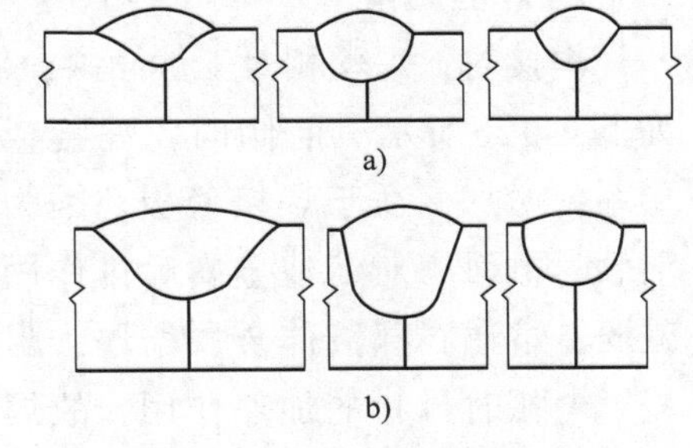

图 4-11 焊接速度对焊缝成形的影响（焊接速度由小到大）
a）I 形坡口 b）Y 形坡口

4. 焊丝直径

焊丝直径主要影响焊缝厚度。当焊接电流一定时，减小焊丝直径，电流密度增加，电弧吹力增大，使焊缝厚度增大，成形系数减小。故使用同样大小的电流时，直径小的焊丝可以得到较大的焊缝厚度。不同直径焊丝适用的焊接电流范围列于表 4-3。

表 4-3 不同直径焊丝适用的焊接电流范围

焊丝直径/mm	2	3	4	5
焊接电流/A	200～400	350～600	500～800	700～1000

焊丝越粗，允许采用的焊接电流也越大，生产率就越高。目前焊接中厚板采用直径 4mm 的焊丝较为普遍。

5. 焊丝伸出长度

一般将导电嘴出口到焊丝端部定为伸出长度。伸出长度加大时，焊丝受电流电阻热的预热作用增强，焊丝的熔化速度加快，结果使焊缝厚度变浅，余高增大；伸出长度太短时，容易烧坏导电嘴。碳钢焊丝的伸出长度列于表 4-4。

表 4-4 碳钢焊丝的伸出长度 （单位：mm）

焊丝直径	2	3	4	5
伸出长度	15～20	25～35	25～35	30～40

6. 焊剂粒度和堆高

焊剂颗粒度增加，熔宽增大，焊缝厚度减小。但是，焊剂颗粒度过大不利于熔池保护，易产生气孔。相反，小颗粒焊剂的堆积密度大，使电弧的活动性降低，获得较大的焊缝厚度和较小的焊缝宽度。

另外使用高硅含锰酸性焊剂焊接比用低硅碱性焊剂更能得到比较光洁平整的焊缝。因为前者在金属凝固温度时的粘度以及粘度随温度的变化都有利于焊缝的成形。

焊剂堆积的高度称为堆高。堆高合适时，电弧完全埋在焊剂层下，不会出现电弧闪光，保护良好。如果堆高过厚，电弧受到焊剂层的压迫，透气性变差，使焊缝表面变得粗糙，易造成成形不良。一般堆高在2.5～3.5mm范围比较合适。

7. 焊丝倾角

焊接时，焊丝相对工件倾斜，使电弧始终指向待焊部分，这种焊接方法叫前倾焊，如图4-12c所示。前倾时，焊缝成形系数增加，适于焊接薄板。因为前倾时电弧力对熔池金属后排作用减弱，熔池底部液体金属增厚，阻碍了电弧时母材的加热作用，故焊缝厚度减小。同时，电弧对熔池前部未熔化母材预热作用加强，因此焊缝宽度增加，余高减小。焊丝后倾时（见图4-12a）情况与上述相反。在采用正常速度焊接时，一般均采用焊丝垂直位置（见图4-12b）。

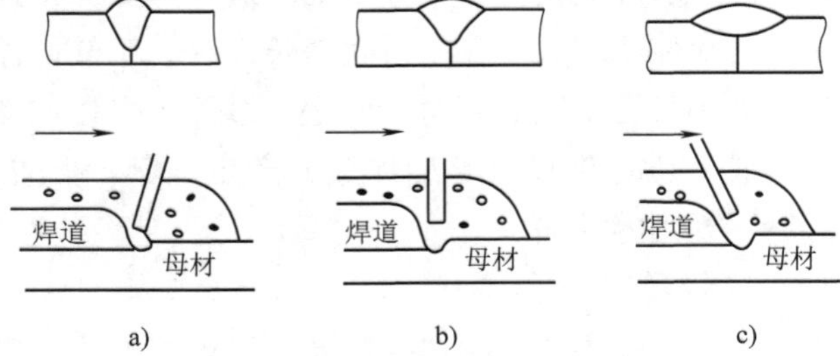

图4-12　焊丝倾角对焊缝成形的影响

a）焊丝后倾　b）焊丝垂直　c）焊丝前倾

8. 焊件倾斜

当进行上坡焊时（见图4-13a），熔池液体金属在重力和电弧作用下流向熔池尾部，电弧能深入到熔池底部，因而焊缝厚度和余高增加。同时，熔池前部加热作用减弱，电弧摆动范围减小，因此焊缝宽度减小。上坡焊角度越大影响也越明显，上坡角度大于12°时，成形会恶化。因此埋弧焊时，实际上尽量避免采用上坡焊。

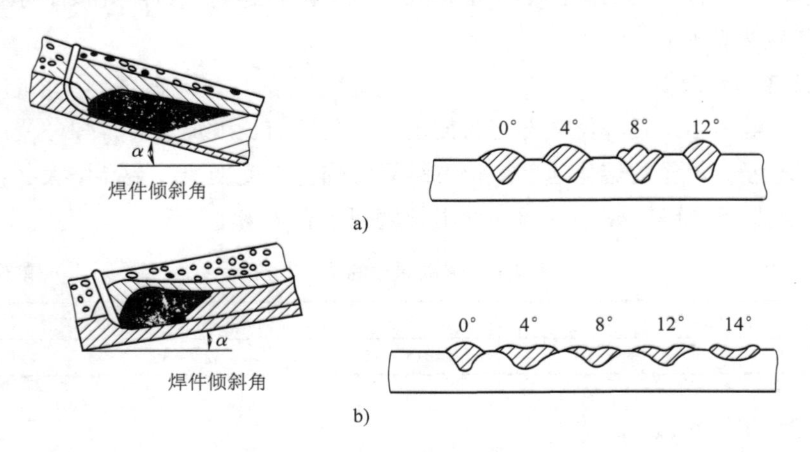

图4-13　焊件位置对焊缝成形的影响

a）上坡焊　b）下坡焊

下坡焊情况正好相反（见图4-13b），即焊缝厚度和余高略有减小，而焊缝宽度略有增加。因此，倾角小于8°的下坡焊可使表面焊缝成形得到改善。若下倾角过大，则会导致未焊透和熔池铁液溢流，使焊缝成形恶化。

9. 坡口形状

当其他条件不变时，增加坡口深度和间隙时，焊缝厚度略有增加，焊缝宽度略有减小，余高和焊缝熔合比显著减小，如图4-14所示。因此，开坡口通常是控制余高和调整焊缝熔合比最好的方法。

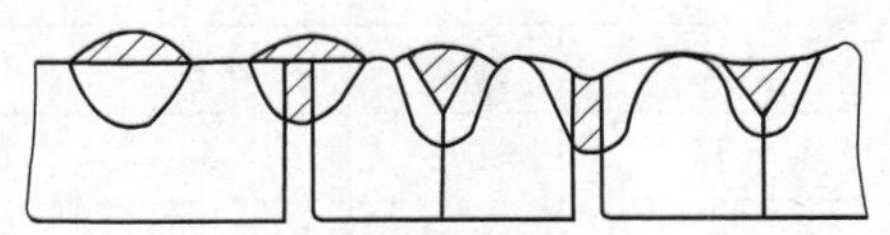

图4-14 装配间隙与坡口角度对焊缝成形的影响

常见板厚的埋弧焊双面焊焊接参数列于表4-5。

表4-5 埋弧焊双面焊焊接参数

板厚/mm	坡口形式	焊接位置	焊接电流/A	电弧电压/V	焊丝直径/mm	焊接速度/（m/h）
6～10	I形	正	550～600	35±1	4	35～39
		反	550～600			
10～12		正	600～650	35±1	4	35
		反	600～650			28～35
14～16		正	650～750	38±1	4	25～30
		反	650～750			25～28
14～16	V形	正	650±25	37±1	4	25±2
		反	680±25			
		正	680±25	37±1	4	25±2
		反	680±25			27±2
18～20		正	650±25	35±1	4	25±2
		正	725±25	38±1		28±2
		反	680±25	37±1		28±2
		正	650±25	35±1	4	25±2
		正	725±25	38±1		28±2
		反	680±25	37±1		28±2

三、埋弧焊焊接坡口的基本形式和尺寸

埋弧焊由于使用的焊接电流较大，对于12mm以下的板材，可以不开坡口，采用双面焊接，以达到全焊透的要求。厚度大于12mm的板材，为了达到全焊透，在单面焊后，焊件背面应清根，再进行焊接。

对于厚度较大的板材，应开坡口进行焊接，坡口形式与焊条电弧焊基本相同。但由于埋弧焊的特点，应采用较厚的钝边，以免烧穿。埋弧焊焊接接头的基本形式与尺寸，应符合国家标准的规定。

埋弧焊常见板厚的坡口形式及装配见表4-6。

表 4-6 埋弧焊常见板厚坡口形式及装配间隙

工件板厚/mm	坡口形式	坡口角度	装配间隙/mm	钝边高度/mm	刨焊根宽度/mm	刨焊根高度/mm
6	I形	—	0.5～1.5	—	8	3
8	I形	—	0.5～1.5	—	8	3
10	I形	—	0.5～2.5	—	8	3
12	I形	—	1～3	—	9	4
14	I形	—	1～3	—	10	4.5
14	V形	60°	0.5～1.5	7	10	4.5
16	V形	60°	0～2	8	10	4.5
18	V形	60°	0～1	8	10	4.5
20	V形	60°	0～1	8	10	4.5

第二部分　埋弧焊的基本操作技术

第一节　埋弧焊机的操作

一、埋弧焊的基本操作

以 MZ—1000 型埋弧焊机为例进行介绍。

1. 准备工作

1）首先按照焊机的外部接线图（见图 4-15）检查焊机的外部接线是否正确。

2）a 配用交流弧焊电源，b 配用直流弧焊电源。

3）调整轨道位置，然后将焊接小车放在轨道上。

4）把准备好的焊剂装入焊剂漏斗内，在焊丝盘上固定好焊丝。

5）合上焊接电源开关和控制线路的电源开关。

6）按动控制盘上的控制焊丝向下或向上的按钮来调整焊丝位置，使焊丝对准待焊处中心并与焊件表面轻轻接触。

7）调整导电嘴到焊件间的距离，保证焊丝的伸出长度合适。

8）转动开关按钮调到焊接位置上，并按照焊接方向，将自动焊车的换向开关按钮调到向前或向后的位置。

9）按照选定的焊接参数值设定焊接参数。

10）扳上焊接小车的离合器手柄，使主动轮与焊接小车减速器连接。

11）打开焊剂漏斗阀门，使焊剂堆敷在待焊部位上。

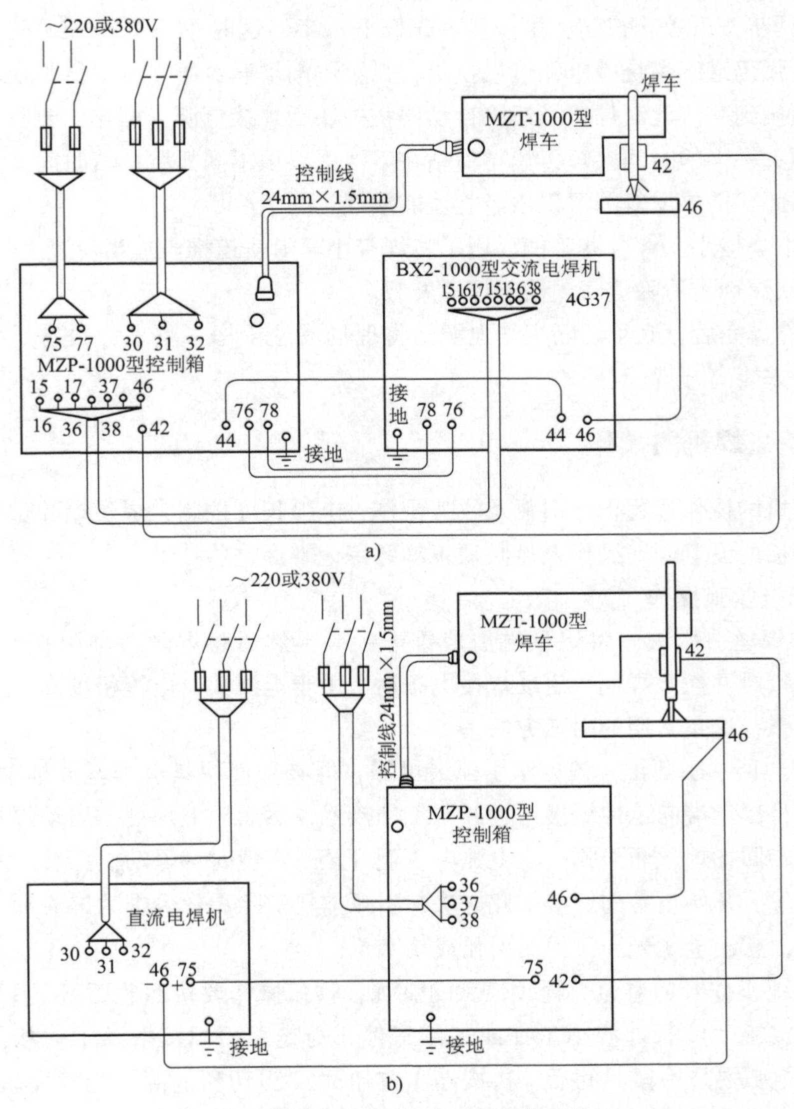

图 4-15 MZ—1000 型埋弧焊机外部接线

2. 焊接

按下启动按钮接通焊接电源，此时焊丝向上提起，随即焊丝与焊件之间产生电弧，并不断被拉长，当电弧电压达到给定值时，焊丝开始向下送进。当焊丝的送丝速度与熔化速度相等后，焊接过程稳定。同时，焊车也开始沿轨道移动，以便焊接正常进行。

在焊接过程中，应注意观察焊接电流和电弧电压表的读数和焊接小车的行走路线，随时进行调整，以保证焊接参数的匹配和防止焊偏。并注意焊剂漏斗内的焊剂量，必要时需立即添加，以免露出弧光影响焊接工作的正常进行。还要注意观察焊接小车的焊接电源电缆和控制线，防止在焊接过程中被工件及其他东西挂住，引起焊瘤、烧穿等缺陷。

3. 停止

1）关闭焊剂漏斗的闸门。

2）分两步按下停止按钮：第一步，先按下一半，这时手不要松开，使焊丝停止送进，此时电弧仍继续燃烧，电弧慢慢拉长，弧坑逐渐填满；第二步，待弧坑填满后，再将停止按钮按到底。此时焊接小车将自动停止并切断焊接电源。操作中要特别注意，若按下停止开关一半的时间太短，焊丝易粘在熔池中或填不满弧坑；若时间太长容易烧损焊丝嘴，因此，需要反复练习积累经验才能掌握。

3）扳下焊接小车离合器手柄，用手将焊接小车沿轨道推至适当位置。

4）收回焊剂，清除渣壳，检查焊缝外观。

5）工件焊完后，必须切断一切电源，将现场清理干净，整理好设备。确定没有易燃火种后，方能离开现场。

二、埋弧焊机的操作

埋弧焊机的操作过程包括引弧及收弧操作、电弧长度控制、焊丝端的位置调整、引弧板及引出板的设置等。操作人员必须正确熟练地掌握这些技术。

1. 引弧及收弧操作

（1）尖焊丝引弧法　将焊丝端剪成锥形尖头，然后将焊丝对准引弧点缓慢下送，与工件轻轻接触并撒上焊剂。启动焊接电源后，由于电流大，电流密度高，焊丝尖端熔化而引燃电弧，这是常用的引弧方法。

（2）焊丝回抽引弧法　该方法引弧最可靠，但必须使用具有焊丝回抽功能的焊机。引弧时，先将焊丝端向工件缓慢送进并与工件接触，然后撒上焊剂。启动焊接电源，送给电动机反转回抽焊丝而引弧。当电弧电压上升至一定值时，电动机正转，并以设定的速度向下送丝，开始正常的焊接。此方法在引弧前要清除焊丝尖端的熔渣和工件表面氧化皮等脏物，露出金属光泽，提高引弧成功率。

（3）收弧操作　为避免焊缝收弧后的弧坑，收弧操作要按照收弧开关的顺序执行，即先按停止按钮“1”，焊接小车（或工件）停止行走，而焊接电源未切断，继续向下送焊丝，等电弧燃烧一段时间后，再按停止按钮“2”，切断电源，同时焊丝停止送给，这样使弧坑得以适当的补充。

2. 电弧长度控制

在埋弧焊过程中，电弧的长度是不可见的，但反映电弧长度的指标就是电弧电压。

（1）电弧电压均匀调节（自动调节）式埋弧焊机电弧长度的控制　引弧前，将电压调节旋钮调到工艺规程规定的刻度上，引弧后观察实际电压值是否与给定值一致。若出现偏差，再次微调电压调节旋钮，直至达到给定值为止。焊接过程中不断观察电压表，随时进行调整。

（2）电弧电压自身调节式埋弧焊机电弧长度的控制

1）可无级调节送丝速度的埋弧焊机可微调送丝速度旋钮，使表指示电压与给定电压相同。

2）有级调节送丝速度的埋弧焊机此时焊接电源输出电压必须是无级调节。靠调整电压的二次输出电压与固定的送丝速度相匹配，这就需要在焊接前，在焊接试板上进行施焊，调定送丝速度和焊接电源的二次输出电压之间的匹配。待焊出良好的焊缝后再焊接产品。

3. 焊丝端位置的调整

焊接过程中随时调整焊丝端的位置，使其始终保持在正确的位置上，而焊丝位置有以下几种调整方法。

1）板材对接焊丝中心线与接缝中心线相对位置调整。相同厚度板材对接焊时，使两中心线对齐；不同厚度板材对接焊时，使焊丝中心线偏向厚板的一定距离。

2）角横焊缝焊丝中心线应向工件底板平移距离 g，$g=1/4\sim1/2$ 的焊丝直径。焊丝位置如图 4-16 所示。

焊角焊缝时，焊丝相对于主板平面的倾角可调至 20°～45°，焊丝要靠近板厚较大的部位。

焊船形焊缝时，通常将焊丝中心线处于垂直位置并与工件成 45°角。

最先进的焊接设备可以用焊缝自动跟踪系统来保证正确位置，得到无缺陷的高质量的焊缝。

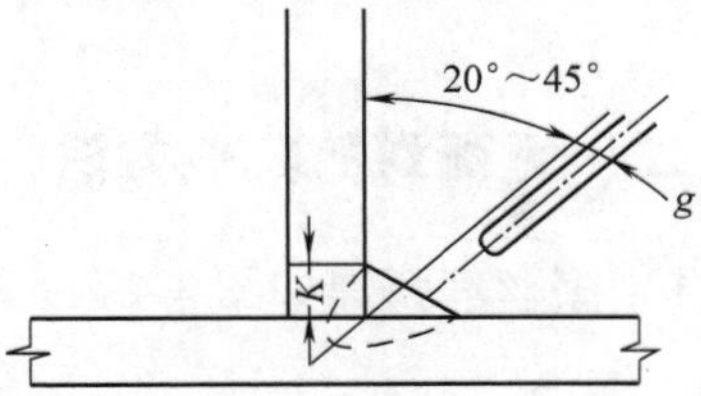

图 4-16 角焊缝横焊时焊丝的正确位置
g—焊丝中心线至焊缝中心线的间距 K—焊脚

3）引弧板和引出板。引弧板和收弧板分别装在焊缝始端和末端的收弧处。其大小必须满足焊剂的堆放和使引弧点与收弧点的弧坑落在正常焊缝之外，若焊件纵缝开坡口，则引弧板、引出板也相应开坡口。

第二节 埋弧焊单面焊工艺及方法

一、单面焊工艺

在有些场合是无法实现双面焊的，只能进行单面焊。

背面成形的问题主要通过衬垫方式加以解决。

1）同种金属衬垫方式如图 4-17 所示。

2）铜衬垫方式如图 4-18 所示。

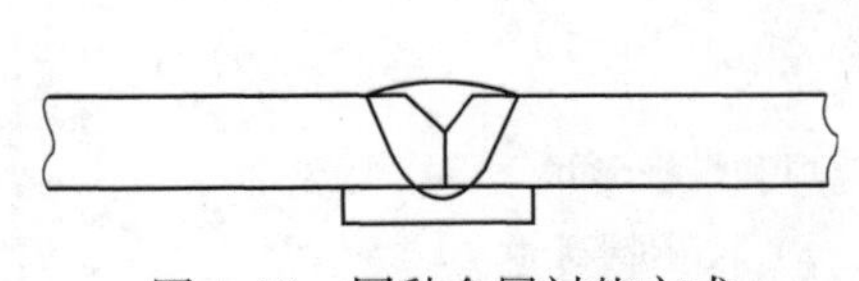

图 4-17 同种金属衬垫方式

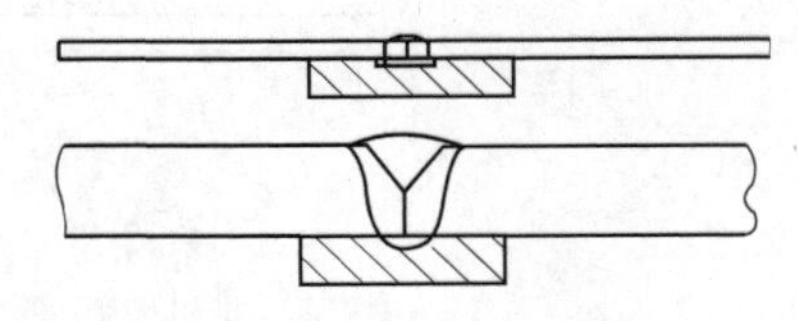

图 4-18 铜衬垫方式

3）焊剂衬垫方式如图 4-19 所示。

4）铜、焊剂并用衬垫方式如图 4-20 所示。

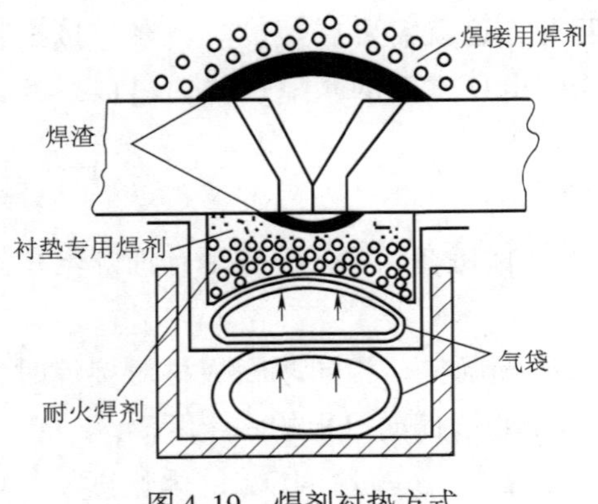

图4-19 焊剂衬垫方式

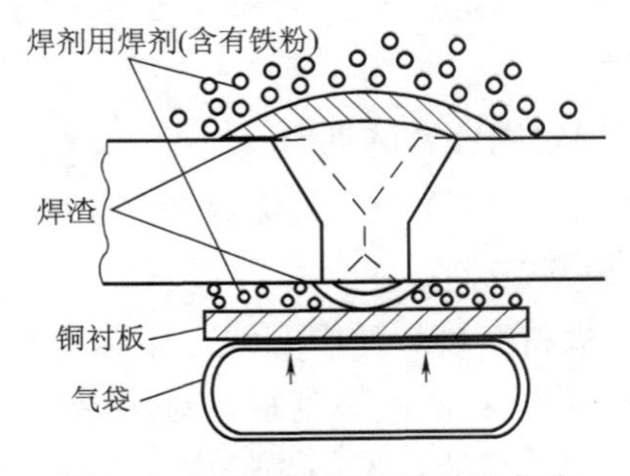

图4-20 铜、焊剂并用衬垫方式

二、埋弧焊的其他方法

1）多丝埋弧焊如图4-21所示。

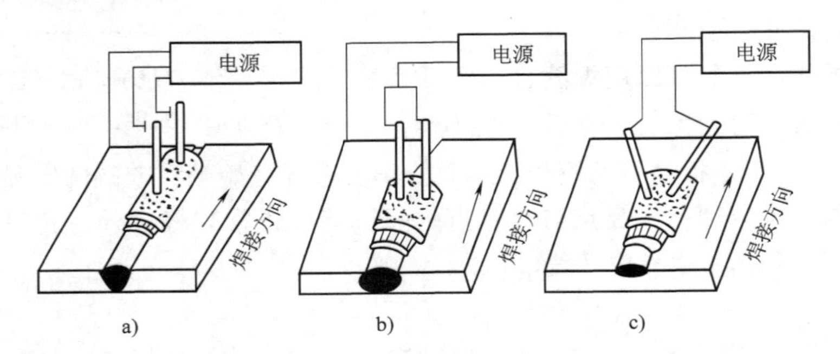

图4-21 多丝埋弧焊

a）纵列式 b）横行式 c）直列式

2）带极埋弧焊如图4-22所示。

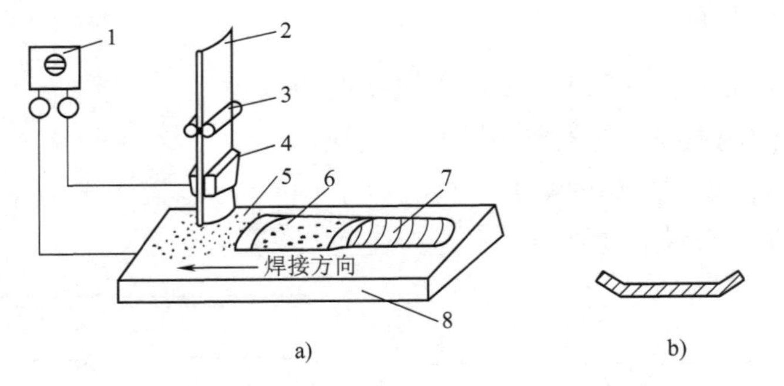

图4-22 带极埋弧焊和带极形状

a）带极埋弧焊示意图 b）轧制带极形状

1—电源 2—带极 3—带极送进装置 4—导电嘴

5—焊剂 6—渣壳 7—焊道 8—工件

3）附加填充金属埋弧焊如图 4-23 所示。

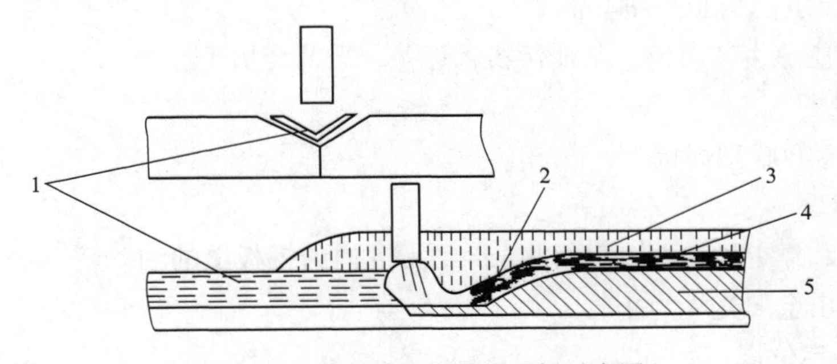

图 4-23　附加填充金属埋弧焊示意图

1—附加填充金属　2—熔池　3—焊渣　4—焊缝　5—母材

第三部分　生产实习

项目　12mm 板厚 I 形坡口对接（带焊剂垫）

教学目的：1. 了解电弧在焊剂层下燃烧的特性。

2. 熟练操作埋弧焊机。

3. 掌握埋弧焊的引弧和稳弧措施。

4. 掌握埋弧焊的水平固定对接平焊技术。

重点：1. 了解电弧在焊剂层下燃烧进行焊接的方法。

2. 能够掌握埋弧焊中引弧稳弧方法。

难点：1. 能够熟练调节埋弧焊机各参数。

2. 能够实现埋弧焊对接平焊。

教学内容：

一、焊前准备

1. 试件及技术要求

1）试件材质：Q235 或 20Cr。

2）试件尺寸：400mm×100mm×12mm。

3）坡口形式：I 形。

4）接头形式如图 4-24 所示。

2. 焊接材料

1）焊丝：H08A，ϕ5mm。

2）焊剂：HJ431。

3）定位焊条：E4303，ϕ4mm。

焊前焊丝应除去油、锈及其他污物，焊条、焊剂要烘干。

3. 焊接设备

采用 MZ—1000 型焊机。

4. 焊前清理

将坡口面和靠近坡口上、下面侧 15～20mm 内的钢板上的油、锈、水及其他污物打磨干净，至露出金属光泽为止。

5. 装配和定位焊

1）装配间隙 2～3mm。

2）预留反变形角度为 3°。

3）错边量≤1.2mm。

4）定位焊用焊条电弧焊将引弧板及引出板焊在试板两端。

5）引弧板及引出板尺寸尺寸为 100mm×100mm×12mm，待焊后割掉。

6）装配及定位焊要求如图 4-25 所示。焊前将试板放在水平面上进行平焊。

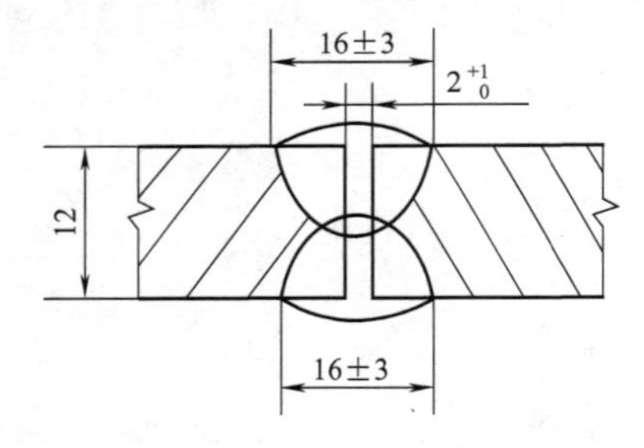

图 4-24 接头形式

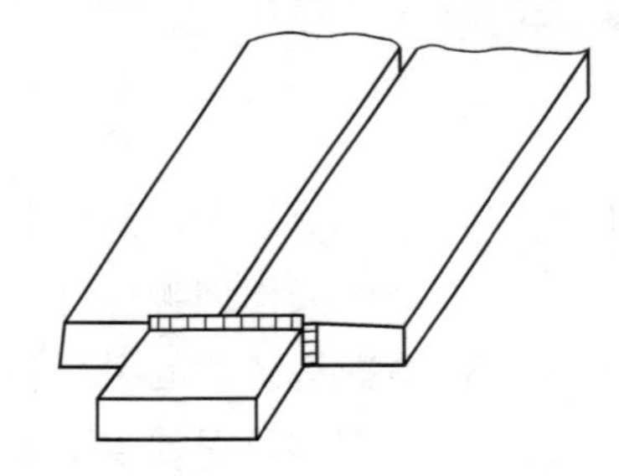

图 4-25 装配及定位焊要求

二、操作要点

1. 焊接参数

焊接参数见表 4-7。

表 4-7 焊接参数

焊接层道位置	焊条直径/mm	焊接电流/A	电弧电压/V	电流种类	焊接速度/（m/h）
背面	5	650～700	36～38	交流	35
正面	5	700～750	38～40	交流	30～35

2. 焊接顺序

先焊背面的焊道，后焊正面的焊道。

3. 背面焊道的操作要点

（1）垫焊剂垫　焊剂垫内的焊剂牌号必须与工艺要求的焊剂相同。焊接时，要保证试板正面完全被焊剂贴紧。在焊接过程中，更要注意防止因试板受热变形与焊剂脱开及产生焊漏、烧穿等缺陷。特别是要防止焊缝末端收尾处出现焊漏和烧穿。

（2）焊丝对中　调整焊丝位置，使焊丝头对准试板间隙但不与试样接触。拉动焊接小车往返几次，以使焊丝能在整个试板上对准中间隙。

（3）准备引弧　将焊接小车拉到引弧板处，调整好小车行走方向开关位置，锁紧小车行走离合器。然后，按下送丝及退丝按钮，使焊丝端部与引弧板可靠接触。最后将焊剂漏斗下面的门打开，让焊剂覆盖住焊丝头。

（4）引弧　按下启动按钮，引燃电弧。焊接小车沿试板间隙走动，开始焊接。此时要注意观察控制盘上的电流表与电压表，检查焊接电流与焊接电压和工艺规定的焊接参数是否相符。如果不相符则迅速调整相应的旋钮，至焊接参数与规定相符为止。在整个焊接过程中，焊工都要注意监视电流表、电压表和焊接情况，观察小车行走速度是否均匀，焊机头上的电缆是否妨碍小车移动，焊剂是否足够，漏出的焊剂是否能埋住焊接区，焊接过程的声音是否正常等。观察工作要直到焊接电弧走到引出板中部，估计焊接熔池已经全部到了引出板上为止。

（5）收弧　当熔池全部到了引出板上以后，准备收弧。收弧时要特别注意，要分两步按停止按钮。先按下一半，焊接小车停止前进，但电弧仍在燃烧，熔化的焊丝用来填满弧坑。若按得时间太短，则填不满弧坑；若按得时间太长，则弧坑填得太高，也不好。要恰到好处，必须不断总结经验才能掌握。估计弧坑已填满后，立即将停止按钮按到底。

（6）清渣　待焊缝金属及熔渣完全凝固并冷却后，敲掉焊渣，并检查背面焊道外观质量。要求背面焊道熔深达到试板厚度的40%～50%。如果熔深不够，则需加大间隙、增加焊接电流或减小焊接速度。

4. 正面焊道操作要点

经外观检验背面焊道合格后，将试板正面朝上放好，开始焊正面焊道。焊接步骤与焊背面焊道完全相同。但是，需要注意以下两点：

1）为了防止未焊透或夹渣，要求焊正面焊道的熔深达到板厚的60%～70%。为此可以用加大焊接电流或减小焊接速度来实现。

2）焊正面焊道时，因为已有背面焊道托住熔池，故不必用焊剂垫，可直接进行悬空焊接。此时，可以通过观察熔池背面焊接过程中的颜色变化来估计熔池。若熔池背面为红色或淡黄色，表示熔深符合要求，且试板越薄，颜色越浅。若试板背面接近白亮时，说明将要烧穿，应立即减小焊接电流或增加焊接速度；若熔池背面看不见颜色或为暗红色，则表明熔深不够，需增加焊接电流或减少焊接速度。

通常焊正面焊道时也可以不更换位置，仍在原焊剂垫上焊接。正面焊道的熔深主要是靠焊接参数保证，这些焊接参数都是通过试验决定的，因此每次焊接前都要先在钢板上调好焊接参数后才能焊接试板。

复习思考题

4-1 简述埋弧焊的焊接过程。

4-2 与焊条电弧焊相比，埋弧焊的冶金过程有哪些特点？

4-3 埋弧焊的特点有哪些？

4-4 写出以下三种牌号焊丝的化学成分。

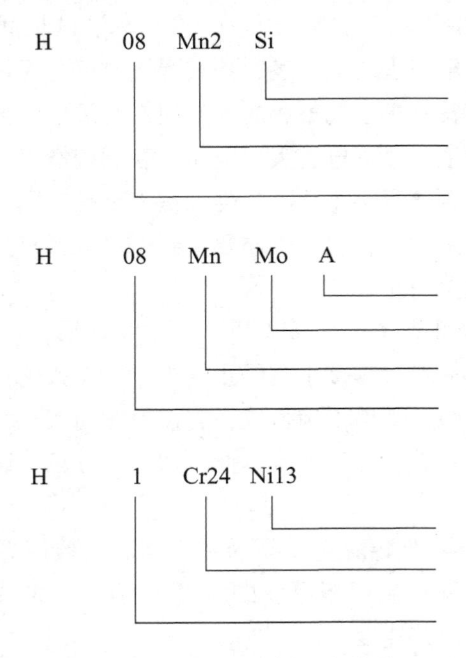

4-5 埋弧焊时焊前应做些什么准备工作？其目的是什么？

4-6 埋弧焊时，焊丝和焊剂的选择原则有哪些？

4-7 MZ—1000 型埋弧焊机由哪三部分构成？每一构成部分的结构是什么？

4-8 埋弧焊的辅助设备有哪些？

4-9 埋弧焊的焊接参数有哪些？对焊缝尺寸有何影响？

4-10 埋弧焊单面焊双面成形措施有哪些？

4-11 埋弧焊中焊缝成形不良及裂纹缺陷产生的原因及预防措施有哪些？

第五章
钨极氩弧焊

第一部分　知识积累

第一节　氩　　气

一、氩气的性质

氩气（Ar）是一种无色、无味的单原子气体。氩气的质量约为空气的1.4倍，因为氩气比空气重，使用时，不易漂浮散失，因此能在熔池上方形成一层较好的覆盖层，有利于保护熔池。另外在用氩气保护焊接时，产生的烟雾较少，便于控制熔池和电弧。

氩气是一种惰性气体，它既不与金属起化学反应，也不溶解于金属中。因此，可以避免焊缝金属中合金元素的烧损及由此带来的其他焊接缺陷，使得焊接冶金反应变得简单和容易控制。

氩气的另一个应用特点是热导率小且是单原子气体，高温时不分解、不吸热，所以在氩气中燃烧的电弧热量损失较少。在氩气中，电弧一旦引燃，燃烧就很稳定。在各种保护气体中，氩弧的稳定性最好，即使在低电压时也十分稳定。氩气对电弧的热收缩效应较小，加上氩弧的电位梯度和电流密度不大，即使氩弧长度稍有变化，也不会显著地改变电弧电压。因此电弧稳定，很适合于手工焊接。

二、对氩气纯度的要求

氩气是制氧时的副产品，是通过分馏液化空气制取的。因为氩气沸点介于氧、氮之间，因此，制取时会残留一定量的其他杂质。若杂质含量多，在焊接过程中不但影响对熔化金属的保护，而且易使焊缝产生气孔、夹渣等缺陷，并使钨极的烧损增加。按我国现行规定，氩气纯度应达到99.99%（体积分数），才完全合乎焊接铝、钛等活泼金属的要求。

三、氩气的储运

氩气可在低于 -184℃的温度下以液态形式储存和运送，但焊接时氩气大多装入钢瓶中供焊工使用。

氩气瓶是一种钢质圆柱形高压容器，其外表涂成银灰色并注有深绿色“氩”字标志字样。目前，我国常用氩气瓶的容积为 33L、40L、44L，瓶中最高工作压力为 15MPa。

氩气瓶在使用中应直立放置，严禁敲击、碰撞等，不得用电磁起重搬运机搬运，防止日光曝晒。装运时应戴好瓶帽，以免损坏其螺纹。

第二节 钨 极

钨极是钨极氩弧焊的电极材料，对电弧的稳定性和焊接质量有很大的影响。通常要求钨极具有电流容量大、施焊损耗小、引弧和稳弧性好等特性。这主要取决于钨极的电子发射能力大小。

一、钨极的种类

钨极有纯钨极、钍钨极、铈钨极、锆钨极和镧钨极五种，目前常用的是前三种。

1. 纯钨极

纯钨极含钨 99.85%（体积分数）以上，熔点很高（3390 ~ 3470℃），沸点也很高（约 5900℃），不易熔化和蒸发。它基本上可以满足焊接的要求，但在使用交流电时，纯钨极电流承载能力较低，抗污染能力差，要求焊接电源有较高的空载电压，故目前已很少采用。

2. 钍钨极

在纯钨极的基础上加入 1% ~ 2%（质量分数）的氧化钍（Th）的钨极即是钍钨极。由于钨棒内含有钍元素，使钨极的电子发射能力增强，具有电流承载能力较好、寿命较长且抗污染性能较好，并且容易引弧、所需的引弧电压小、电弧稳定性好等优点。其缺点是成本较高，具有微量的放射性。

3. 铈钨极

在纯钨中加入 2%（质量分数）的氧化铈（Ce）称为铈钨极。与钍钨极相比，在直流小电流焊接时，易建立电弧，引弧电压比钍钨极低 50%，具有电弧燃烧稳定、弧束较长、热量集中、烧损率比钍钨极低 5% ~ 50%、最大许用电流密度比钍钨极高 5% ~ 8%、使用寿命长等优点。更重要的特点是其几乎没有放射性，是一种理想的电极材料，也是我国目前建议尽量采用的钨极。

二、钨极的牌号、规格

1. 牌号

目前我国对钨极的牌号没有统一的规定，但根据其化学元素符号及化学成分的平均含量来确定牌号是比较流行的一种方法。

例如：

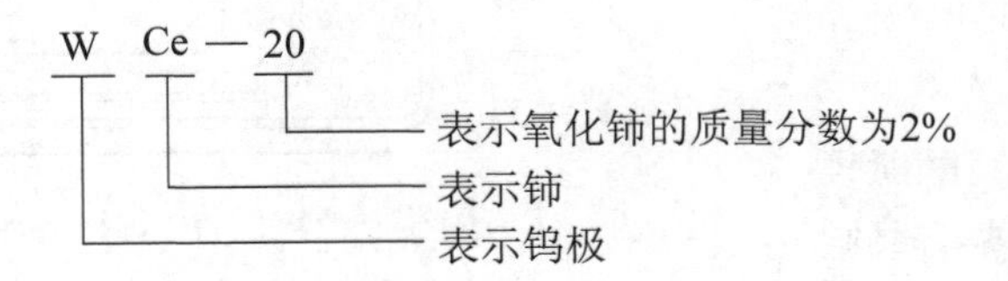

2. 规格

制造厂家按长度范围供给为76～610mm的钨极。常用钨极直径为0.5mm、1.0mm、1.6mm、2.0mm、2.5mm、3.2mm、4.0mm等。

为了使用方便，钨极的一端常涂有颜色，以便识别。例如，钍钨极为红色，铈钨极为灰色，纯钨极为绿色。

3. 钨极端部形状

钨极端部的形状对电弧稳定性和焊缝成形有一定的影响，表5-1列出几种不同形状的端部形状，从结果看，采用锥形平端的效果最好，是目前经常采用的端部形状。

表5-1 钨极端部形状的影响

电极端部形状	锥形平端	平状	圆球状	锥形尖端
电弧稳定性	稳定	不稳定	不稳定	稳定
焊缝成形	良好	一般	焊缝弯曲	焊道不均，波纹粗

第三节 钨极氩弧焊机

一、钨极氩弧焊机组成

钨极氩弧焊机可分为手工焊和自动焊两种，基本组成包括焊接电源及控制系统、引弧和稳弧装置、焊枪、气路系统、水路系统；自动焊机还应有焊枪行走机构或工件行走及转动机构、自动送丝机构等。手工钨极氩弧焊机组成如图 5-1 所示。

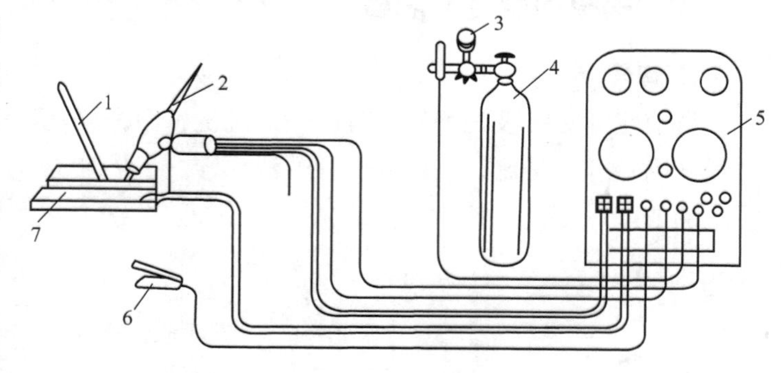

图 5-1 手工 TIG 焊设备示意图

1—填充金属 2—焊枪 3—流量计 4—氩气瓶 5—焊接电源 6—脚踏开关 7—工件

1. 焊接电源

钨极氩弧焊电源可分为直流电源、直流脉冲电源和交流电源。

（1）直流电源 目前钨极氩弧焊直流电源主要有晶闸管整流弧焊电源、晶体管电源及逆变式弧焊电源。其外特性可设置为恒流特性，能自动补偿电网的电压波动范围宽，抗干扰能力强，动特性良好，并可调制脉冲电流。

（2）交流电源 交流氩弧焊电源用于焊接铝、镁及其合金。

1）引弧及稳弧装置。一般采用两种方法引弧和稳弧。高频振荡器引弧产生 2500～3000V、150～260kHz 的高频高压，加在工件之间，击穿其间的空气隙，引燃电弧达到非接触引弧。高频高压引弧外加一个高压脉冲使电弧引燃，并起到稳弧作用。

2）交流氩弧焊电源种类。

①正弦波交流电源。该电源是由弧焊变压器和电抗器组成，用电容器消除用高压脉冲引弧和稳弧。

②矩形波交流电源。用硅二极管或晶闸管、电抗器组成电源。矩形波交流电源的特点是：由于矩形波过零后电流增长快，再引弧容易。与一般正弦波交流电相比，有更好的稳弧性能。还可根据焊接条件选择最小而必要的电流（清扫比），既能满足清理氧又能获得最大熔深和最小的钨极烧损。

③逆变式交流方波弧焊电源。逆变式电源稳弧性能好，对阴极清理作用及电源的调节特性良好，效率高，接头质量好。

2. 控制系统

控制系统是实现焊接过程各程序及焊接参数的可调控制。焊接程序是：提前打开电源—引弧—焊接—停电—滞后停气—焊接结束。

3. 焊枪

氩弧焊枪分为气冷式焊枪和水冷式焊枪。气冷式焊枪使用方便，但限于小电流（<200 A）焊接使用；水冷式焊枪适宜大电流和自动焊接使用。

焊枪一般由枪体、喷嘴、电极夹持机构、电缆、氩气输入管、水管和开关及按钮组成。

焊枪的作用是夹持钨极、传导电流、输送氩气，保护焊接区电弧正常燃烧。

4. 供气系统

氩弧焊机供气系统由氩气瓶、减压器、气体流量计、电磁气阀、气管组成，其作用是将氩气瓶内高压气体减至一定的低压。按不同流量要求，将氩气输送至焊接区，达到焊接保护要求。

5. 水路系统

当焊接电流较大时（>150A）必须用水冷却钨极和焊枪，水流量的大小通过水压开关或手动控制。

6. 送丝机构

送丝机构用于需要填丝的氩弧焊自动焊接，该机构受焊接过程控制系统控制，与整个焊接过程相适应。

二、常用氩弧焊机型号及性能参数

常用氩弧焊机型号及性能参数见表5-2、表5-3、表5-4。

表5-2 WS型钨极直流氩弧焊机

参数＼型号	WS-250	WS-300	WS-500
输入电源/（V/Hz）	380/50	380/50	380/50
额定输入容量/kW	18	22.5	30
电流调节范围/A	25~250	30~340	60~450
负载持续率（%）	60	60	60
工作电压/V	11~22	11~23	13~28
电流衰减时间/s	3~10	3~10	3~10
滞后断电时间/s	4~8	4~8	4~8
冷却水流量/（L/min）	>1	>1	>1
外形尺寸/mm	690×500×1140	690×510×1140	740×540×1180
质量/kg	260	270	350

表5-3 WSJ一型钨极交流氩弧焊机

参数＼型号	WSJ-300	WSJ-400-1	WSJ-500
输入电源/V	380	380	380
额定工作电压/V	22	26	30
额定负载持续率（%）	60	60	60
焊接电流调节范围/A	50~300	50~400	50~500
额定焊接电流/A	300	400	500
外形尺寸/mm	—	550×400×1000	760×540×900
质量/kg	490	—	292

表 5-4 WSE 一型交直流钨极氩弧焊机

参数＼型号	WSE-160	WSE-315	WSE-500
输入电源/V	380	380	380
空载电压/V	78	85	96
电流调节范围/A	8 ~ 160	16 ~ 315	25 ~ 500
负载持续率（%）	35	35	60
外形尺寸/mm	670 × 380 × 960	485 × 635 × 1085	550 × 780 × 1260
质量/kg	155	235	344

第四节 手工钨极氩弧焊工艺

一、手工钨极氩弧焊工艺特点

1. 工作原理

钨极氩弧焊是采用钨棒作为电极，利用氩气作为保护气体进行焊接的一种气体保护焊方法，如图 5-2 所示。

通过钨极与工件之间产生电弧，利用从焊枪喷嘴中喷出的氩气流在电弧区形成严密封闭的气层，使电极和金属熔池与空气隔离，以防止空气的侵入。同时利用电弧产生的热量来熔化基本金属和填充熔丝形成熔池。液态金属熔池凝固后形成焊缝。

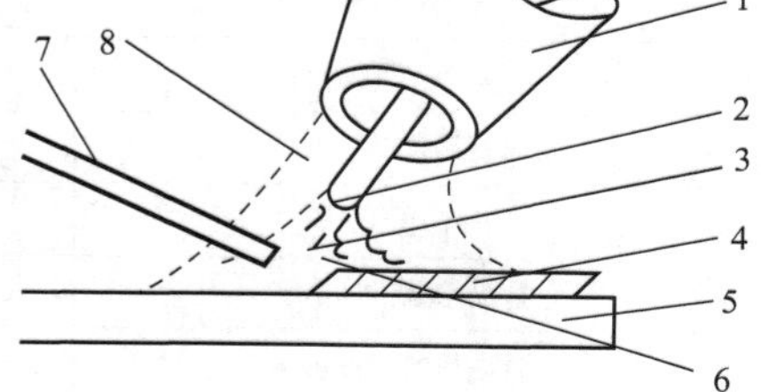

图 5-2 钨极氩弧焊示意图

1—喷嘴 2—钨极 3—电弧 4—焊缝 5—工件 6—熔池 7—填充焊丝 8—氩气

由于氩气是一种惰性气体，不与金属起化学反应，所以能充分保护金属熔池不被氧化。同时氩气在高温时不溶于液态金属中，所以焊缝不易生成气孔。因此，氩气的保护作用是有效和可靠的，可以获得较高的焊缝质量。

焊接时钨极不熔化，所以钨极氩弧焊又称为非熔化极氩弧焊。根据所采用的电源种类，钨极氩弧焊又分为直流、交流和直流脉冲三种。

2. 工艺特点

（1）优点

1）保护效果好，焊缝质量高。氩气不与金属发生反应，也不溶于金属，焊接过程基本上是金属熔化与结晶的简单过程，因此能获得较为纯净及质量高的焊缝。

2）焊接变形和应力小。由于电弧受氩气流的压缩和冷却作用，电弧热量集中，热影响区很窄，焊接变形与应力均小，尤其适于薄板焊接。

3）易观察、易操作。由于是明弧焊，所以观察方便，操作容易，尤其是适用于全位置焊接。

4）稳定。电弧稳定，飞溅少，焊后不用清渣。

5）易控制熔池尺寸。由于焊丝和电极是分开的，焊工能够很好地控制熔池尺寸和大小。

6）可焊的材料范围广。几乎所有的金属材料都可以进行氩弧焊，特别适宜焊接化学性能活泼的金属和合金，如铝、镁、钛等。

（2）缺点

1）设备成本较高。

2）氩气电离势高，引弧困难，需要采用高频引弧及稳弧装置。

3）氩弧焊产生的紫外线是焊条电弧焊的5～30倍，生成的臭氧对焊工也有危害，所以要加强防护。

4）焊接时需有防风措施。

3. 应用范围

钨极氩弧焊是一种高质量的焊接方法，因此在工业行业中均广泛地被采用。特别是一些化学性能活泼的金属，用其他电弧焊方法焊接非常困难，而用氩弧焊则可容易地得到高质量的焊缝。另外，在碳钢和低合金钢的压力管道焊接中，现在也越来越多地采用氩弧焊打底，以提高焊接接头的质量。

二、手工钨极氩弧焊焊接参数

手工钨极氩弧焊的焊接参数有焊接电源种类和极性、钨极直径、焊接电流、电弧电压、氩气流量、焊接速度、喷嘴直径及喷嘴至焊件的距离和钨极伸出长度等。必须正确地选择并合理地配合，才能得到满意的焊接质量。

1. 焊接电源种类和极性

电源种类和极性可根据焊件材质进行选择，见表5-5。

表5-5　电源种类和极性的选择

电源种类和极性	被焊金属材料
直流正接	低碳钢、低合金钢、不锈钢、耐热钢、铜及铜合金、钛及钛合金
直流反接	适用于各种金属的熔化极氩弧焊，钨极氩弧焊很少采用
交流电源	铝、镁及其合金

采用直流正接时，工件接正极，温度较高，适于焊厚件及散热快的金属，钨极接负极，温度低，可提高许用电流，同时钨极烧损小。

直流反接时，钨极接正极，烧损大，所以很少采用。

采用交流钨极氩弧焊时，在焊件为负、钨极为正极性的半波里，阴极有去除氧化膜的作用，即“阴极破碎”作用。在焊接铝、镁及其合金时，其表面有一层致密的高熔点氧化膜，若不能除去，将会造成未熔合、夹渣、焊缝表面形成皱皮及内部气孔等缺陷。而利用反极性的半波里正离子向熔池表面高速运动，可将金属表面氧化膜撞碎，在正极性的半波里，钨极可以得到冷却，以减少钨极的烧损。所以，通常用交流钨极氩弧焊来焊接氧化性强的铝镁及其合金。

2. 钨极直径

钨极直径主要按焊件厚度、焊接电流的大小和电源极性来选择。如果钨极直径选择不当，将造成电弧不稳，钨棒烧损严重和焊缝夹钨等现象。

3. 焊接电流

焊接电流主要根据工件的厚度和空间位置选择、过大或过小的焊接电流都会使焊缝成形不良或产生焊接缺陷。所以，必须在不同钨极直径允许的焊接电流范围内，正确地选择焊接电流，见表5-6。

表5-6 不同直径钨极的许用电流范围

钨极直径/mm	直流正接/A	直流反接/A	交流/A
1	15~80		20~60
1.6	70~150	10~20	60~120
2.4	140~235	15~30	100~180
3.2	225~325	25~40	160~250
4.0	300~400	40~55	200~320
5.0	400~500	55~80	290~390

4. 电弧电压

电弧电压由弧长决定，电压增大时，熔宽稍增大，熔深减小。通过焊接电流和电弧电压的配合，可以控制焊缝形状。当电弧电压过高时，易产生未焊透并使氩气保护效果变差。因此，应在电弧不短路的情况下，尽量减小电弧长度。钨极氩弧焊的电弧电压选用范围一般是10~24V。

5. 氩气流量

为了可靠地保护焊接区不受空气的污染，必须有足够流量的保护气体。氩气流量越大，保护层抵抗流动空气影响的能力越强。但流量过大时，不仅浪费氩气，还可能使保护气流形成紊流，将空气卷入保护区，反而降低保护效果。所以，氩气流量要选择恰当，一般气体流量可按下列经验公式确定：

$$Q=(0.8\sim1.2)D$$

式中 Q——氩气流量，L/min；

D——喷嘴直径，mm。

6. 焊接速度

焊接速度加快时，氩气流量要相应加大。焊接速度过快，由于空气阻力对保护气流的影响，会使保护层可能偏离钨极和熔池，从而使保护效果变差。同时，焊接速度还显著地影响焊缝成形。因此，应选择合适的焊接速度。

7. 喷嘴直径

增大喷嘴直径的同时，应增大气体流量，此时保护区大，保护效果好。但喷嘴过大时，不仅使氩气的消耗量增加，而且可能使焊炬伸不进去，或妨碍焊工视线，不便于观察操作。故一般钨极氩弧焊喷嘴直径以 5～14mm 为佳。

另外，喷嘴直径也可按经验公式选择：

$$D=(2.5\sim3.5)\ d$$

式中 D——喷嘴直径（一般指内径），mm；

d——钨极直径，mm。

8. 喷嘴至焊件的距离

这里指的是喷嘴端面和焊件间的距离，这个距离越小，保护效果越好。所以，喷嘴距焊件间的距离应尽可能小些，但过小将使操作和观察不便。因此，通常取喷嘴至焊件间的距离为 5～15mm。

9. 钨极伸出长度

为了防止电弧热烧坏喷嘴，钨极端部突出喷嘴之外。而钨极端头至喷嘴端面的距离称为钨极伸出长度。钨极伸出长度越小，喷嘴与焊件之间距离越近，保护效果就好，但过近会妨碍观察熔池。通常焊接对接焊缝时，钨极伸出长度为 3～6mm 较好，焊接角焊缝时，钨极伸出长度为 7～8mm 较好。铝及铝合金、不锈钢的手工钨极氩弧焊焊接参数的选择见表 5-7 和表 5-8。

表 5-7 铝及铝合金（平对接焊）手工交流氩弧焊焊接参数

工件厚度/mm	钨极直径/mm	焊接电流/A	焊丝直径/mm	喷嘴内径/mm	氩气流量/（L/min）	焊接速度/（mm/min）
1.2	1.6～2.4	45～75	1～2	6～11	3～5	
2	1.6～2.4	80～110	2～3	6～11	3～5	180～230
3	2.4～3.2	100～140	2～3	7～12	6～8	110～160
4	3.2～4	140～230	3～4	7～12	6～8	100～150
6	4～6	210～300	4～5	10～12	8～12	80～130
8	5～6	240～300	5～6	12～14	12～16	80～130

表 5-8 不锈钢（平对接焊）手工直流（正接）氩弧焊焊接参数

接头形式	工件厚度/mm	钨极直径/mm	焊接电流/A	焊丝直径/mm	钨极伸出长度/mm	氩气流量/（L/min）
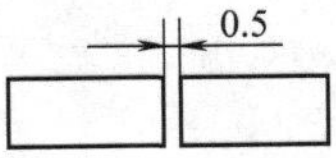 0.5	0.8	1	18～20	1.2	5～8	6
	1	2	20～25	1.6	5～8	6
	1.5	2	25～30	1.6	5～8	7
	2	3	35～45	1.6～2	5～8	7～8
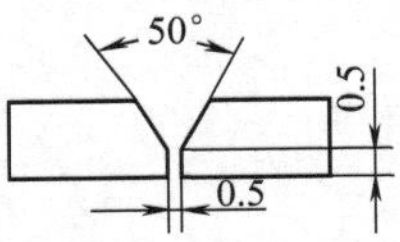 50° 0.5 0.5	2.5	3	60～80	1.6～2	5～8	8～9
	3	3	75～85	1.6～2	5～8	8～9
	4	3	75～90	2	5～8	9～10

第二部分 生产实习

项目一 钨极氩弧焊安全规程

1）焊接工作场所必须备有防火设备，如砂箱、灭火器、消防栓、水桶等。易燃物品距离焊接场所不得小于5m。若无法满足规定距离时，可用石棉板、石棉布等妥善覆盖，防止火星落入易燃物品。易爆物品距离焊接场所不得小于10m。氩弧焊工作场地要有良好的自然通风和固定的机械通风装置，减少氩弧焊有害气体和金属烟尘的危害。

2）手工钨极氩弧用焊机应放置在干燥通风处。严格按照焊机使用说明书操作。使用前应对焊机进行全面检查。确定焊机没有隐患，再接通电源。空载运行正常后方可施焊。保证焊机接线正确，必须良好、牢靠接地以保障安全。焊机电源的通、断由电源板上的开关控制，严禁带负载扳动开关，以免开关触头烧损。

3）应经常检查氩弧焊枪冷却水或供气系统的工作情况，发现堵塞或泄漏时应即刻解决，防止烧坏焊枪和影响焊接质量。

4）焊接人员离开工作场所或焊机不使用时，必须切断电源。若焊机发生故障，应由专业人员进行维修，检修时应作好防电击等安全措施。焊机应每年除尘清洁一次。

5）钨极氩弧焊机高频振荡器产生的高频电磁场会使人产生一定的头晕、疲乏。因此，焊接时应尽量减少高频电磁场作用时间，引燃电弧后立即切断高频电源。焊枪和焊接电缆外应用软金属编织线屏蔽（软管一端接在焊枪上，另一端接地，外面不包绝缘）。如有条件，应尽量采用晶体脉冲引弧取代高频引弧。

6）氩弧焊时，紫外线强度很大，易引起电光性眼炎、电弧灼伤，同时产生臭氧和氮氧化物刺激呼吸道。因此，焊工操作时应穿白色帆布工作服，戴好口罩、面罩及防护手套、脚盖等。为了防止触电，应在工作台附近地面覆盖绝缘橡皮，工作人员应穿绝缘胶鞋。

项目二 6mm板对接平焊

教学目的：1. 了解钨极氩弧焊电弧特性。
2. 熟练操作氩弧焊机。
3. 掌握钨极氩弧焊的引弧和稳弧措施。
4. 掌握氩弧焊的水平固定对接平焊技术。

重点：1. 了解钨极氩弧焊中阴极破碎作用。

2. 了解钨极氩弧焊中引弧稳弧方法。

难点：1. 能够熟练调节氩弧焊机各参数。

2. 能够实现氩弧焊对接平焊。

教学内容：

一、焊前准备

1. 试件尺寸及要求

1）试件材料为Q235。

2）试件及坡口尺寸如图5-3所示。

3）焊接位置为平焊。

4）焊接要求为单面焊双面成形。

5）焊接材料：焊丝为H08Mn2SiA。电极为铈钨极，为使电弧稳定，将其尖角磨成如图5-4所示的形状。氩气纯度99.99%（体积分数）。

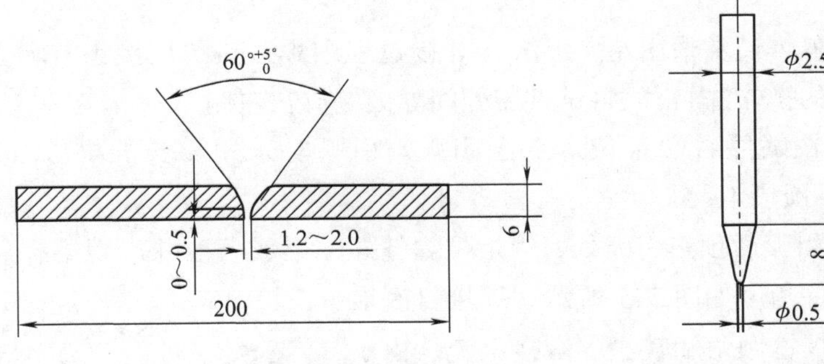

图5-3　试件及坡口尺寸

图5-4　钨极尺寸

2. 准备工作

1）选用钨极氩弧焊机，采用直流正接。使用前应检查焊机各处的接线是否正确、牢固、可靠，按要求调试好焊接参数。同时应检查氩弧焊系统水冷却和气冷却有无堵塞、泄露，如发现故障应及时解决。

2）清理坡口及其正、反两面两侧20mm范围内和焊丝表面的油污、锈蚀，直至露出金属光泽，然后用丙酮进行清洗。

3）准备好工作服、焊工手套、护脚、面罩、钢丝刷、锉刀、角向磨光机和焊缝量尺等。

3. 试件装配

1）装配间隙为1.2～2.0mm。

2）定位焊采用手工钨极氩弧焊，按表5-9中打底焊接参数在试件正面坡口内两端进行定位焊，定位焊缝长度为10～15mm，将定位焊缝接头端预先打磨成斜坡。

3）错边量≤0.6mm。

二、焊接参数

薄板V形坡口平焊位置手工钨极氩弧焊焊接参数见表5-9。

表5-9 薄板V形坡口平焊位置手工钨极氩弧焊焊接参数

焊接层次	焊接电流/A	电弧电压/V	氩气流量/(L/min)	钨极直径/mm	焊丝直径/mm	钨极伸出长度/mm	喷嘴直径/mm	喷嘴至工件距离/mm
打底焊	80~100	10~14	8~10	2.5	2.5	4~6	8~10	≤12
填充焊	90~100							
盖面焊	100~110							

三、操作要点及注意事项

由于钨极氩弧焊对熔池的保护及可见性好，熔池温度又容易控制，所以不易产生焊接缺陷，适合于各种位置的焊接。对于本实例的焊接操作技能要求如下：

1. 打底焊

手工钨极氩弧焊通常采用左向焊法（焊接过程中焊接热源从接头右端向左端移动，并指向待焊部分的操作法），故将试件装配间隙大端放在左侧。

（1）引弧　在试件右端定位焊缝上引弧。引弧时采用较长的电弧（弧长为4~7mm），使坡口外预热4~5s。

（2）焊接　引弧后预热引弧处，当定位焊缝左端形成熔池并出现熔孔后开始送丝。焊丝、焊枪与焊件角度如图5-5所示。焊接打底层时，采用较小的焊枪倾角和较小的焊接电流。由于焊接速度和送丝速度过快，容易使焊缝下凹或烧穿，因此焊丝送入要均匀，焊枪移动要平稳、速度一致。焊接时，要密切注意焊接熔池的变化，随时调节有关焊接参数，保证背面焊缝成形良好。当熔池增大、焊缝变宽并出现下凹时，说明熔池温度过高，应减小焊枪与焊件夹角，加快焊接速度；当熔池减小时，说明熔池温度过低，应增大焊枪与焊件夹角，减慢焊接速度。

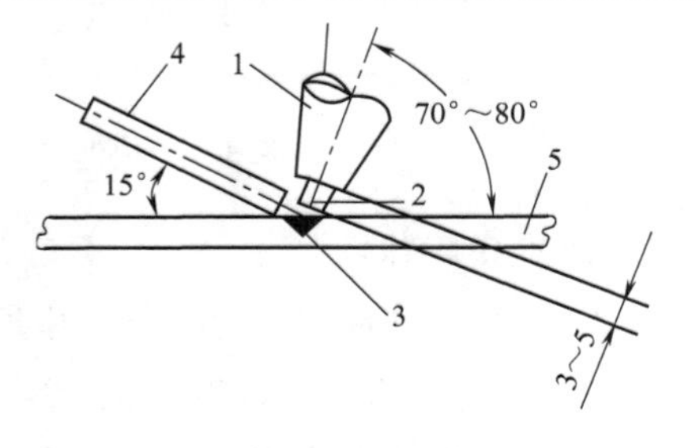

图5-5　焊丝、焊枪与焊件角度示意图
1—喷嘴　2—钨极　3—熔池
4—焊丝　5—焊件

（3）接头　当更换焊丝或暂停焊接时，需要接头。这时松开焊枪上按钮开关（使用接触引弧焊枪时，立即将电弧移至坡口边缘上快速灭弧），停止送丝，借焊机电流衰减熄弧，但焊枪仍需对准熔池进行保护，待其完全冷却后方能移开焊枪。若焊机无电流衰减功能，应在松开按钮开关后稍抬高焊枪，待电弧熄灭、熔池完全冷却后移开焊枪。进行接头前，应先检查接头熄弧处弧坑质量。如果无氧化物等缺陷，则可直接进行接头焊接。如果有缺陷，则必须将缺陷修磨掉，并将其前端打磨成斜面，然后在弧坑右侧

15～20mm 处引弧，缓慢向左移动，待弧坑处开始熔化形成熔池和熔孔后，继续填丝焊接。

（4）收弧 当焊至试件末端时，应减小焊枪与试件夹角，使热量集中在焊丝上，加大焊丝熔化量以填满弧坑。切断控制开关，焊接电流将逐渐减小，熔池也随着减小，将焊丝抽离电弧（但不离开氩气保护区）。停弧后，氩气延时约 10s 关闭，从而防止熔池金属在高温下氧化。

2. 填充焊

按表 5-9 中填充层焊接参数调节好设备，进行填充层焊接，其操作与打底层相同。焊接时焊枪可做圆弧“之”字形横向摆动，其幅度应稍大，并在坡口两侧停留，保证坡口两侧熔合良好，焊道均匀。从试件右端开始焊接，注意熔池两侧熔合情况，保证焊缝表面平整且稍下凹。盖面层的焊道焊完后应比焊件表面低 1.0～1.5mm，以免坡口边缘熔化导致盖面层产生咬边或焊偏现象，焊完后将焊道表面清理干净。

3. 盖面焊

按表 5-9 中盖面层焊接参数调节好设备进行盖面层焊接，其操作与填充层基本相同，但要加大焊枪的摆动幅度，保证熔池两侧超过坡口边缘 0.5～1mm，并按焊缝余高决定填丝速度与焊接速度，尽可能保持焊缝速度均匀，熄弧时必须填满弧坑。

四、焊后清理检查

焊接结束后，关闭焊机，用钢丝刷清理焊缝表面；用肉眼或低倍放大镜检查焊缝表面是否有气孔、裂纹、咬边等缺陷；用焊缝量尺测量焊缝外观成形尺寸。

项目三 小径管垂直固定对接焊

教学目的：1. 了解钨极氩弧焊电弧特性。
2. 熟练操作氩弧焊机。
3. 掌握钨极氩弧焊引弧稳弧措施。
4. 掌握钨极氩弧焊小径管垂直固定对接焊技术。

重点：1. 了解钨极氩弧焊阴极破碎作用。

难点：2. 了解钨极氩弧焊引弧稳弧方法。

教学内容：1. 熟练调节氩弧焊机各参数。
2. 实现氩弧焊小径管垂直对接的焊接方法。

一、焊前准备

1. 试件尺寸及要求

1）试件材料为 Q235。

2）试件及坡口尺寸如图 5-6 所示。

3）焊接位置为垂直固定。

4）焊接要求为单面焊双面成形。

5）焊接材料：焊丝为 H08Mn2SiA；电极为铈钨极，填充、盖面电焊条为 E5015（J507）。氩气纯度为 99.99%（体积分数）。

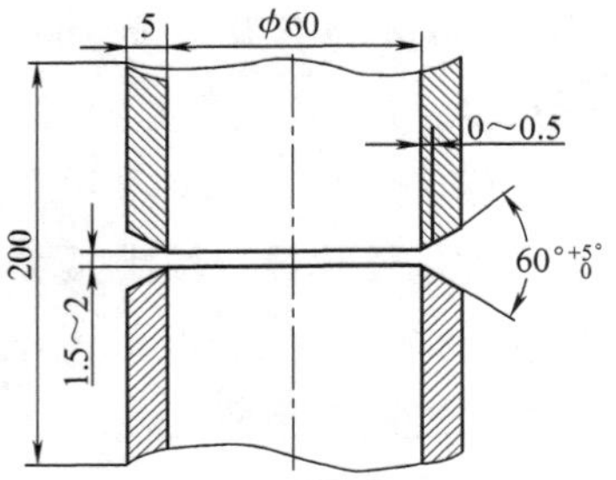

图 5-6 试件及坡口尺寸

2. 准备工作

1）选用 WS7—400 逆变式高频氩弧焊机或 ZX7—400st 逆变式直流手工焊/钨极氩弧焊两用焊机，采用直流正接。使用前，应检查焊机各处的接线是否正确、牢固、可靠，按要求调试好焊接参数。同时应检查氩弧焊系统水、气冷却有无堵塞、泄露，如发现故障应及时解决。同时应检查焊条质量，不合格者不能使用，焊接前焊条应严格按照规定的温度和时间进行烘干，而后放在保温筒内，随用随取。

2）清理坡口及其正、反两面两侧 20mm 范围内和焊丝表面的油污、锈蚀，直至露出金属光泽，然后用丙酮进行清洗。

3）准备好工作服、焊工手套、护脚、面罩、钢丝刷、锉刀、角向磨光机和焊缝量尺等。

3. 试件装配

1）装配间隙为 1.5~2.0mm。

2）定位焊采用手工钨极氩弧焊一点定位，并保证该处间隙为 2mm，与它对称处间隙为 1.5mm。沿管道轴线垂直并加固定，间隙小的一侧位于右边，定位焊缝长度为10~15mm，将定位焊缝接头端预先打磨成斜坡。采用与焊接试件相应型号焊接材料进行定位焊。

3）错边量≤0.5mm。

二、焊接参数

小径管垂直固定对接焊焊接参数见表 5-10。

表 5-10 小径管垂直固定对接焊焊接参数

焊接方法与层次	焊接电流/A	电弧电压/V	氩气流量/（L/min）	钨极直径/mm	焊丝/焊条直径/mm	钨极伸出长度/mm	喷嘴直径/mm	喷嘴至工件距离/mm
氩弧焊打底（1层1道）	90~105	10~12	8~10	2.5	2.5	4~6	8~10	≤8
手工焊盖面（1层2道）	75~85	22~28			2.5			

三、操作要点及注意事项

1. 打底焊

按表 5-10 的焊接参数进行打底焊层的焊接。在右侧间隙最小处（1.5mm）引弧。

先不加焊丝，待坡口根部熔化形成熔滴后，将焊丝轻轻地向熔池里送一下，同时向管内摆动，将液态金属送到坡口根部，以保证背面焊缝的高度。填充焊丝的同时，焊枪小幅度做横向摆动并向左均匀移动。

在焊接过程中填充焊丝以往复运动方式间断地送入电弧内的熔池前方，在熔池前呈滴状加入。焊丝送进速度要均匀，不能时快时慢，这样才能保证焊缝成形美观。当焊工要移动位置、暂停焊接时，应按收弧要点操作。焊工再进行焊接时，焊前应将收弧处修磨成斜坡并清理干净，在斜坡上引弧，移至离接头约10mm处焊枪不动，当获得清晰的熔池后，即可添加焊丝、继续从右向左进行焊接。小径管道垂直固定打底焊，熔池的热量要集中在坡口下部、以防止上部坡口过热，母材熔化过多，产生咬边或焊缝背面下坠。

2. 盖面焊

清除打底焊道表面的焊渣，修平焊缝表面和接头局部，按照表5-10焊接工艺参数进行焊接。盖面层焊美观。

3. 焊后清理

检查焊接结束后，关闭焊机，用钢丝刷清理焊缝表面；用肉眼或低倍放大镜检查焊缝表面是否有气孔、裂纹、咬边等缺陷；用焊口检测尺测量焊缝外观尺寸。

项目四 大直径、中厚壁管道水平固定对接打底焊

教学目的：1. 了解钨极氩弧焊电弧特性。
2. 熟练操作氩弧焊机。
3. 掌握钨极氩弧焊引弧稳弧措施。
4. 掌握水平固定对接大直径中厚壁管道焊接技术。

重点：1. 钨极氩弧焊中阴极破碎作用。
2. 了解钨极氩弧焊中引弧稳弧方法。

难点：1. 熟练调节氩弧焊的各焊接参数。
2. 掌握水平固定大口径中厚壁打底焊操作技术。

教学内容：

一、焊前准备

1. 试件尺寸及要求

1）试件材料为Q235。
2）试件及坡口尺寸如图5-7所示。
3）焊接位置为水平固定。
4）焊接要求为单面焊双面成形。

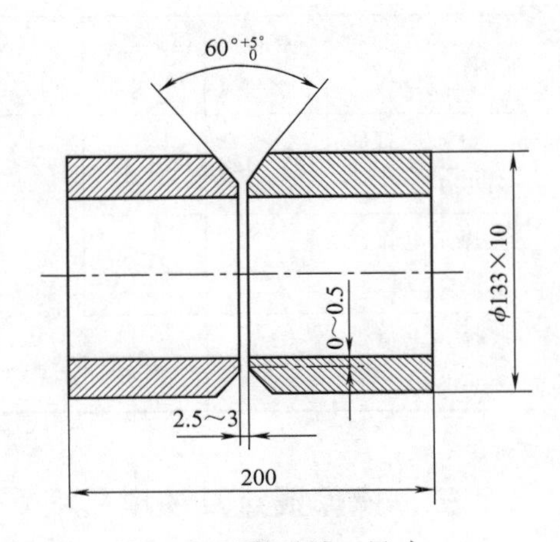

图5-7 试件及坡口尺寸

5）焊接材料：焊丝为 H08Mn2SA；电极为铈钨极；填充、盖面电焊条为 E5015（J507）。

2. 准备工作

1）打底焊时，选用 WS7—400 逆变式高频氩弧焊机，采用直流正接，选用空冷式焊枪；盖面焊时，选用 ZX7—400 逆变式直流手工焊/钨极氩弧焊两用焊机，采用直流反接（若使用该焊机打底，引弧应采用接触引弧）。使用前，应检查焊机各处的接线是否正确、牢固、可靠；按要求调试好焊接参数。同时应检查氩弧焊系统水、气冷却有无堵塞、泄露，如发现故障应及时解决。同时应检查焊条质量，不合格者不能使用，焊接前焊条应严格按照规定的温度和时间进行烘干，而后放在保温筒内随用随取。

2）清理坡口及其正、反两面两侧 20mm 范围内和焊丝表面的油污、锈蚀，直至露出金属光泽，然后用丙酮进行清洗。

3）准备好工作服、焊工手套、护脚、面罩、钢丝刷、锉刀、角向磨光机和焊口检测尺等。

3. 试件装配

1）装配间隙为 2.5 ~ 3mm。

2）定位焊采用手工钨极氩弧焊两点定位，定位焊缝长度为 10 ~ 15mm，定位焊缝分别位于管道横截面上相当于“时钟 2 点”和“时钟 10 点”位置，如图 5-8 所示。定位焊缝接头端预先打磨成斜坡，试件装配最小间隙应位于截面上“时钟 6 点”位置，将试件固定于水平位置。

3）错边量≤1.0mm。

二、焊接参数

大直径中厚壁管水平固定对接焊焊接参数见表 5-11。

表 5-11　大直径中厚壁管水平固定对接焊焊接参数

焊接方法与层次	焊接电流/A	电弧电压/V	氩气流量（L/min）	钨极直径/mm	焊丝/焊条直径/mm	钨极伸出长度/mm	喷嘴直径/mm	喷嘴至工件距离/mm
氩弧焊打底（1 层）	105 ~ 120	10 ~ 13	8 ~ 10	2.5	2.5	4 ~ 6	8 ~ 10	≤10
焊条电弧焊填充（2 层）	95 ~ 105	22 ~ 28			3.2			
焊条电弧焊盖面（3 层）	105 ~ 120	22 ~ 28			3.2			

三、操作要点及注意事项

焊缝分左右两个半圈进行，在仰焊位置起焊，平焊位置收弧，每个半圈都存在仰、立、平三个不同位置。

1. 钨极氩弧焊打底

（1）引弧　在管道横截面上相当于“时钟5点”位置（焊右半圈）和“时钟7点”位置（焊左半圈），如图5-8所示。引弧时，钨极端部应离开坡口面1～2mm，用高频引弧装置引燃电弧；引弧后先不加焊丝，待根部钝边熔化形成熔池后，即可填丝焊接。为使背面成形良好，熔化金属应送至坡口根部。为防止始焊处产生裂纹，始焊速度应稍慢并多填焊丝，以使焊缝加厚。

（2）送丝　在管道根部横截面上相当于“时钟4点”至“时钟8点”位置采用内填丝法，即焊丝处于坡口钝边内。在焊接横截面上相当于“时钟4点”至“时钟12点”或“时钟8点”至“时钟12点”位置时，则应采用外填丝法（见图5-9a）。若全部采用外填丝法，则坡口间隙应适当减小，一般为1.5～2.5mm。整个施焊过程中，应保持等速送丝，焊丝端部始终处于氩气保护区内。

（3）焊枪、焊丝与管的相对位置　钨极与管子轴线成90°角，焊丝沿管子切线方向，与钨极成100°～110°角，如图5-9b所示。当焊至截面上相当于“时钟10点”至“时钟2点”的斜平焊位置时，焊枪略后倾。此时焊丝与钨极成100°～120°角。

（4）焊接　引燃电弧、控制电弧长度为2～3mm。此时，焊枪暂留在引弧处，待两侧钝边开始熔化时立刻送丝，使填充金属与钝边完全熔化形成明亮清晰的熔池后，焊枪匀速上移。伴随连续送丝、焊枪同时做小幅度锯齿形横向摆动。仰焊部位送丝时，应有意识地将焊丝往根部“推”，使管壁内部的熔池成形饱满，以避免根部凹坑。当焊至平焊位置时，焊枪略向后倾，焊接速度加快，以避免熔池温度过高而下坠。若熔池过大，可利用电流衰减功能，适当降低熔池温度，以避免仰焊位置出现凹坑或其他位置出现凸出。

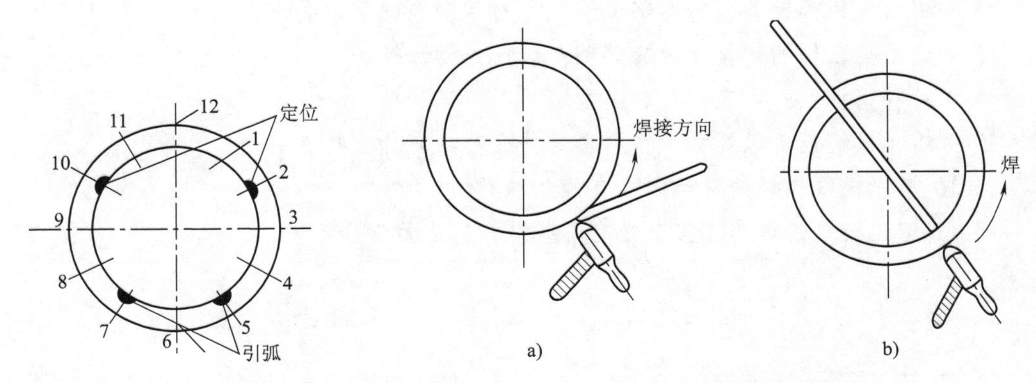

图5-8　定位焊、引弧处示意图

图5-9　两种不同填丝方法
a）外填丝法　b）内填丝法

（5）接头　若施焊过程中断或更换焊丝时，应先将收弧处焊缝打磨成斜坡状，在斜坡后约10mm处引弧，电弧移至斜坡内时稍加焊丝，当焊至斜坡端部出现熔孔后，立即送丝并转入正常焊接。焊至定位焊缝斜坡处接头时，电弧稍作停留，暂缓送丝，待熔池与斜坡端部完全熔化后再送丝。同时，焊枪应做小幅度摆动，使接头部位充分熔合，形成平整的接头。

(6) 收弧　收弧时，应向熔池送入 2～3 滴填充金属使熔池饱满，同时将熔池逐步过渡到坡口侧，然后切断控制开关，电流衰减，熔池温度逐渐降低，熔池由大变小，形成椭圆形。电弧熄灭后，应延长对收弧处氩气保护，以避免氧化，出现弧坑裂纹及缩孔。

前半圈焊完后，应将仰焊起弧处焊缝端部修磨成斜坡状。后半圈施焊时，仰焊部位的接头方法与上述接头焊相同，其余部位焊接方法与前半圈相同。当焊至横截面上相当于“时钟 12 点”位置收弧时，应与前半圈焊缝重叠 5～10mm，如图 5-10 所示。

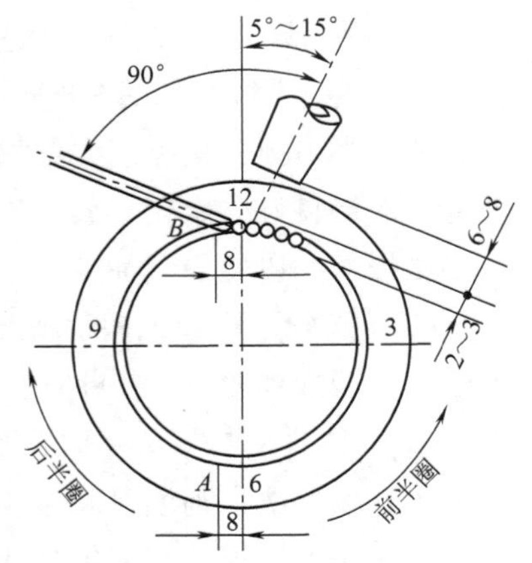

图 5-10　焊丝与焊枪角度

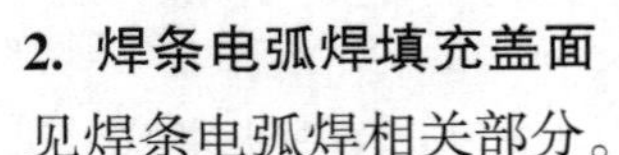

2. 焊条电弧焊填充盖面

见焊条电弧焊相关部分。

复习思考题

5-1 氩弧焊的工作原理是什么？有何特点？

5-2 氩气的性质有哪些？

5-3 钨极分为哪几类？不同种类的钨极各有什么特点？

5-4 钨极氩弧焊的工作原理是什么？有什么特点？

5-5 钨极氩弧焊采用直流正接和直流反接时，各有什么特点？

5-6 钨极氩弧焊设备由哪些部分组成？对控制系统有何要求？

5-7 钨极氩弧焊的焊接参数有哪些？如何进行选择？

5-8 特种钨极氩弧焊有哪几种类型？

5-9 熔化极钨极氩弧焊的工作原理是什么？具有什么特点？

5-10 熔化极氩弧焊的送丝方式有哪几种类型？

5-11 熔化极氩弧焊的焊接参数有哪些？如何进行选择？

第六章 气焊与气割

第一部分 知识积累

第一节 气焊、气割的概述

一、气焊基本原理和应用特点

1. 气焊原理

气焊是利用气体火焰做热源的焊接方法，常用的有氧乙炔焊、氧丙烷焊、氢氧焊等。气焊过程如图6-1所示。

气焊作为一种焊接方法，曾经在焊接史上起过重要作用。但随着焊接技术的发展，气焊的应用范围日趋缩小。由于气焊熔池温度容易控制，有利于实现单面焊双面成形，便于预热和后热，所以气焊常用于薄板焊接、低熔点材料焊接、管子焊接、铸铁补焊、工具钢焊接以及无电源的野外施工等。

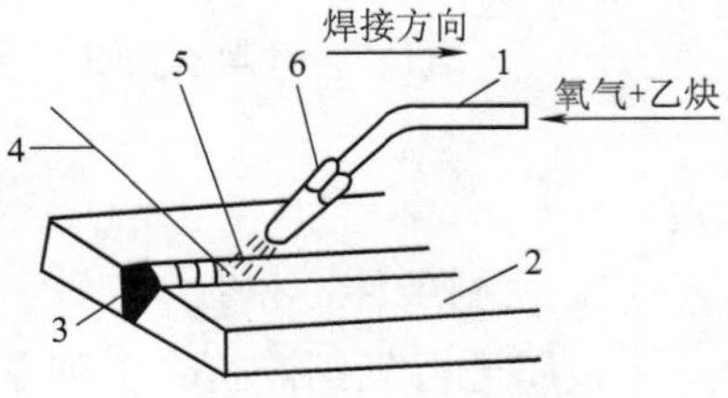

图6-1 氧乙炔气焊示意图

1—焊炬 2—焊件 3—焊缝 4—焊丝 5—气焊火焰 6—焊嘴

2. 气焊的特点及应用

气焊与电弧焊相比，它的优点如下：

1）设备简单，移动方便，在无电力供应地区可以方便地进行焊接。

2）可以焊接很薄的工件。

3）焊接铸铁和部分非铁金属时焊缝质量好。

气焊的缺点如下：

1）热量较分散，热影响区及变形大。

2）生产率较低，不宜焊接较厚的金属。

3）某种金属因气焊火焰中氧、氢等气体与熔化金属发生作用，会降低焊缝性能。

4）难以实现自动化。

由于气焊热量分散，热影响区及变形大，因此气焊接头质量不如焊条电弧焊容易保证。目前，气焊主要应用于有色金属及铸铁的焊接和修复、碳钢薄板及小直径管道的焊接。气焊火焰还可用于钎焊、火焰矫正等。

二、气割基本原理、条件、特点及应用

1. 气割原理

气割是利用气体火焰的热量将工件切割处预热到一定温度后，喷出高速切割氧流，使其燃烧并放出热量实现切割的方法。气割具有设备简单、方法灵活、基本不受切割厚度与零件形状限制，容易实现机械化、自动化等优点，广泛应用于切割低碳钢和低合金钢零件。气割过程如图 6-2 所示，气割设备连接如图 6-3 所示。

气割过程包括预热、燃烧、吹渣三个阶段。其实质是铁在纯氧中的燃烧过程，而不是熔化过程。

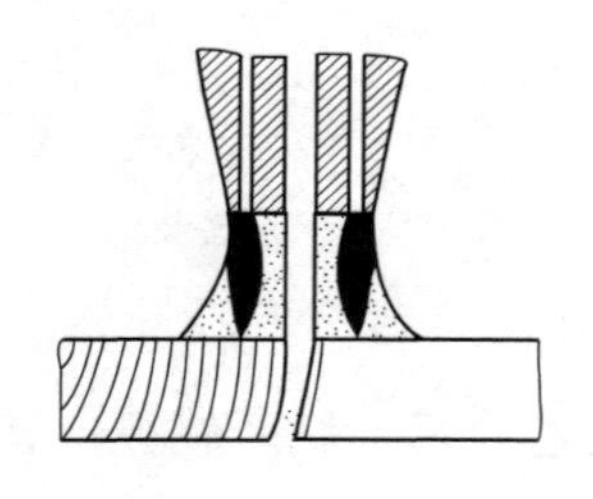

图 6-2　气割示意图

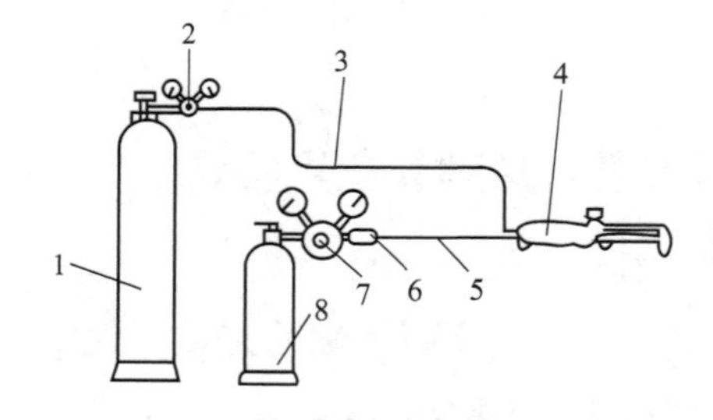

图 6-3　气割设备连接示意图

1—氧气瓶　2—氧气减压器　3—氧气橡胶管　4—割炬
5—乙炔胶管　6—回火保险器　7—乙炔减压器　8—乙炔瓶

2. 气割条件

金属进行气割需符合下列条件：

1）金属材料在纯氧中的燃点应低于熔点，否则金属材料在未燃烧之前就熔化了，不能实现切割。

2）金属氧化物的熔点必须低于金属的熔点，这样的氧化物才能以液体状态从切口处被吹除。

3）金属材料在切割氧中燃烧时应是放热反应，如是吸热反应，下层金属得不到预热，气割无法继续下去。

4）金属材料的导热性应小，导热太快会使金属切口温度很难达到燃点。

5）金属材料中含阻碍气割过程的元素（如碳、铬、硅等）和易淬硬的杂质（如钨、钼等）应少，以保证气割正常进行及不产生裂纹等缺陷。

符合上述条件的金属材料有低碳钢、中碳钢和低合金钢等，铸铁、不锈钢、铝和铜及其合金因不符合气割条件，均只能采用等离子切割、激光切割等。

3. 气割特点及应用

气割的效率高，成本低，设备简单，切割厚度可达300mm以上，并能在各种位置进行切割和在钢板上切割各种外形复杂的零件，因此，广泛地用于钢板下料、开焊接坡口等。

第二节 气焊与气割用材料

可燃气体的种类很多，目前应用最普遍的是乙炔气，其次是液化石油气。乙炔气与氧气混合燃烧产生的温度可达3000 ~ 3300℃。在生产中，氧乙炔焰常常被用来焊接较薄的钢件、低熔点材料及铸铁等，也常被用于火焰钎焊、堆焊以及钢结构变形后的火焰矫正等方面。氧乙炔焰的气割在钢材的下料及坡口的制备方面应用得就更为广泛了。

一、氧气

在常温常压下氧气是一种无色、无味、无毒的气体，在标准状态下（温度为0℃，压力0.1MPa）氧气的密度是1.429kg/m^3。

氧气本身虽不燃烧，但具有强烈的助燃作用。在高压或高温下的氧气与油脂等易燃物接触时，能引起强烈燃烧和爆炸，因此在使用氧气时，切不可使氧气瓶阀、减压器、焊炬、割炬及氧气橡胶管等沾上油脂。

氧气的纯度对气焊与气割的质量和效率有很大的影响，生产上用于焊接的氧气纯度要求在99.2%（体积分数）以上，用于气割的氧气纯度在98.5%（体积分数）以上。

二、电石

电石化学名称为碳化钙（CaC），是制取乙炔的原料。电石为块状固体，断面呈暗灰色或棕色。电石与水反应生成乙炔。

三、乙炔

乙炔是一种无色、带有臭味（所带杂质磷化氢的气味）的碳氢化合物，化学式为C_2H_2。在标准状态下，其密度是1.179kg/m^3。乙炔比空气轻，在常温常压下乙炔为气态，所以也称乙炔气。乙炔是可燃性气体，乙炔与空气混合燃烧时产生的火焰温度为2350℃，与氧气混合燃烧时产生的火焰温度为3000~3300℃，因此可足以迅速地将金属加热到较高温度进行焊接与切割。

乙炔是一种具有爆炸性危险的气体，在一定压力和温度下很容易发生爆炸。乙炔与铜或银长期接触后会生成爆炸性的化合物，凡是与乙炔接触的器具、设备，都不能用纯铜或含铜量超过70%（质量分数）的铜合金制造。使用乙炔必须要注意安全。如果将乙炔储存在毛细管中，其爆炸性就大大降低，即使把压力增高到2.7MPa也不会爆炸。由于乙炔能大量溶解于丙酮溶液中，就可利用乙炔的这个特性，将乙炔装入置有丙酮溶剂和多孔复合材料的乙炔瓶内储存和运输。

四、液化石油气

液化石油气是裂化石油的副产品，其主要成分是丙烷（C_3H_8）、丁烷（C_4H_{10}）、丙烯（C_3H_6）、丁烯（C_4H_8）和少量的乙烷（C_2H_6）、乙烯（C_2H_4）等碳氢化合物。液化石油气是一种略带臭味、无色的可燃气体，在常温常压下，它以气态形式存在，如果加压到0.8～1.5MPa，就会变成液态，便于装入瓶中储存和运输。

液化石油气与乙炔一样，与空气或氧气混合具有爆炸性。其燃烧的火焰温度可达2800～2850℃，比乙炔的火焰温度低，而且完全燃烧所需的氧气量也比乙炔的多。由于液化石油气价格低廉，比乙炔安全，质量较好。用它来代替乙炔进行金属切割和焊接，具有一定的经济意义。

五、汽油

汽油是一种液体燃料，它以液体形式储存于防爆储油箱内，与氧气混合燃烧产生温度可达3000～3300℃，与乙炔、丙烷、液化石油气相比可节省成本50%～80%，并且焊接、切割质量好。操作简单、安全防爆，经济、环保。使用汽油进行切割（或气焊）是新生代技术，其以独特的优势具有广阔应用前景，但受价格影响较大。

六、焊丝和气焊焊剂

1. 焊丝

焊丝是气焊时起填充作用的金属丝。在气焊过程中，焊丝被不断地送入熔池内，并与熔化的基体金属熔合形成焊缝。所以焊缝的质量在很大程度上和气焊丝的质量有关，为此必须给予重视。一般对气焊丝有如下要求：

1）焊丝的化学成分应基本上与焊件相符合，保证焊缝具有足够的力学性能。

2）焊丝表面应无油脂、锈斑及涂料等污物。

3）焊丝应能保证焊缝具有必要的致密性，即不产生气孔及夹渣等缺陷。

4）焊丝的熔点应与工件熔点相近，并在熔化时不产生强烈的飞溅或蒸发。

常用焊丝有碳钢焊丝、低合金钢焊丝、不锈钢焊丝、铸铁焊丝、铜及铜合金焊丝、铝及铝合金焊丝等。焊丝使用前应清除表面上的油、锈等污物。

2. 气焊熔剂

气焊熔剂是焊接时的辅助熔剂。其作用是与熔池内的金属氧化物或非金属夹杂物相互作用生成熔渣，覆盖在熔池表面，减少有害气体侵入，改善焊缝质量。气焊熔剂根据其作用可以分为两大类：一类是起化学作用的；另一类是起物理溶解作用的。起化学作用的熔剂又分成酸性和碱性两种。

气焊熔剂可预先涂在焊件的待焊处或焊丝上，也可以在气焊过程中将高温的焊丝端部在装有焊剂的器皿中蘸上焊剂，再添加到熔池中。常用气焊熔剂见表6-1。

表 6-1　气焊熔剂的种类、用途及性能

牌号	名称	适用材料	基本性能
CJ101	不锈钢及耐热钢气焊熔剂	不锈钢及耐热钢	熔点约为900℃，有良好的润湿作用，能防止熔化金属被氧化，焊后焊渣易清除
CJ201	铸铁气焊熔剂	铸铁	熔点约为650℃，呈碱性反应，有潮解性，能有效地去除铸铁在气焊时产生的硅酸盐和氧化物，可加速金属熔化
CJ301	铜气焊熔剂	铜及铜金合	熔点约为650℃呈酸性反应，能溶解氧化铜和氧化亚铜
CJ401	铝气焊熔剂	铝及铝合金	熔点约为560℃，呈碱性反应，能有效地破坏氧化铝膜，因具有潮解性，在空气中能引起铝的腐蚀，焊后必须将焊渣清除干净

第三节　气焊与气割用设备

气焊、气割用设备主要有氧气瓶、乙炔瓶、减压器、胶管、焊炬、割炬、回火保险器等。气割所用的乙炔瓶、氧气瓶和减压器与气焊相同，其连接示意图如图 6-4 所示，了解这些设备和工具的原理，对正确而安全地使用它们具有实际指导意义。

一、氧气瓶

氧气瓶是储存和运输氧气的一种高压容器。形状和构造如图 6-5 所示，由瓶体、瓶帽、瓶阀及瓶箍等组成。其外表涂天蓝色，瓶体上用黑色涂料（黑漆）标注“氧气”两字。常用气瓶的容积为 40L，在 15MPa 的压力下，可贮存 $6m^3$ 的氧气。由于瓶内压力高，而且氧气是极活泼的助燃气体，因此必须严格按照安全操作规程使用。

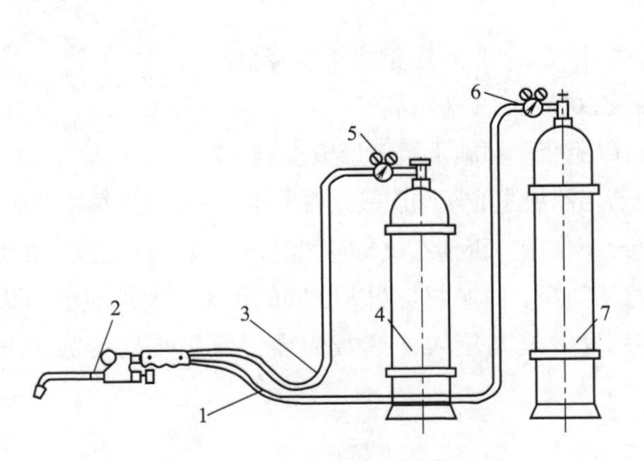

图 6-4　气焊、气割设备和工具的连接

1—氧气胶管　2—焊炬　3—乙炔胶管　4—乙炔瓶　5—乙炔减压器　6—氧气减压器　7—氧气瓶

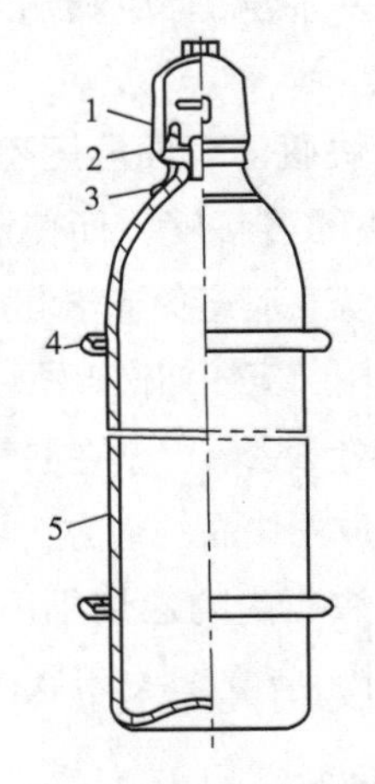

图 6-5　氧气瓶的构造

1—瓶帽　2—瓶阀　3—瓶箍　4—防振橡胶圈　5—瓶体

1）氧气瓶严禁与油脂接触。不允许用沾有油污的手或手套去搬运或开启瓶阀，以免发生事故。

2）夏季使用氧气瓶应遮阳防暴晒，以免瓶内气体膨胀超压而爆炸。

3）氧气瓶应远离易燃易爆物品，不要靠近明火或热源，其安全距离应在10m以上，与乙炔瓶的距离不小于3m。

4）氧气瓶一般应直立放置，安放要稳固，防止倾倒。取瓶帽时，只能用手或扳手旋取，禁止用铁锤等敲击。

5）冬季要防止冻结，如遇瓶阀或减压阀冻结，只能用热水或蒸汽解冻，严禁用明火直接加热。

6）氧气瓶内的氧气不应全部用完，最后要留0.1MPa的余压，以防其他气体进入瓶内。

7）氧气瓶运输时要检查防振胶圈是否完好，应避免互相碰撞。不能与可燃气体的气瓶、油料等同车运输。

二、乙炔瓶

乙炔瓶是一种储存和运输乙炔的容器。其形状与构造如图6-6所示。瓶体外面涂成白色，并标注红色“乙炔”“不可近火”字样。瓶内最高压力为1.5MPa。乙炔瓶内装着浸满丙酮的固态填料，能使乙炔稳定而安全地储存在乙炔瓶内。乙炔瓶阀下面的填料中心置石棉，以使乙炔容易从多孔性填料中分解出来。使用时分解出来的乙炔通过瓶阀流出，而丙酮仍留在瓶内，以便溶解再次灌入的乙炔。

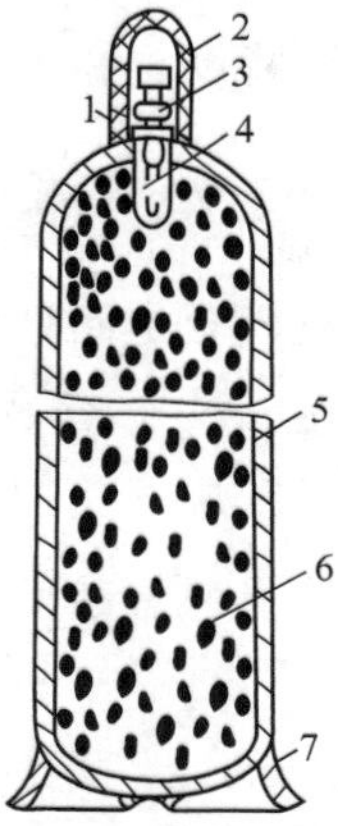

由于乙炔是易燃、易爆气体，使用中除必须遵守氧气瓶的使用规则外，还应严格遵守以下使用规则：

1）乙炔瓶应直立放置，不准倒卧，以防瓶内丙酮随乙炔流出而发生危险。

2）乙炔瓶体表面温度不得超过40℃，因为温度过高会降低丙酮对乙炔的溶解度，而使瓶内的乙炔压力急剧增高。

3）乙炔瓶应避免撞击和振动，以免瓶内填料下沉而形成空洞。

4）使用前应仔细检查乙炔减压器与乙炔瓶的瓶阀连接是否可靠，应确保连接处紧密。严禁在漏气的情况下使用，否则乙炔与空气混合，极易发生爆炸事故。

5）存放乙炔瓶的地方，要求通风良好。乙炔瓶与明火之间的距离，要求在10m以上。

6）乙炔瓶内的乙炔不可全部用完，当高压表的读数为零，低压表的读数为0.01～0.03MPa时，应立即关闭瓶阀。

图6-6 乙炔瓶的构造

1—瓶口 2—瓶帽 3—瓶阀 4—石棉 5—瓶体 6—多孔填料 7—瓶底

三、焊炬

1. 焊炬的作用

焊炬也称气焊枪，它是气焊操作的主要工具。焊炬的作用是使可燃气体（乙炔等）

与助燃气体（氧气）以一定比例在焊炬中混合均匀，并以一定的流速喷出燃烧而生成具有一定能量、成分和形状的稳定的焊接火焰，以进行气焊工作。因此，它在构造上应安全可靠、尺寸小、质量轻、调节方便。

2. 分类

焊炬按可燃气体与氧气混合的方式不同，可分为射吸式焊炬（低压焊炬）和等压式焊炬两类。

（1）射吸式焊炬的构造及原理

1）射吸式焊炬的工作原理。氧气由氧气通道进入喷射管，再从直径非常细小的喷嘴喷出。当氧气从喷嘴喷出时，就要吸出聚集在喷嘴周围的低压乙炔。这样氧气与乙炔就按一定比例混合，并以一定的流速经混合气体通道从焊嘴喷出，如图6-7所示。

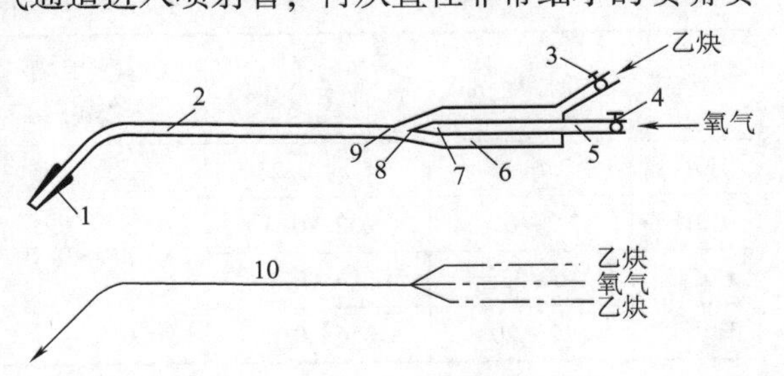

图6-7　射吸式焊炬的工作原理图

1—焊嘴　2—混合气体通道　3—乙炔调节阀　4—氧气调节阀　5—氧气通道　6—乙炔通道　7—喷射管　8—喷嘴　9—射吸管　10—混合气体

2）射吸式焊炬的构造。如图6-8所示，施焊时，打开氧气调节阀，氧气从喷嘴口快速射出，并在喷嘴外围造成负压，产生吸力；再打开乙炔调节阀，乙炔气即聚集在喷嘴的外围。由于氧气射流负压的作用，聚集在喷嘴外围的乙炔气即被氧气吸出，并按一定的比例与氧气混合，经过射吸管、混合气管后从焊嘴喷出。

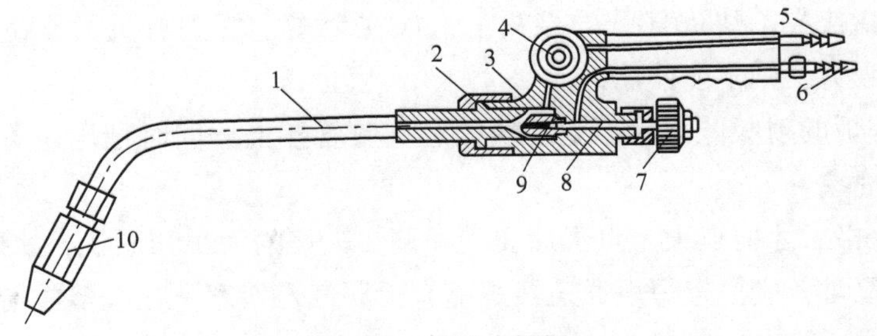

图6-8　射吸式焊炬

1—混合气管　2—射吸管　3—环形乙炔管　4—乙炔调节阀　5—乙炔管　6—氧气管　7—氧气调节阀　8—氧气射流针　9—射流孔座　10—焊嘴

3）射吸式焊炬的优缺点。射吸式焊炬的最大优点是可使用低压乙炔，而且在使用中压乙炔时也能保证正常工作，乙炔的压力在0.001～0.100MPa范围均可使用。缺点是在施焊过程中混合气体的成分不够稳定，需重新调整火焰或把焊嘴和混合管浸入水中冷却。

（2）等压式焊炬的构造及原理　等压式焊炬是氧气与可燃气体压力相等，混合室出口压力低于氧气及燃气压力的焊炬，其构造如图6-9所示。

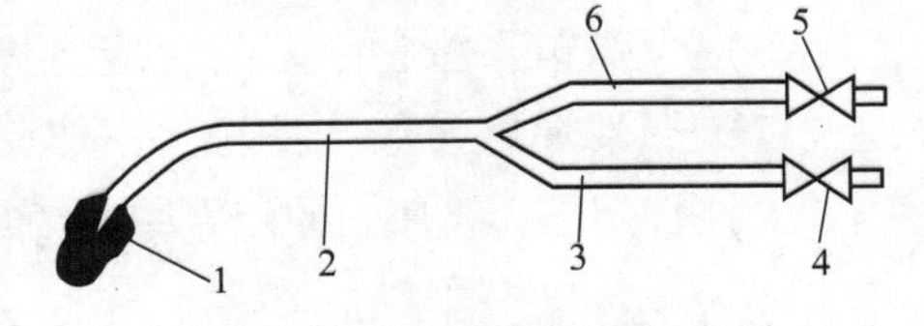

图6-9　等压式焊炬的构造

1—焊嘴　2—混合室　3—乙炔胶管　4—乙炔阀　5—氧气阀　6—氧气胶管

压力相等或相近的氧气、乙炔气同时进入混合室，工作时可燃气体流量保持稳定，火焰燃烧也稳定，并且不易回火。但它仅适用于中压乙炔气。

（3）焊割两用炬　焊割两用炬即在同一炬体上，装上气焊用附件可进行气焊，装上气割用附件可进行气割的两用器具。在一般情况下装成割炬形式，当需要气焊时，只需换下气管及割嘴，并关闭高压氧气阀即可。

3. 焊炬的规格

常用氧乙炔射吸式焊炬的规格及其参数见表6-2所示。

表6-2　常用射吸式焊炬型号及其参数

型号	焊接厚度/mm	氧气工作压力/MPa	乙炔使用压力/MPa	可换焊嘴个数	焊嘴孔径/mm				
					1	2	3	4	5
H01-2	0.5～2	0.1～0.25	0.001～0.10	5	0.5	0.6	0.7	0.8	0.9
H01-6	2～6	0.2～0.4			0.9	1.0	1.1	1.2	1.3
H01-12	6～12	0.4～0.7			1.4	1.6	1.8	2.0	2.2
H01-20	12～20	0.6～0.8			2.4	2.6	2.8	3.0	3.2

注：型号中H表示焊炬，0表示操作方式为手工，1表示射吸式，后缀数字表示可焊接的最大厚度，单位为mm。

4. 焊炬的安全使用

1）根据焊件的厚度选用合适的焊炬及焊嘴，并组装好。焊炬的氧气管接头必须接得牢固。乙炔管又不要接得太紧，以不漏气又容易插上、拉下为准。

2）焊炬使用前要检查射吸情况。先接上氧气胶管，但不接乙炔管，打开氧气和乙炔阀门，用手指按在乙炔进气管的接头上，如在手指上感到有吸力，说明射吸能力正常；如没有射吸力，则不能使用。

3）检查焊炬的射吸能力后，把乙炔的进气胶管接上，同时把乙炔管接好，检查各部位有无漏气现象。

4）检查合格后才能点火，点火后要随即调整火焰的大小和形状。如果火焰不正常，或者有灭火现象时，应检查焊炬通道及焊嘴有无漏气及堵塞。在大多数情况下，灭火是乙炔压力过低或通路有空气等。

5）停止使用时，先关乙炔阀门，后关氧气阀门，以防止火焰回烧和产生黑烟。当发生回火时，应迅速关闭乙炔和氧气阀门。待回火熄灭后，将焊嘴放入水中冷却，然后打开氧气阀门吹除焊炬内的烟灰，再重新点火。此外，在紧急情况下可将焊炬上的乙炔胶管拔下来。

6）焊嘴被飞溅物阻塞时，应将焊嘴卸下来，用通针从焊嘴内通过，清除脏物。

7）严禁焊炬与油脂接触，不能戴有油的手套点火。

8）焊炬不得受压，使用完毕或暂时不用时，要放到合适的地方或挂起来，以免碰坏。

四、割炬

1. 割炬的作用及分类

割炬是气割工作的主要工具。它的作用是将可燃气体与氧气以一定的比例和方式混合后，形成具有一定热量和形状的预热火焰，并在预热火焰的中心喷射出氧气进行气割。

割炬按用途不同可分为普通割炬、重型割炬、焊割两用炬等。按可燃气体进入混合室的方式不同，可分为射吸式割炬和等压式割炬两种。目前常用的是射吸式割炬。

2. 射吸式割炬的工作原理及构造

（1）工作原理 气割时，先开启预热氧气调节阀，再打开乙炔调节阀，使氧气与乙炔混合后，从割嘴喷出并立即点火。待割件预热至燃点时，即开启切割氧气调节阀。此时高速切割氧气流由割嘴的中心孔喷出，将割缝处的金属氧化并吹除。随着割炬的不断移动即在割件上形成割缝，如图6-10所示。

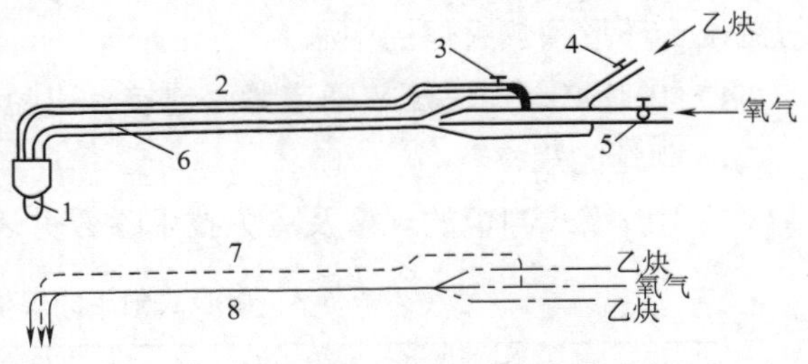

图6-10 射吸式割炬工作原理

1—割嘴 2—切割氧通道 3—切割氧开关 4—乙炔调节阀 5—氧气调节阀 6—混合气体通道 7—高压氧 8—混合气体

（2）构造 这种割炬的结构是以射吸式焊炬为基础，割炬的结构可分为两部分：一为预热部分，其构造与射吸式焊炬相同；另一部分为切割部分，它是由切割氧调节阀、切割氧通道以及割嘴等组成。射吸式割炬的构造如图6-11所示。

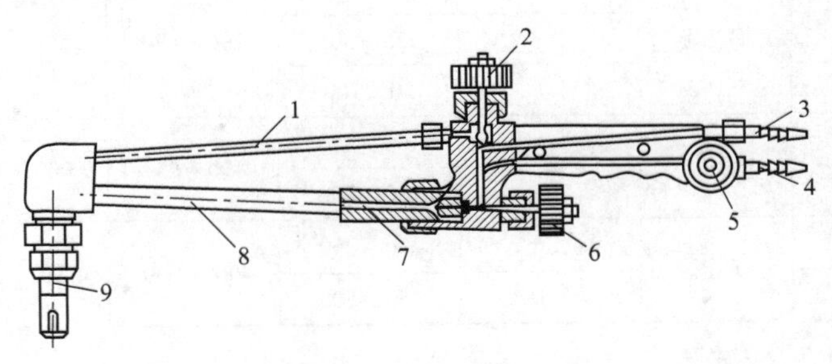

图6-11 射吸式割炬的构造

1—切割氧气管 2—切割氧气阀 3—氧气管 4—乙炔管 5—乙炔调节阀 6—氧气调节阀 7—射吸管 8—混合气管 9—割嘴

割嘴的构造与焊嘴不同，如图6-12所示。焊嘴上的喷射孔是小圆孔，所以气焊火焰呈圆锥形；而割嘴上的混合气体喷射孔是环形或梅花形的，因此作为气割预热火焰的外形呈环状分布。

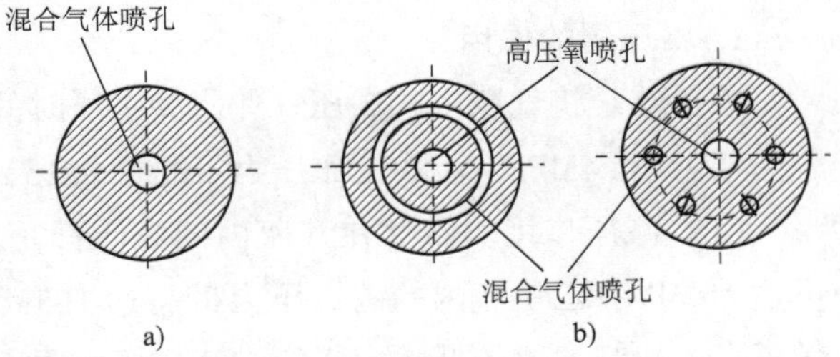

混合气体喷孔 高压氧喷孔 混合气体喷孔

a) b)

图6-12 割嘴与焊嘴的截面比较

a）焊嘴 b）割嘴

3. 割炬的使用

由于割炬的构造、工作原理以及使用方法基本上与焊炬相同，所以焊炬使用的注意事项都完全适用于割炬。此外在使用割炬时还应特别注意下列几点：

1）由于割炬内通有高压氧气，因此，必须特别注意割炬各个部分以及各处接头的紧密性，以免漏气。

2）切割时，飞溅出来的金属微粒与熔渣微粒很多，割嘴的喷孔很容易被堵塞，因此，应该经常用通针疏通，以免发生回火。

3）在装配割嘴时，必须使内嘴与外嘴严格保持同心，这样才能保证切割用的纯氧射流位于环形预热火焰的中心。

4）内嘴必须与高压氧通道紧密连接，以免高压氧漏入环形通道而把预热火焰吹熄。

4. 割炬的规格

常用射吸式割炬的规格及有关技术参数见表6-3。

表6-3　射吸式割炬的规格及有关技术参数

型号	配用割嘴	割嘴形式	切割氧孔径/mm	切割厚度范围/mm	氧气压力/kPa	气体消耗量/（L/h）	
						氧气	乙炔
G01-30	1	环形	0.7	3～10	196～294	800～2 200	210
	2		0.9	10～20			240
	3		1.0	20～30			310
G03-100	1	梅花形	1.0	16～25	294～490	2 200～7 300	350～400
	2		1.3	25～50			400～500
	3		1.6	50～100			500～600
G01-300	1	梅花形	1.8	100～150	490～637	9 000～14 000	680～780
	2		2.2	150～200			800～1 100
	3	环形	2.6	200～250	784～900	14 500～23 000	1 150～1 200
	4		3.0	250～300			1 250～1 600

注：1. 气体消耗量为参考数据。

2. 割炬型号的含义：G表示割炬；01表示射吸式；后缀数字表示能切割的最大厚度。

五、减压器

1. 减压器的作用

减压器是将气瓶内的高压气体降为工作时的低压气体的调节装置（氧气工作压力一般为0.1～0.4MPa，乙炔工作压力不超过0.15MPa），同时也能起到稳压的作用。

（1）减压作用　储存在气瓶内的气体都是高压气体，如氧气瓶内的氧气压力最高可达15MPa，乙炔瓶内的乙炔压力最高达1.5MPa；而气焊、气割工作中所需的气体工作压力一般都是比较低的，氧气的工作压力要求为0.1～0.4MPa，乙炔的工作压力则更低，最高也不会大于0.15MPa。因此在气焊、气割工作中必须使用减压器，气体经减压后才能输送给焊炬或割炬供使用。

（2）稳压作用　气瓶内气体的压力是随着气体的消耗而逐渐下降的，也就是说在气焊、气割工作中气瓶内的气体压力是时刻变化着的。但是在气焊、气割工作中所要求的气体工作压力必须是稳定不变的。减压器还具有稳定气体工作压力的作用，使气体工作压力不随气瓶内气体压力的下降而下降。

2. 减压器的分类

减压器按用途不同可分为集中式和岗位式两类；按构造不同可分为单级式和双级式两类；按工作原理不同又可分为正作用式和反作用式两类；减压器按使用气体不同可分为氧气减压器和乙炔减压器；目前常用的是单级反作用式减压器。

3. 减压器的使用

1）安装减压器之前，要稍微打开氧气瓶阀门，吹去污物，以防灰尘和水分带入减压器。氧气瓶阀开启时，出气口不能对着人体。减压器出气口与氧气胶管接头处必须用铜丝、铁丝或夹头紧固，防止送气后胶管脱开伤人。

2）应先检查减压器的调节螺钉是否松开，只有在松开状态下方可打开氧气瓶阀门。打开氧气瓶阀门时要慢慢开启，不要用力过猛，以防气体冲击损坏减压器及压力表。

3）减压器不得附有油脂。如有油脂，应擦洗干净后再使用。

4）减压器冻结时，可用热水或蒸汽解冻，不许用火烤。冬天使用时，可在适当距离安装红外线灯加温减压器，以防结冰。

5）用于氧气的减压器应涂蓝色，乙炔减压器应涂白色，不得互换使用。

6）减压器停止使用时，必须把调节螺钉旋松，并把减压器内的气体全部放掉，直到低压表的指针指向零值为止。

六、回火及回火保险器

1. 回火

（1）回火的种类　在气焊、气割工作中有时会发生气体火焰进入喷嘴内逆向燃烧的现象，称为回火。回火有逆火和回烧两种。

1）逆火。火焰向喷嘴孔逆行，同时伴有爆鸣声的现象，也称爆鸣回火。

2）回烧。火焰向喷嘴孔逆行，并继续向混合室和气体管路燃烧的现象，这种回火可能烧毁焊（割）炬、管路及引起可燃气体储罐的爆炸，也称倒袭回火。

（2）回火的原因　发生回火的根本原因是混合气体从焊炬喷射孔的喷出速度小于混合气体燃烧的速度。

混合气体的燃烧速度一般是不变的，如果由于某些原因使气体的喷射速度降低时，就有可能发生回火现象。影响混合气体喷射速度的原因有以下几点。

1）输送气体的软管太长、太细，或者曲折太多，这样使气体在管内流动的阻力变大，从而降低了气体的流速。

2）焊割时间太长或者割嘴太靠近焊（割）件，使焊（割）嘴温度升高，焊割炬内的气体压力也增高，从而增大了混合气体流动的阻力，降低了气体的流速。

3）焊割嘴端面粘附了许多飞溅出来的熔化金属微粒，堵塞了喷射孔，使混合气体不能通畅地流出。

4）输送气体的软管内壁粘附了杂质颗粒，增大了混合气体流动的阻力，降低了气体的流速。

5）气体管道内存在着氧乙炔的混合气体。

2. 回火保险器

为了防止回火的发生，必须在乙炔软管和乙炔瓶之间装置专门的防止回火的设备——回火保险器。

回火保险器的作用主要有两个：一是把倒流的火焰与乙炔瓶隔绝开来；二是在回烧发生时立即将乙炔的来源断绝，残留在回火保险器内的乙炔烧完后，倒流的火焰即自行熄灭。

3. 回火现象的处理

一旦发生回火，应迅速关闭乙炔调节阀门和氧气调节阀门，切断乙炔和氧气的来源。当回火火焰熄灭后，再打开氧气阀门，将残留在焊割炬内的余焰和烟灰彻底吹除，重新点燃火焰继续进行工作。若工作时间很长，焊割炬过热可放入水中冷却，清除喷嘴上的飞溅物后，再重新使用。

七、辅助工具

1. 橡胶软管

氧气瓶和乙炔发生器（或溶解乙炔瓶）中的气体需用橡胶软管输送到焊炬（或割炬）中，按有关规定：氧气软管为红色，乙炔软管为绿色或黑色。一般氧气软管内径为8mm，允许工作压力为1.5MPa；乙炔软管内径为10mm，允许工作压力为0.5MPa。连接焊炬和割炬的软管长度一般为10～15m，橡胶软管禁止油污及漏气，并严禁互换使用。

2. 软管接头

焊炬和割炬用软管接头由螺纹管、螺母及软管组成，其结构如图6-13所示。内径为5mm的胶管所用的氧气软管接头，其螺纹尺寸为M16×1.5mm，内径为10mm的燃气软管接头，螺纹尺寸为M18×1.5mm。软管接头可分为普通型（A型）与快速接头（B型）两种。

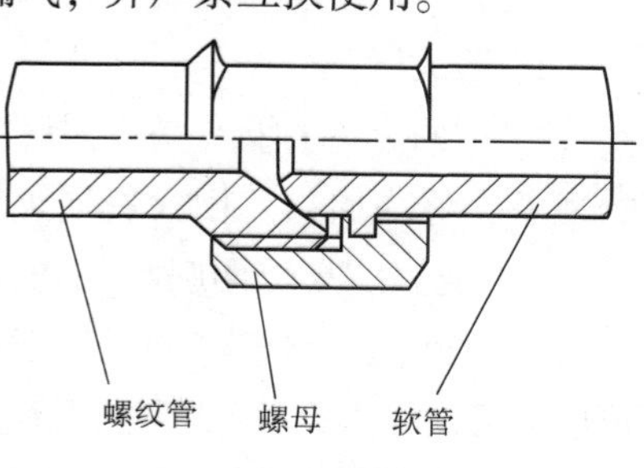

图6-13 软管接头结构

3. 护目镜

气焊时，焊工应戴护目镜进行操作，主要是保护焊工的眼睛不受火焰亮光的刺激，防止飞溅金属微粒溅入眼睛内。护目镜片的颜色和深浅应根据焊工的视力、焊枪的大小和被焊材料的性质选用，一般宜用3～7号黄绿色镜片。

4. 点火枪

点火枪是气焊与气割时的点火工具，采用手枪式点火枪最为安全。

辅助工具除上述几种外，还有清理焊缝用的工具如钢丝刷、錾子、锤子、锉刀等，连接和启闭气体通路的工具如钢丝钳、活扳手、铁丝等。此外每个焊工都应备有粗细不等的三棱式钢质通针一套，用于清除堵塞焊嘴或割嘴的脏物。

第四节 气焊与气割工艺

一、气焊焊接参数

气焊焊接参数主要包括焊接坡口形式、火焰种类、焊丝直径、气焊焊剂、火焰能率、焊炬的倾斜角度、焊接方向、焊接速度等。

1. 焊接接头形式及坡口

（1）接头形式 气焊可以在平、立、横、仰各种空间位置进行焊接，接头形式主要采用对接接头、角接接头和卷边接头。气焊只在焊接薄板时用。搭接接头和T形接头应用很少，因为这种接头会使焊件焊后产生较大的变形。

（2）坡口形式 对接接头中，当钢板厚度大于5mm时，必须开坡口。应该指出，厚焊件只有在不得已的情况下才采用气焊，一般应采用电弧焊。

焊接低碳钢时，其对接与角接接头的钢板坡口形式见表6-4。

表6-4 低碳钢对接焊接及角接焊接的钢板坡口形式 （单位：mm）

坡口形式		各种尺寸		
图示	名称	板厚/δ	间隙/b	钝边/p
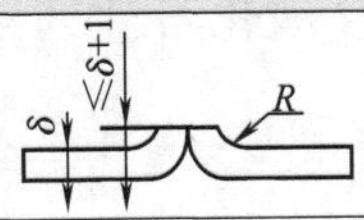 δ, $\leqslant\delta+1$, R	卷边坡口	0.5~1	—	—
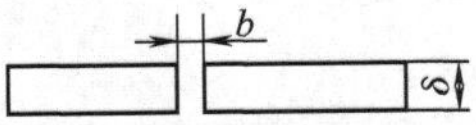 b, δ	I形坡口	1~3	0~0.5	1~2
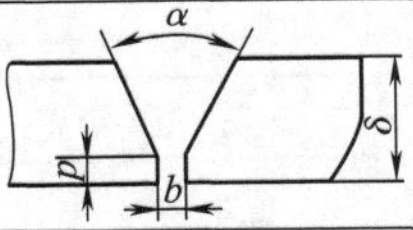 α, δ, p, b	Y形坡口	3~6 4~15	0~2.5 2~4	— 1.5~3
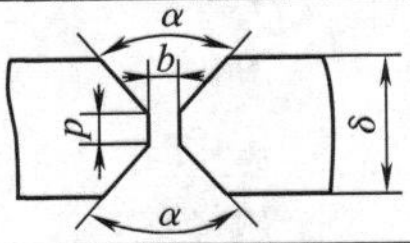 α, b, p, δ, α	双Y形坡口	>10	2~4	2~4
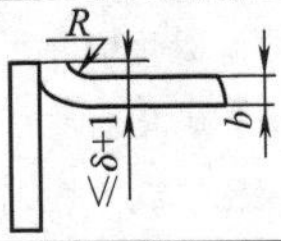 R, $\leqslant\delta+1$, b	卷边	0.5~1	—	1~2
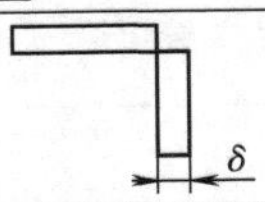 δ	不开坡口	<4	—	—
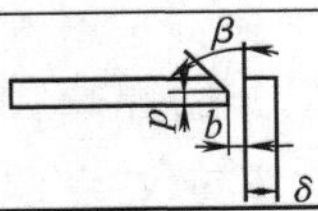 β, p, b, δ	单边V形坡口	>4	1~2	—

2. 焊接火焰

（1）火焰的性质及调节　气焊（割）火焰一般为氧和乙炔混合燃烧所形成的火焰，根据氧与乙炔的混合比不同，可得到三种不同性质的火焰，即中性焰、碳化焰和氧化焰。三种火焰的外形、构造及火焰的温度分布各不相同，如图6-14所示。

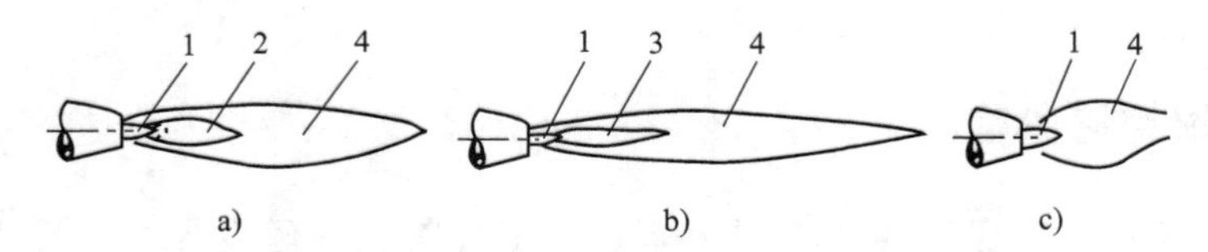

图6-14　氧乙炔焰

a）中性焰　b）碳化焰　c）氧化焰

1—焰心　2—内焰（暗红色）　3—内焰（淡白色）　4—外焰

中性焰是氧乙炔混合比为1～1.2时燃烧所形成的火焰。中性焰应用最广泛，常用于焊接低碳钢、中碳钢、低合金钢、不锈钢、纯铜等。

碳化焰是氧乙炔混合比小于1时燃烧所形成的火焰。碳化焰具有较强的还原作用，也有一定的渗碳作用。轻微碳化的碳化焰适用于气焊高碳钢、铸铁、硬质合金等。

氧化焰是氧乙炔混合比大于1.2时燃烧所形成的火焰。氧化焰有过量的氧，因此，氧化焰有氧化性。轻微氧化的氧化焰适用于气焊黄铜、锰黄铜、镀锌铁皮等，可减少锌的蒸发。

中性焰焰心外2～4mm处温度最高，达3150℃，此处的热效率最高，保护效果最好。气割的预热火焰用中性焰。此外，氧乙炔的代用气体有氧丙烷（液化石油气）和氧甲烷（天然气）

（2）气焊火焰的选择

各种材料气焊与火焰性质的关系见表6-5。

表6-5　各种材料气焊火焰性质的选择

焊件金属	火焰性质	焊件金属	火焰性质
低、中碳钢	中性焰	锰钢	氧化焰
低合金钢	中性焰	镀锌铁皮	氧化焰
纯铜	中性焰	高碳钢	碳化焰
铝及铝合金	中性焰或轻微碳化焰	硬质合金	碳化焰
铅、锡	中性焰	高速工具钢	碳化焰
青铜	中性焰	铸铁	碳化焰
不锈钢	中性焰或轻微碳化焰	镍	碳化焰或中性焰
黄铜	氧化焰	蒙乃尔合金	碳化焰

3. 焊丝的选择

气焊时应根据焊件材料的力学性能或化学成分，选择相应性能或成分的焊丝，常用的碳钢焊丝牌号有H08、H08A、H08MnA等，焊丝直径要根据焊件的厚度来决定。焊丝直径与焊件厚度的关系见表6-6。

表6-6 焊丝直径与焊件厚度的关系

焊件厚度/mm	0.5~2	2~4	3~5	5~10
焊丝直径/mm	1~2	2~3	3~4	3~5

4. 气焊焊剂

气焊焊剂的选择要根据焊件的成分及其性质而定。一般碳素结构钢气焊不必用熔剂。但在焊接有色金属、铸铁以及不锈钢等材料时，必须采用气焊焊剂。其牌号的选择见表6-1。

5. 火焰能率的选择

火焰能率是以每小时可燃气体（乙炔）的消耗量（L/h）来确定的。而火焰能率又取决于焊炬型号和焊嘴大小。焊嘴孔径越大，火焰能率也就越大，反之则越小。一般来说，焊接厚度较大、熔点较高、导热性好的工件，要选用较大的火焰能率；焊接小件、薄件或是立焊、仰焊等，火焰能率要适当减小。

6. 焊炬的倾斜角度

焊炬的倾角即焊炬与焊件间的夹角。其大小主要取决于焊件的厚度和材料的熔点以及导热性。焊炬倾角大小要根据焊件厚度、焊炬大小及施焊位置来确定。在焊接厚度较大、熔点较高、导热性好的工件时，为使热量集中，焊炬倾角就要大些；反之，焊炬倾角就要相应地减小。如图6-15所示，在气焊过程中，焊丝与焊件表面的倾斜角度一般为30°~40°，它与焊炬中心线的角度为90°~100°。在焊接过程中，根据选择原则视具体情况的不同灵活改变焊炬倾角，如图6-16所示。

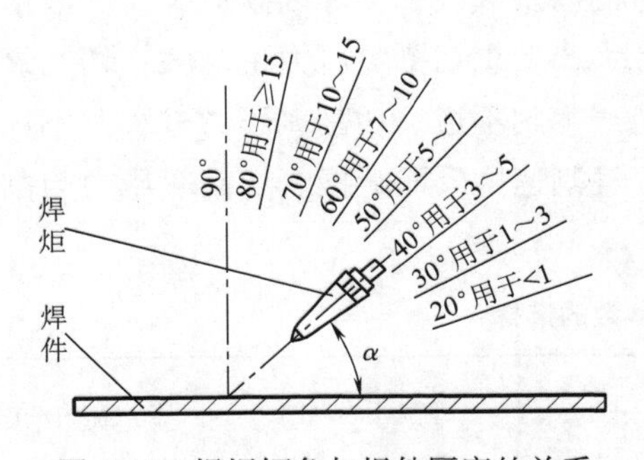

图6-15 焊炬倾角与焊件厚度的关系

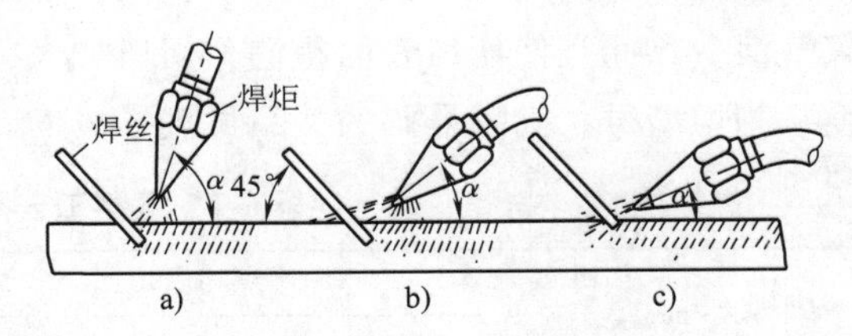

图6-16 焊接过程中焊炬倾角的变化示意图
a）焊前预热 b）焊接过程中 c）焊接结束填满

7. 焊接方向

气焊时，按照焊炬和焊丝的移动方向，可分为左向焊法和右向焊法两种。这两种方法对焊接生产率和焊缝质量影响很大。

（1）右向焊法 右向焊法如图6-17a所示，焊炬指向焊缝，焊接过程自左向右，焊炬在焊丝前面移动。焊炬火焰直接指向熔池，并遮盖整个熔池，使周围空气与熔池隔离，所以能防止焊缝金属的氧化和减少产生气孔的可能性，同时还能使焊好的焊缝缓慢地冷却，改善了焊缝组织。由于焰心距熔池较近及火焰受焊缝的阻挡，火焰的热量较集中，热量的利用率也较高，使熔深增加和提高生产率。所以右向焊法适合焊接厚度较大，熔点及导热性较高的焊件。但右向焊法不易掌握，一般采用较少。

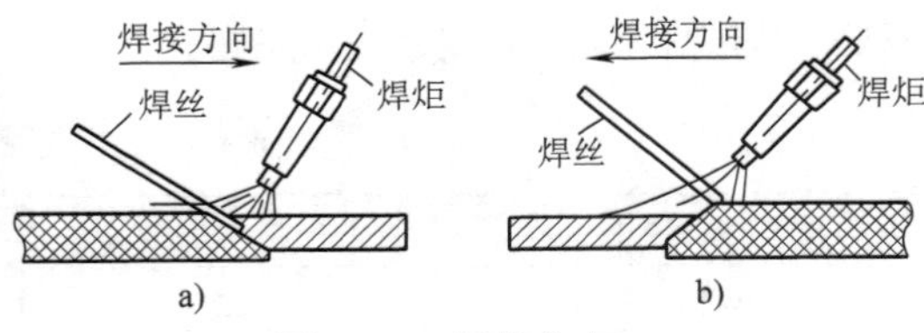

图 6-17　焊接方向
a）右向焊法　b）左向焊法

（2）左向焊法　左向焊法如图 6-17b 所示，焊炬是指向焊件未焊部分，焊接过程自右向左，而且焊炬是跟着焊丝走。

左向焊法由于火焰指向焊件未焊部分对金属有预热作用，因此焊接薄板生产率很高，同时这种方法操作简便，容易掌握，是普遍应用的方法。但左向焊法缺点是焊缝易氧化，冷却较快，热量利用率低，故适宜于薄板的焊接。

8. 焊接速度

根据不同焊件结构、焊件材质、焊件材料的热导率，并根据焊工的操作熟练程度来选择焊接速度。一般来说，对于厚度大、熔点高的焊件，焊接速度要慢些，以避免产生未熔合的缺陷；对于厚度小、熔点低的焊件，焊接速度要快些，以避免产生烧穿的缺陷。

二、气割工艺参数

气割工艺参数主要包括切割氧压力、预热火焰能率、割嘴与被割工件表面距离、割嘴与被割工件表面倾斜角和切割速度等。上述参数的选择主要取决于割件厚度。

1. 气割氧压力

切割氧压力与割件厚度、割炬型号、割嘴号码以及氧气纯度等因素有关。一般情况下，割件越厚，所选择的割炬型号、割嘴号码较大，要求切割氧压力也越大；切割氧压力过低，会使切割过程缓慢，易形成粘渣，甚至产生割不透。切割氧压力过大，不仅造成氧气浪费，而且使切口表面粗糙，切口加大，气割速度反而减慢。切割氧压力与割件厚度、割炬型号、割嘴号码的关系见表 6-7。

表 6-7　气割工艺参数的选择

割件厚度/mm	割炬		氧气压力/MPa	乙炔压力/kPa
	型号	割嘴号码		
3.0 以下	G01—30	1～2	0.29～0.39	1～120
3.0～12		1～2	0.39～0.49	
12～30		2～4	0.49～0.69	
30～50	G01—100	3～5	0.49～0.69	1～120
50～100		5～6	0.59～0.78	
100～150	G01—300	7	0.78～1.18	
150～200		8	0.98～1.37	
200～250		9	0.98～1.37	

2. 气割速度

气割速度与工件厚度和使用的割嘴形状有关。工件越厚，气割速度越慢；反之，工件越薄，气割速度应越快。气割速度太慢，会使割缝上缘熔化，切口加宽；气割速度过快，会产生很大的后拖量，甚至割不透。

所谓后拖量，就是在切割过程中，切割面上的切割氧流轨迹的始点与终点在水平方向上的距离，氧乙炔切割的后拖量如图 6-18 所示。切割速度的选择应以尽量使切口产生的后拖量较小为原则，以保证气割质量。

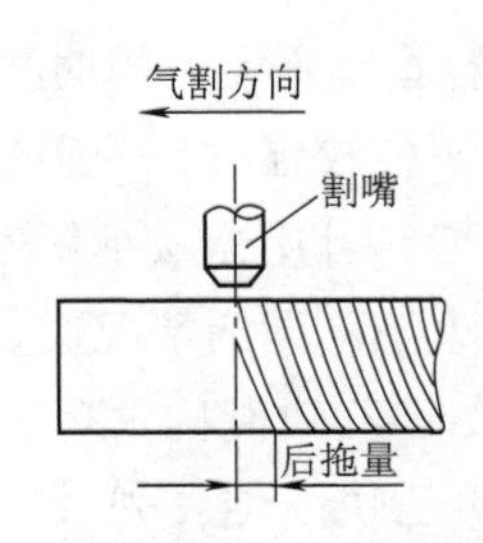

图 6-18　氧乙炔气割的后拖量

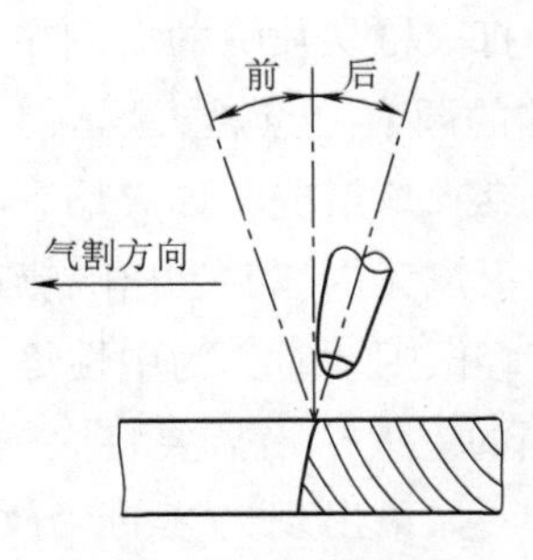

图 6-19　割嘴倾角示意图

3. 预热火焰能率

预热火焰能率是以每小时可燃气体消耗量来表示的。它主要取决于割件厚度。一般割件越厚，火焰能率越大。火焰能率过大时，割件切口边缘棱角被熔化，过小时，预热时间增加，切割速度减慢或割不透。

预热火焰应采用中性焰或轻微氧化焰。碳化焰因有游离状态的碳，会使切口边缘增碳，故不能使用。

4. 割嘴与割件的倾角

割嘴与割件的倾角对气割速度和后拖量有很大的影响，它主要取决于割件的厚度。当割嘴沿气割相反方向倾斜一定角度时（后倾），可充分利用燃烧反应产生的热量来减少后拖量，从而促使切割速度的提高，如图 6-19 所示。割嘴与割件的倾角与割件厚度的关系见表 6-8。

表 6-8　割嘴与割件的倾角与割件厚度的关系

割件厚度/mm	<6	6～30	>30		
			起割	割穿后	停割
倾斜方向	后倾	垂直	前倾	垂直	后倾
倾斜角度	25°～45°	0°	5°～10°	0°	5°～10°

5. 割嘴与割件表面间距

应根据预热火焰长度及割件的厚度来决定。一般预热火焰焰心离开割件表面的距离应保持在 3～5mm，当割件厚度较小时，火焰可长些，距离可适当加大；当割件厚度较大时，由于气割速度放慢，火焰应短些，距离应适当减小。要注意防止因割嘴与割件距离太小，喷溅的熔渣堵塞割嘴，引起回火现象。

三、气焊操作

1. 气焊火焰的点燃、调节和熄灭

（1）焊炬的握法　将拇指位于乙炔阀门处，食指位于氧气阀门处，其余三指握住焊炬柄。

（2）火焰的点燃　先微微打开氧气阀门放出少量氧气，再微开乙炔阀门放出少量乙炔，然后用打火枪从喷嘴的后侧靠近点燃火焰。

（3）火焰的调节　点燃火焰后，再将乙炔流量适当调大，同时再将氧气流量适当调大；此时观察火焰情况，如火焰有明显的内焰，颜色较红时，为碳化焰，可适当加大氧气流量；如火焰无内焰并发出嘶嘶声时，为氧化焰，可适当减小氧气流量；如火焰的内焰较短并有轻微闪动时，为中性焰。可根据各种火焰不同的情况进行调节。

（4）火焰的熄灭　当需要将火焰熄灭时，应先将乙炔阀门关闭，再将氧气阀门关闭。在点火时，如果出现连续的“放炮”声，说明乙炔不纯，先放出不纯的乙炔，然后重新点火；如出现不易点燃的现象，可能是氧气太多，将氧气的量适当减少后再点火。此外，在操作中不要将阀门关得过紧，以防止磨损过快而降低焊炬的使用寿命。

2. 气焊方向

气焊操作分为左向焊法与右向焊法两种，如图 6-17 所示。

3. 焊炬和焊丝的摆动

在焊接过程中，为了获得优质美观的焊缝，焊炬与焊丝应做均匀协调的摆动。通过摆动使焊件金属熔透均匀，并避免焊缝金属过热或过烧。在焊接某些有色金属时，要不断地用焊丝搅动金属熔池，以利于熔池中各种氧化物及有害气体的排出。

气焊时焊炬有两种动作，即沿焊接方向的移动和垂直于焊缝的横向摆动。对于焊丝，除了与焊炬同样的两种动作外，由于焊丝的不断熔化，还必须有向熔池的送进动作，并且焊丝末端应均匀协调地上、下跳动，否则会造成焊缝高低不平、宽窄不匀的现象。焊炬与焊丝的摆动方法和工件厚度、性质、空间位置及焊缝尺寸等有关，常见的几种摆动方法如图 6-20 所示。

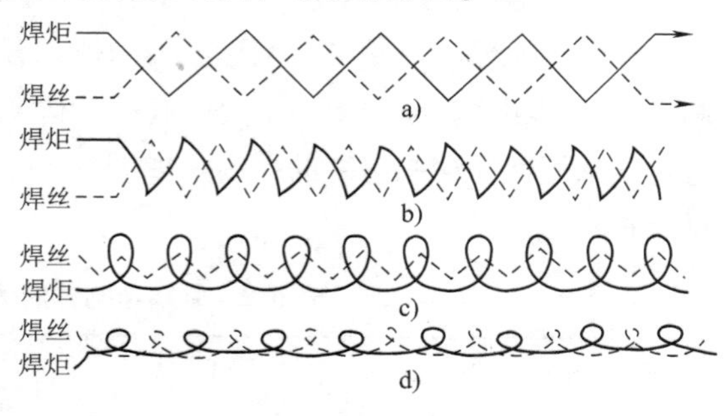

图 6-20　焊炬和焊丝的摆动方法

a）右摆法　b）、c）、d）左摆法

4. 气焊操作

（1）点火　点火前，先开氧气阀门，再微开乙炔阀门，用点火枪或火柴点火。正常情况下应采用专用的打火枪点火。在无打火枪的条件下，也可用火柴来点火，但须注意操作者的安全，不要被喷射出的火焰烧伤。开始为碳化焰，此时应逐渐加大氧气流量，将火焰调节为中性焰或者略微带氧化性质的火焰。

（2）焊道的起头　自焊件右端开始加热焊件，火焰指向待焊部位，焊丝的端部置于火焰的前下方，距焰心3mm左右，如图6-21所示。开始加热时，注意观察熔池的形成，而且焊丝端部应稍加预热，待熔池形成时，便可熔化焊丝，将焊丝熔滴滴入熔池，而后将焊丝抬起，形成新的熔池。

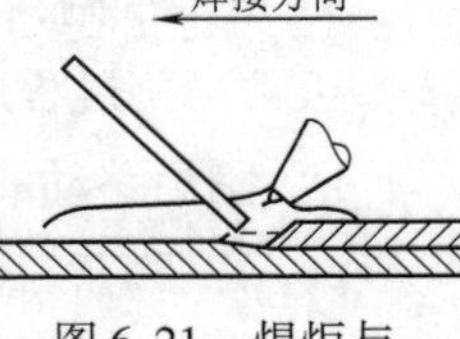

图6-21　焊炬与焊丝端头的位置

（3）焊炬和焊丝的运动　在焊接过程中，焊炬和焊丝应作出均匀和谐的摆动，要既能将焊缝边缘良好熔透，又能控制好液体金属的流动，使焊缝成形良好，同时还要保证焊件不至于过热。焊炬和焊丝要做沿焊接方向的移动、垂直于焊缝方向的横向摆动，焊丝还有垂直向熔池送进三个方向的运动。

（4）焊道的接头　在焊接过程中，当中途停顿后继续施焊时，应将火焰把原熔池重新加热熔化形成新的熔池之后再加焊丝，重新开始焊接，每次焊道与前焊道重叠5～10mm，重叠部分要少加焊丝或不加焊丝。

（5）焊道的收尾　当焊接接近焊件终点时，先减小焊炬与焊件的夹角，同时要增大焊接速度和加丝量，焊至终点处，在终点时先填满熔池，再将焊丝移开，用外焰保护熔池2～3s，再将火焰移开。

四、气割操作

1. 点火

点火前，先开乙炔阀门，再微开氧气阀门，用点火枪或火柴点火。正常情况下应采用专用的打火枪点火。在无打火枪的条件下，也可用火柴来点火，但须注意操作者的安全，不要被喷射出的火焰烧伤。开始为碳化焰，此时应逐渐加大氧气流量，将火焰调节为中性焰或者略微带氧化性质的火焰。

2. 操作姿势

双脚成“八”字形蹲在割件一旁，右手握住割炬手柄，同时用拇指和食指握住预热氧的阀门，右臂靠右膝盖，左臂悬空在两脚中间，左手的拇指和食指控制切割氧的阀门，其余手指平稳地托住混合管，左手同时起把握方向的作用。上身不要弯得太低，呼吸要有节奏，眼睛注视割件和割嘴，切割时注意观察割线，注意呼吸要均匀、有节奏。

气割时，先点燃割炬，调整好预热火焰，然后进行气割。气割操作姿势因个人习惯而不同。初学者可按基本的“抱切法”练习，如图6-22所示。气割时的手势如图6-23所示。

图6-22　抱切法姿势

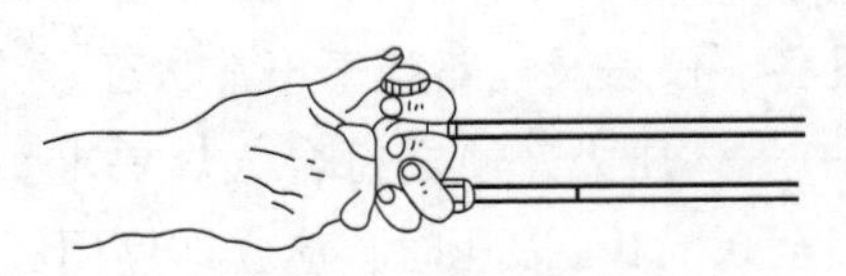
图6-23　气割时的手势

3. 正常气割

正常切割过程起割后，即进入正常的气割阶段。整个过程中要做到：

1）割炬移动的速度要均匀，割嘴到割件表面的距离应保持一定。

2）若切口较长，气割者的身体要更换位置时，应先关闭切割氧阀门，移动身体，再对准切口的切割处重新预热起割。

3）在气割过程中，有时会由于各种原因而出现爆鸣和回火现象，此时应迅速关闭切割氧调节阀门，火焰会自动在割嘴外正常燃烧；如果在关闭阀门后仍然听到割炬内还有嘶嘶的响声，说明火焰没有熄灭，应迅速关闭乙炔阀门。

4）气割结束时，应迅速关闭切割氧阀门，再相继关闭乙炔阀门和预热氧阀门，再将割嘴从割件上移开。

第二部分　生产实习

项目一　薄板平对接气焊技术

要求：将两块200mm×100mm×2mm低碳钢板对接气焊。

教学目的：通过本课题的学习，了解低碳钢薄板平对接气焊技术，掌握基本气焊方法。熟悉和正确使用气焊设备，了解常见故障产生的原因及排除方法。

重点：气焊工艺。

难点：气焊基本操作方法

教学内容：

一、操作准备

1. 焊前准备

1）焊件准备：低碳钢板，规格尺寸为200mm×100mm×2mm，每组两块。

2）焊接材料准备：氧气，乙炔，H08型焊丝、直径为ϕ1.6mm。

3）设备与工具准备：氧气瓶、乙炔瓶、氧气减压器、乙炔减压器、H01-6型射吸式焊炬、辅助工具（护目镜、通针、扳手、点火枪、钢丝刷、钢丝钳等）。

4）对所用设备、气体及其减压装置和工作点可燃气供气接头等，均应进行仔细检查，保证设备、仪表及气路处于正常状态。

5）检查气体压力，使之符合气焊要求。当瓶装氧气压力用至0.1～0.2MPa表压，瓶装乙炔用至0.1MPa表压时，应立即停用，并关阀保留其余气，液化石油气瓶将要用完时，也应留有余气，以便充装时检查余气和防止其他气体进入瓶内。

2. 焊前清理

将焊件待焊处两侧的氧化皮、铁锈、油污、脏物等用角向磨光机、钢丝刷或砂布进行清理，使焊件露出金属光泽。由于工件较薄，可用I形坡口。

3. 定位焊

(1) 定位焊　将两块钢板水平对接放置在耐火砖上，预留0.5~1mm的间隙，定位焊按图6-24所示的顺序进行，间隔50mm，每段定位焊长度为5~7mm。本次操作可定位4~5点。

(2) 反变形　定位焊后的焊缝，预先制作20°左右的反变形，如图6-25所示。

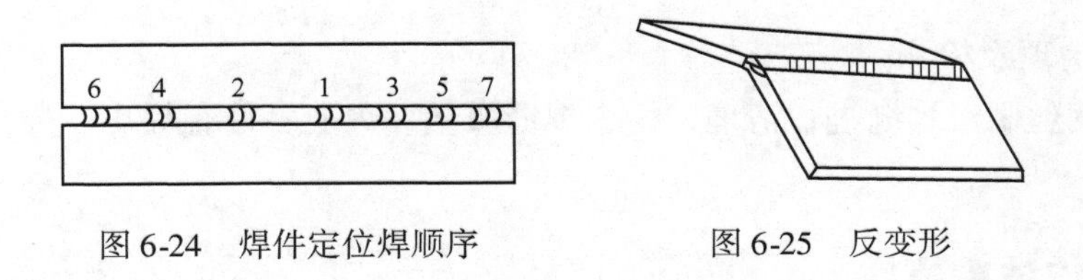

图6-24　焊件定位焊顺序　　图6-25　反变形

二、操作步骤

1. 焊接

1）打开氧气调节阀，氧气即从喷嘴口快速射出，并在喷嘴外围造成负压（吸力），再打开乙炔调节阀，乙炔气即聚集在喷嘴的外围。由于氧射流负压的作用，聚集在喷嘴外围的乙炔很快地被氧气吸入，并按一定的比例（体积比约为1:1）与氧气混合，并以相当高的流速经过射吸管混合后从焊嘴喷出。

2）焊接时左手拿焊丝，右手拿焊炬，左向焊法焊接，如图6-26所示。采用反向起头焊法，如图6-27所示，从距右端30mm处进行施焊，待焊至终点后再从原起焊点左侧5mm处进行反向施焊并焊满整个焊缝。焊缝余高为1~2mm，焊缝宽度为6~8mm为宜。施焊过程中要使小熔孔不断前移，同时要不断地向熔池中添加焊丝，以形成焊缝。焊炬一般做圆圈形运动，一方面可以搅拌熔池金属，有利于杂质和气体的逸出，从而避免夹渣和气孔等缺陷的产生；另一方面也可以调节并保持熔孔直径。中途停止焊接后，若需要继续施焊时，必须将前一焊缝的熔坑熔透，然后再用“穿孔焊法”向前施焊。收尾时，可稍稍抬起焊炬，用外焰保护熔池同时不断地添加焊丝，直至收尾处的熔池填满后，方可撤离焊炬。

3）焊接过程焊炬和焊丝的摆动方法如前所述。焊接过程中如发现熔池不清，有气泡、火花飞溅或熔池沸腾现象，应及时将火焰调整为中性焰，然后继续进行焊接；始终控制熔池大小的一致，如出现熔池过小，焊丝不能与焊件熔合，应增大焊炬的倾角，减小焊接速度，如出现熔池过大，应迅速提起焊炬或减小焊炬的倾角、增大焊接速度，并要多加焊丝。

如发现火焰发出呼呼的响声，说明气体的流量过大，应立即调节火焰能率；如发现焊缝过高，与母材金属熔合不良，说明火焰能率太低，应调大火焰能率并减慢焊接速度。

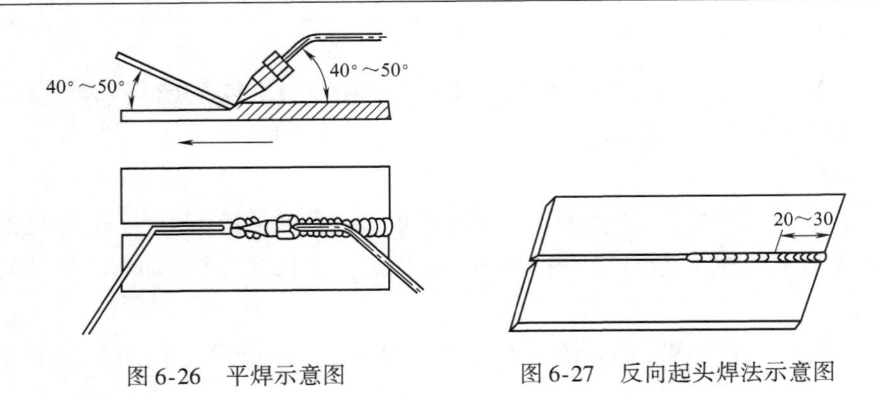

图 6-26　平焊示意图　　图 6-27　反向起头焊法示意图

2. 焊后清理及检测

焊后用钢丝刷对焊缝进行清理，检查焊缝质量。焊缝不可有焊瘤、烧穿、凹陷、气孔等缺陷。

三、操作注意事项

1）定位焊产生缺陷时，必须铲除或打磨修补，以保证质量。

2）焊缝边缘与母材金属要圆滑过渡，无咬边。

3）焊缝背面必须均匀焊透。

4）焊接时如发生回火，要严格按照处理回火的方法进行处理。

四、操作要领

1）在焊接过程中，焊炬的倾角要不断变化。预热时，焊炬倾角为 50°～70°；正常焊接时，焊炬倾角为 30°～50°；收尾时，焊炬倾角为 20°～30°。此为控制熔池温度的关键。

2）可在焊件上做平行多条多道练习，各条焊道以间隔 20mm 左右为宜。

3）焊接时注意焊缝的宽度、高度和直线度，以保证焊缝的美观。

4）用左焊法焊接达到要求后，可进行右向焊法的练习。

项目二　小直径管平对接气焊技术

要求：将两根 ϕ60mm × 100mm × 5mm 低碳钢管对接气焊（可转动）。

教学目的：通过本课题的学习，使大家了解低碳钢小径管平对接气焊技术，掌握基本气焊方法。熟悉和正确使用气焊设备，了解常见故障产生的原因及排除方法。

重点：气焊工艺。

难点：气焊基本操作方法。

教学内容：

一、操作准备

1. 焊前准备

1）焊件准备：低碳钢管 ϕ60mm，壁厚为 5mm，长度为 100mm，每组两根。

2）焊接材料准备：氧气；乙炔；H08 焊丝，直径为 1.6mm。

3）设备与工具准备：氧气瓶、乙炔瓶、氧气减压器、乙炔减压器、H01-6 型射吸式焊炬、辅助工具（护目镜、通针、扳手、点火枪、钢丝刷、钢丝钳等）。

4）对所用设备、气体及其减压装置和工作点可燃气供气接头等，均应进行仔细检查，保证设备、仪表及气路处于正常状态。

5）检查气体压力，使之符合气焊要求。当瓶装氧气压力用至 0.1～0.2MPa 表压，瓶装乙炔用至 0.1MPa 表压时，应立即停用，并关阀保留其余气，液化石油气瓶将要用完时，也应留有余气，以便充装时检查余气和防止其他气体进入瓶内。

2. 焊前清理

（1）开坡口　将两管的接缝处加工成带钝边的 V 形坡口，坡口角度为 60°，钝边 0.5mm，如图 6-28 所示。

（2）清理　将管件待焊处两侧的氧化皮、铁锈、油污、脏物等用角向磨光机、钢丝刷或砂布进行清理，去除附着物，使焊件露出金属光泽。

3. 定位焊

将管子置于水平位置，在 V 形块上进行装配，装配间隙为 1.5～2.0mm。沿圆周方向，在坡口内定位焊 3 点，对称分布；也可定位焊两点，第 3 点处起焊，如图 6-28 所示。

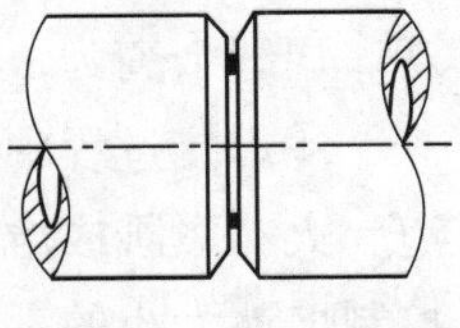

图 6-28　小径管对接

定位焊是一道非常重要的工序，它的好坏直接影响焊接质量。因此焊工操作时应注意以下几点：

1）定位焊必须采用与正式焊接相同的焊丝和火焰。

2）焊点起头和收尾应圆滑过渡。

3）开坡口的焊件定位焊时，焊点高度不应超过焊件厚度的 1/2。

4）定位焊必须焊透，不允许出现未熔合、气孔、裂纹等缺陷。

二、操作步骤

1. 焊接

1）打开氧气调节阀，氧气即从喷嘴口快速射出，并在喷嘴外围造成负压（吸力），再打开乙炔调节阀，乙炔气即聚集在喷嘴的外围。由于氧射流负压的作用，聚集在喷嘴外围的乙炔很快地被氧气吸入，并按一定的比例（体积比约为 1:1）与氧气混合，并以相当高的流速经过射吸管，混合后从焊嘴喷出。

2）焊接时左手拿焊丝，右手拿焊炬，采用中性焰，左向焊法进行焊接，起焊点应在两定位焊点中间。采用熔孔方法焊接，熔孔位置如图 6-29 所示。

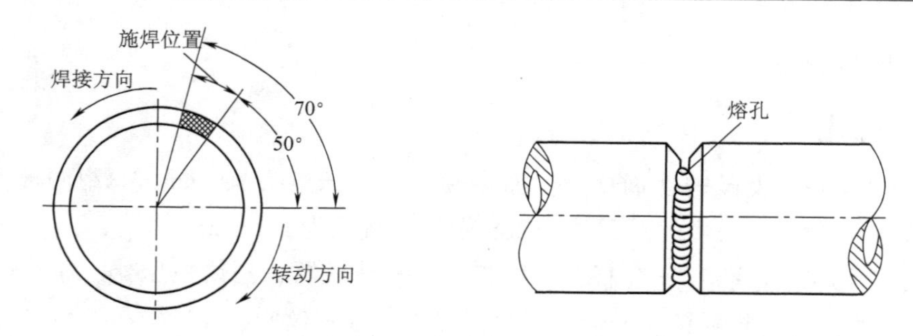

图 6-29 管子水平转动时的施焊位置

3）由于管子可以自由转动，因此焊缝可控制在水平位置施焊。焊道分布为三层三道。

①第一层打底焊。焊嘴与管子表面的倾斜角度为45°左右，火焰焰心末端距熔池3～5mm。此时管子不动，也不要添加焊丝。当看到坡口钝边熔化后并形成熔池时，管子开始转动并立即把焊丝送入熔池前沿，使之熔化填充熔池。施焊过程中要使小熔孔不断前移，同时要不断地向熔池中添加焊丝，以形成焊缝。焊炬一般作圆圈形运动，一方面可以搅拌熔池金属，有利于杂质和气体的逸出，从而避免夹渣和气孔等缺陷的产生；另一方面也可以调节并保持熔孔直径。焊件根部要保证焊透。

②第二层填充焊。可适当加大火焰能率以提高焊接效率。焊接时，焊炬要作适当的横向摆动。

③第三层焊接时，焊接方法同第二层一样，但火焰能率应略小些，使焊缝成形美观。焊缝余高为1～2mm。

④焊接过程中焊炬和焊丝的摆动方法如前所述。焊接过程中如发现熔池不清，有气泡、火花飞溅或熔池沸腾现象，应及时将火焰调整为中性焰，然后继续进行焊接；始终控制熔池大小的一致，如出现熔池过小，焊丝不能与焊件熔合，应增大焊炬的倾角，减小焊接速度，如出现熔池过大，应迅速提起焊炬或减小焊炬的倾角、增大焊接速度，并要多加焊丝。

如发现火焰发出呼呼的响声，说明气体的流量过大，应立即调节火焰能率；如发现焊缝过高，与母材金属熔合不良，说明火焰能率低，应调大火焰能率并减慢焊接速度。

2. 焊后清理及检测

焊后用钢丝刷对焊缝进行清理，检查焊缝质量。焊缝不可有焊瘤、烧穿、凹陷、气孔等缺陷。

三、操作注意事项

1）在整个气焊过程中，每一层焊缝要一次焊完，各层的起焊点互相错开20～30mm。

2）每次焊接收尾时，要填满弧坑，火焰慢慢离开熔池，以免出现气孔、夹渣等缺陷。

3）管子的转动速度要与焊接速度相同。

4）焊缝两侧不允许有过深的咬边。

5）焊接管子不允许将管壁烧穿，否则会增加管内液体或气体的流动阻力。

6）焊缝不允许有粗大焊瘤。

四、操作要领

1）装配时可以在V形块、角钢、槽钢上进行，能提高装配精度。

2）定位焊接时要根据管直径选择定位点数。

3）焊接时要保持管子的转速与焊速的同步，并保证熔孔的位置不发生变化。

4）打底焊最重要，一定要待火焰击穿管壁后再往前焊接，要反复练习。

5）焊接时注意焊缝的宽度、高度和直线度，以保证焊缝美观。

项目三 中等厚度钢板的气割

要求：割件Q235钢板，尺寸为300mm×300mm×12mm。利用氧乙炔或氧丙烷（液化石油气）火焰，进行手工切割，将钢板从中间割开。

教学目的：通过本课题的学习，使大家了解火焰切割常用气体的种类，掌握可燃气体、助燃气体的性质，切割的原理。设备、工具的功能与正确使用，常见故障产生的原因及排除方法，熟练掌握割炬拆装方法。

重点：氧乙炔安全操作规程。

难点：对氧乙炔火焰倾角和后拖量的控制。

教学内容：

一、操作准备

1. 气割准备

1）割件：Q235钢板，尺寸为300mm×300mm×12mm。

2）材料、设备与工具：氧气、乙炔、氧气瓶、乙炔瓶、氧气减压器、乙炔减压器、G01-30型割炬（含割嘴）、辅助工具（护目镜、通针、扳手、点火枪、钢丝刷、钢丝钳等）。

3）对所用设备、气体及其减压装置和工作点可燃气供气接头等，均应进行仔细检查，保证设备、仪表及气路处于正常状态。

4）检查气体压力，使之符合切割要求。当瓶装氧气压力用至0.1～0.2MPa表压，瓶装乙炔用至0.1MPa表压时，应立即停用，并关阀保留其余气，液化石油气瓶将要用完时，也应留有余气，以便充装时检查余气和防止其他气体进入瓶内。

2. 焊前清理

检查供切割的钢板是否平整、干净，如果表面凹凸不平或有严重油污锈蚀，不符合切割要求，要用钢丝刷仔细清理表面，去除附着物，使焊件露出金属表面。

3. 划线

按图样划线放样。

4. 垫高被割件

为减小工件变形和利于切割排渣，工件应用耐火砖将割件垫起使其平稳垫平，工件下面应留出一定的高度空间。地上应留有渣池或挡板，以防损伤厂房地面。

5. 点火

1）使用射吸式割炬，应检查其射吸能力，等压式割炬应保持气路畅通。根据表6-8，选择G01—30割炬，2#割嘴。氧气压力0.49～0.69MPa，这里选用0.6MPa。乙炔压力（kPa）1～120kPa，这里选用70kPa。

2）调节预热火焰的能率及性质，根据表6-9调节火焰为中性焰。

表6-9 各种材料气焊火焰性质的选择

焊件金属	火焰性质	焊件金属	火焰性质
低、中碳钢	中性焰	锰钢	氧化焰
低合金钢	中性焰	镀锌铁皮	氧化焰
纯铜	中性焰	高碳钢	碳化焰
铝及铝合金	中性焰或轻微碳化焰	硬质合金	碳化焰
铅、锡	中性焰	高速工具钢	碳化焰
青铜	中性焰	铸铁	碳化焰
不锈钢	中性焰或轻微碳化焰	镍	碳化焰或中性焰
黄铜	氧化焰	蒙乃尔合金	碳化焰

3）检查切割氧流的形状（风线形状）是否良好。

二、操作步骤

（1）起割　先调整割嘴和切割线两侧平面的夹角为90°，如图6-30所示，以减少机械加工量。切割方向一般是自右向左，起割点应选择在割件的边缘。起割前，先用较大能率的预热火焰加热割件边缘的棱角处并将割嘴向切割方向倾斜20°～30°，待预热到亮红色时，将火焰移至边缘以外，同时慢慢打开切割氧气阀门，随着氧流的增大，从割件的背面就飞出鲜红的铁渣，证明工件已被割透，即可加大切割氧流并使割嘴垂直于割件。割炬可根据工件的厚度以适当的速度开始由右至左缓慢向前移动。

（2）正常气割　起割后，割炬的移动速度要均匀，控制割嘴与割件的距离约等于焰心长度2～4mm。割嘴可向后（即向切割前进方向）倾斜20°～30°。若遇到割不穿的情况时，应立即停止气割，以免发生气体涡流，使熔渣在切口中旋转，切割面产生凹坑，如图6-31所示。重新起割时应选择另一端作为起割点。气割过程中，倘若发生爆鸣和回火现象，应立即关闭切割氧气阀门，然后依次关闭预热氧气阀门与乙炔阀门，使气割过程暂停。用通针清除通道内的污物。处理正常后，再重新气割。在整个气割过程中，必须保持切割速度均匀一致，并应不断地调节预热氧调节阀，以保持一定的预热火焰能率，否则将会影响切口的质量。

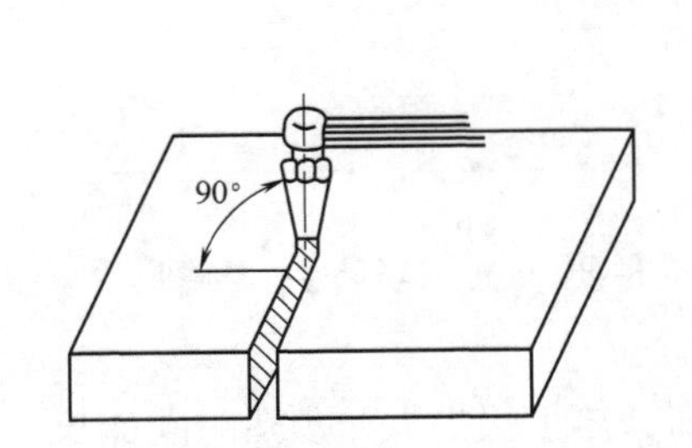

图6-30 割嘴与割线两侧平面的夹角图

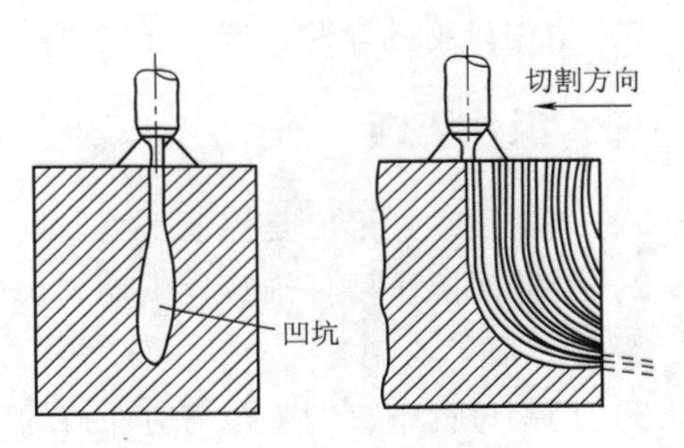

图6-31 凹坑

（3）切割速度与后拖量（见表6-10）

表6-10 切割速度与后拖量

割件厚度/mm	5	10	15	20	25	50
切割速度/（mm/min）	500~800	400~600	400~550	300~500	200~400	200~400
后拖量/mm	1~2.5	1.4~2.8	3~9	2~10	1~15	2~15

（4）停割 气割临近结束时，应慢慢地将割嘴向后倾斜20°~30°，以便将钢板的下部提前割透，使切口在收尾处很整齐，并适当地放慢切割速度，以减少后拖量，并使整条切口完全割断。最后关闭氧气阀门和乙炔阀门，整个气割过程便告结束。

气割工作结束后，气割工应将工件上的粘渣清除干净，然后按工件的工艺等级对切割面质量和尺寸偏差进行自检和专检。

三、操作注意事项

1）切割氧压力随割件厚度的增加而增高，随氧气纯度的提高而有所降低，氧气压的大小要选择适当。在一定的切割厚度下，若压力不足，会使切割过程中的氧化过程减慢，切口下缘容易形成粘渣，甚至割不穿工件；氧气压过高时，则不仅造成氧气浪费，同时还会使切口变宽，切割面粗糙度增大。

2）火焰能率不宜过大或过小：若出现切口上缘熔化、有连续珠状钢粒产生、下缘粘渣增多等现象，说明火焰能率过大；若火焰能率过小，割件不能得到足够的热量，必将迫使切割速度减慢，甚至使切割过程发生困难。

3）气割4~20mm中等厚度钢板时，从预热火焰的焰芯到工件表面的距离应保持在2~4mm，割嘴应后倾20°~30°，切割氧流的长度应超过板厚的1/3。随着钢板厚度的增加，预热火焰能率适当增大，后倾角应逐渐减小，切割速度要相应随之减慢。切割距离（割嘴与工件表面的距离）及可燃气种类有关，当采用氧丙烷火焰时，由于其温度较氧乙炔焰低，故其预热时间要稍长一些。

4）当切割小于5mm厚度工件时，可向前倾斜来切割。如果切割厚度超过30mm的工件，则割枪应当向后倾斜来割，待到割透后，边移动割枪，边把割枪逐渐变成垂直于工件来割，而等到快割到头时，再将割枪稍向里倾斜，直到割完。

5）根据母材的厚薄，选配相应割嘴大小。

四、操作要领

1）气割风线的形状是保证气割质量的前提。

2）气割时除了要仔细观察割嘴和切口外，同时要注意，当听到“噗噗”声时为割穿，否则未割穿。

3）切割过程中，切割距离应保持均匀。过高，热量损失大，预热时间加长，过低，易造成切口上缘熔化甚至增碳，且割孔易被飞溅物粘堵，造成回火停割。

4）气割工身体移位时，应抬高割炬或关闭切割氧，正位后，对准切割处适当预热，然后继续进行切割。

5）保持身体平稳，均匀移动割炬。

呼吸要有节奏，整个切割过程中割炬运行要均匀，割嘴与割件的距离要保持不变。每割一段后需要移动身体位置，此时应关闭切割氧气阀。气割时较容易发生回火，应及时制止，此时应立即关闭氧气阀门及乙炔气阀门。切割临近终点时，割嘴应略向沿切割方向相反倾斜些，以保证收尾时的质量。

复习思考题

6-1 气焊的原理和特点是什么？

6-2 气割的原理和特点是什么？

6-3 常用气焊、气割材料有哪些？

6-4 氧气瓶与乙炔瓶的区别是什么？

6-5 简述焊炬与割炬的区别和联系。

6-6 简述常用割炬的规格和选用方法。

6-7 回火的原因及预防措施有哪些？

6-8 焊接火焰有哪几种，如何选择？

6-9 左向焊法与右向焊法的应用场合是什么？

6-10 气焊的操作步骤是什么？

6-11 气割的操作步骤是什么？

6-12 写出壁厚为3～4mm低碳钢管的切割要领。

第七章
等离子弧焊接与切割

等离子弧焊接是利用等离子弧做焊接热源的熔焊方法，它是在钨极氩弧焊的基础上形成的，是一种很有发展前途的先进焊接工艺。

第一部分　知识积累

第一节　等离子弧特性及其发生器

钨极氩弧焊使用的热源是常压状态下的自由电弧，简称自由钨弧。等离子弧用的热源则是将自由钨弧压缩强化之后而获得电离度更高的电弧等离子体，简称离子弧，又称压缩电弧。两者在物理本质上没有区别，仅是弧柱中电离程度上的不同。等离子弧较钨极氩弧电离程度更大，能量密度更集中，温度更高。

一、等离子弧的特性

1. 等离子弧的形成

等离子弧通过以下三种压缩效应形成，如图 7-1 所示。

（1）机械压缩效应　也称为壁压缩效应。电弧在电极和焊件间产生。当弧柱电流增大时，一般电弧的横截面也会随之增大，使其能量密度和温度难以进一步提高。如果使电弧通过一个喷嘴孔道，则弧柱受到孔道尺寸的限制，将无法任意扩张，使通过喷嘴孔道的弧柱的直径总是小于孔道直径，这样就提高了弧柱的能量密度。这种利用喷嘴来限制弧柱直径，提高能量密度的效应称为机械压缩效应。

（2）热压缩效应　也称为流体压缩效应。对喷嘴进行水冷使沿喷嘴壁流过的气体不易被电离，形成一个套层。该层内主要是导电性和导热性均较差的中性气体，使电弧的扩张受到限制。该气体层的存在使喷嘴中流过的等离子体具有更大的径向温度梯度，并使带电粒子进一步向电离度较高的喷嘴中心集中，取得压缩电弧的效果。流体压缩的另一种方法是直接用水流对电弧进行压缩，其压缩效果更为强烈，可以得到具有极高温度和能流密度的等离子弧。这种利用气流或水流的冷却作用使电弧得到压缩的效应称为热压缩效应。

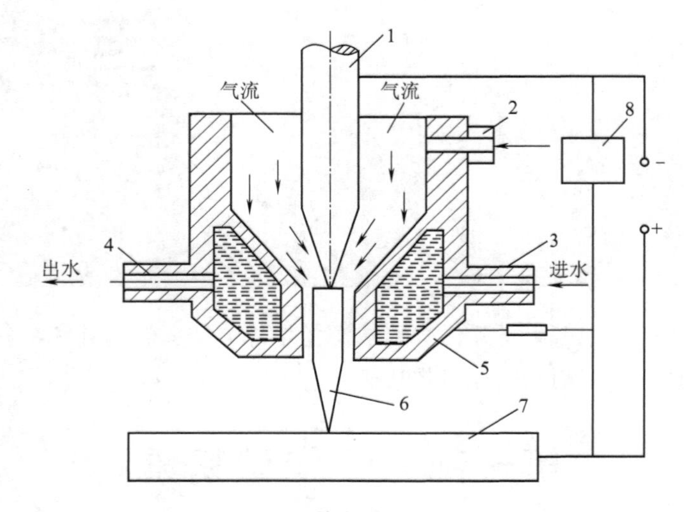

图 7-1　等离子弧的形成

1—钨极　2、3—进水管　4—出水管　5—喷嘴　6—弧焰　7—工件　8—高频振荡器

（3）磁压缩效应　这种压缩效应来自于弧柱自身的磁场。众所周知，当两根平行的载流导线中流过方向相同的电流时，它们之间就会产生相互吸引力（洛伦兹力）。如果将通过喷嘴的弧柱看作是许多载流导线束，由于电流同向，因此会彼此吸引，形成一个指向弧柱中心的力场，这种效应称为磁压缩效应。通过喷嘴的电弧电流越大，磁压缩作用就越强。自由电弧经上述三种压缩效应后，就形成了等离子弧，其电弧温度、能量密度、等离子流速都得到显著增大。其中喷嘴的机械压缩是前提条件，而热压缩是最本质的原因。

2. 等离子弧的分类

等离子弧按电源供电方式不同分为三种形式。

（1）非转移型等离子弧　如图 7-2a 所示，电极接电源的负极，喷嘴接电源正极，电弧在电极和喷嘴之间产生，工件不接电。非转移型等离子弧又称为等离子焰，其电弧温度和能量密度都较低，常用于喷涂以及焊接、切割薄的金属或者是对非导电材料进行加热等。

（2）转移型等离子弧　如图 7-2b 所示，电极接电源的负极，工件接电源的正极，等离子弧在电极和工件之间燃烧。转移型等离子弧很难直接形成，需要先引燃非转移型等离子弧，然后使电弧从喷嘴转移到工件上，转移型等离子弧也因此得名。这种等离子弧温度和能量密度较高，常用于切割、焊接及堆焊。

（3）联合型（又称为混合型）等离子弧　如图 7-2c 所示，转移型电弧和非转移型电弧同时存在，这时需要两个独立电源供电。它主要用于小电流、微束等离子弧焊接及粉末堆焊。

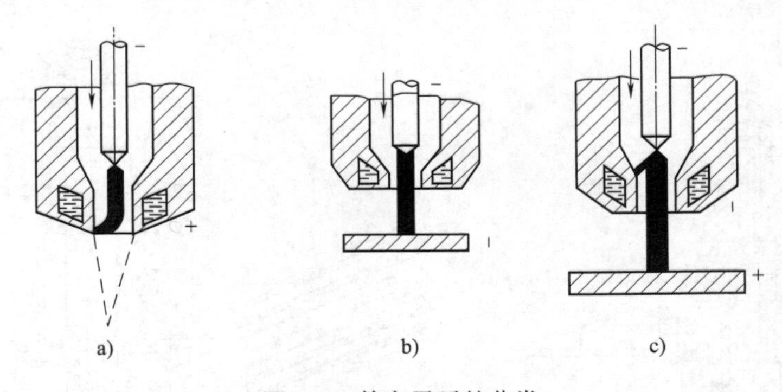

图 7-2　等离子弧的分类

a）非转移型　b）转移型　c）联合型

二、等离子弧发生器

等离子弧发生器用于形成等离子弧，按用途不同常被称为等离子弧焊枪、等离子割枪、等离子弧喷（涂）枪。它们在基本结构上有很多相似之处，但各自又有不同的特点。

1. 基本结构要求

不管等离子弧发生器用于什么情况，其基本结构均应满足如下要求：

1）喷嘴与电极的位置相对固定并可进行调节。

2）对喷嘴和电极进行有效冷却。

3）喷嘴和电极之间必须绝缘，以便在电极和喷嘴之间产生非转移电弧。

4）能够导入离子气流和保护气流。

5）便于加工和装配，喷嘴易于更换。

2. 等离子弧枪体的典型结构

（1）等离子弧焊枪　图 7-3 是两种实用焊枪的结构，其中图 7-3a 的电流容量为 300A；图 7-3b 的容量为 16A。两者的区别在于图 7-3a 为直接水冷，图 7-3b 为间接水冷。在图 7-3a 所示枪体中，冷却水从下枪体 5 进入，经上枪体 9 出。上下枪体之间由绝缘柱 7 和绝缘套 8 隔开，进出水口也是水冷电缆的接口。电极夹在电极夹头 10 中，通过螺母 12 锁紧，电极夹头从上冷却套（上枪体）插入，并通过带绝缘套压紧螺母 12 锁紧。离子气和保护气分两路进入下枪体。在图 7-3b 所示焊枪的电极夹头中还有一个压紧弹簧，按下电极夹头顶部可实现接触短路回抽引弧。

（2）等离子弧切割枪　图 7-4 为容量 500A 的等离子弧割枪，除了无保护气通道和保护喷嘴外，其他结构均类似于上述焊枪。

（3）粉末等离子弧堆焊枪　如图 7-5 所示，它的特点是采用直接水冷式结构，并带有送粉通道。

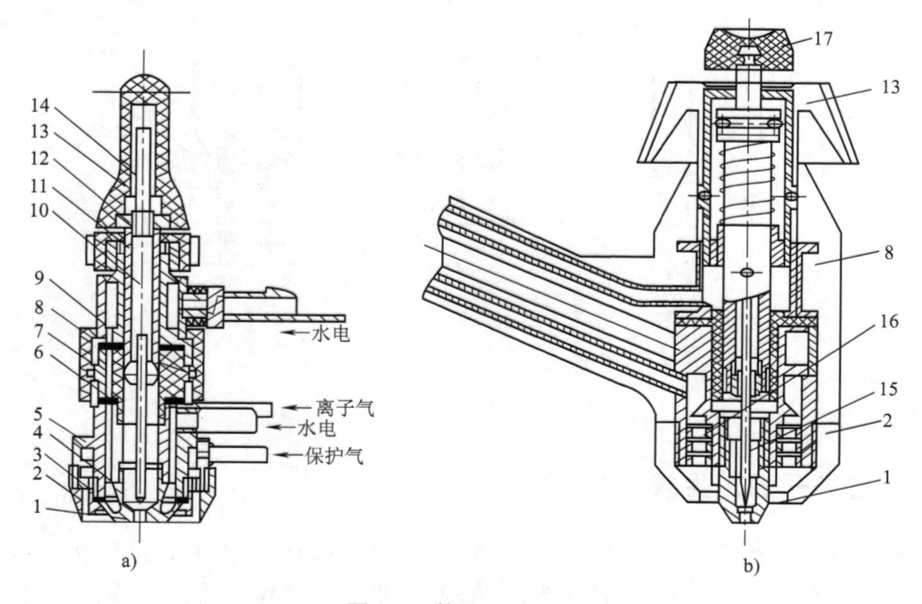

图 7-3 等离子弧焊枪

a）大电流等离子弧焊枪 b）微束等离子弧焊枪

1—喷嘴 2—保护套外环 3、4、6—密封圈 5—下枪体 7—绝缘柱 8—绝缘套 9—上枪体 10—电极夹头 11—套管 12—螺母 13—胶木套 14—钨极 15—瓷对中块 16—透气网 17—压紧螺母

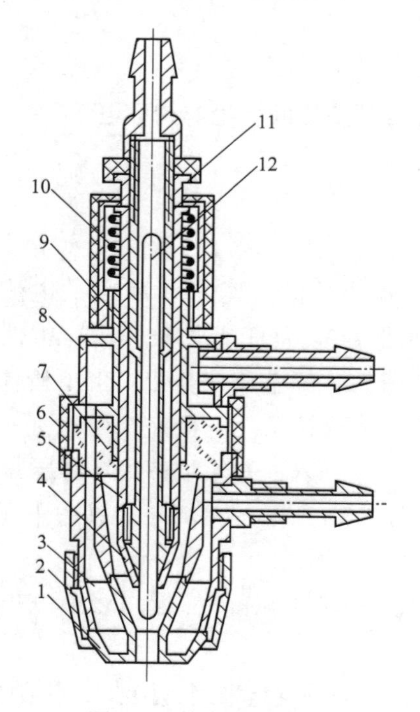

图 7-4 等离子弧焊枪

1—喷嘴 2—喷嘴压边 3—下枪体 4—导电夹头 5—电极杆外套 6—绝缘螺母 7—绝缘柱 8—上枪体 9—水冷电极柱 10—弹簧 11—调整螺母 12—电极

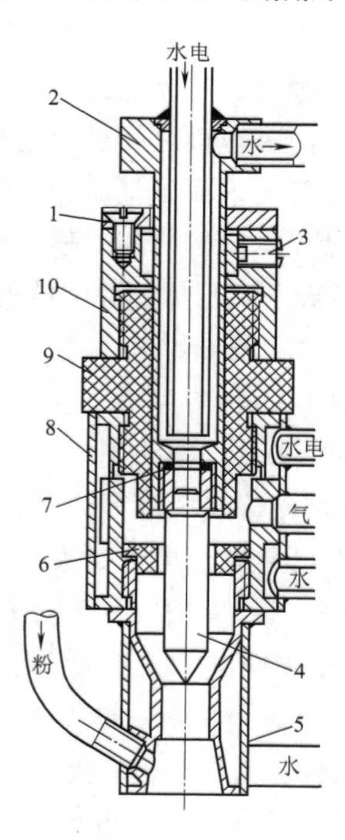

图 7-5 等离子弧焊枪

1—喷嘴 2—螺钉 3—上枪体 4—螺钉（钨极对中） 5—钨极 6—隔热环 7—密封圈 8—下枪体 9—绝缘柱 10—调节螺母

第二节　等离子弧焊接

一、等离子弧焊接原理、特点及应用

1. 等离子弧焊接的工作原理

等离子弧焊接是使用惰性气体作为工作气和保护气，利用等离子弧作为热源加热并熔化母材金属，使之形成焊接接头的熔焊方法。按照焊透母材的方式，等离子弧焊接有两种，即穿孔型等离子弧焊接和熔透型等离子弧焊接，各有不同的原理。

（1）穿孔型等离子弧焊接　穿孔型等离子弧焊接也称为小孔型等离子弧焊接，如图7-6所示。其特点是弧柱压缩程度较强，等离子气流喷出速度较大。焊接时，等离子弧把焊件的整个厚度完全穿透，在熔池中形成上下贯穿的小孔，并从焊件背面喷出部分电弧（也称尾焰）。随着等离子弧在焊接方向的移动，熔化金属依靠其表面张力的承托，沿着小孔两侧的固体壁面向后方流动，熔池后方的金属不断封填小孔，并冷却凝固形成焊缝。焊缝的断面为酒杯状。

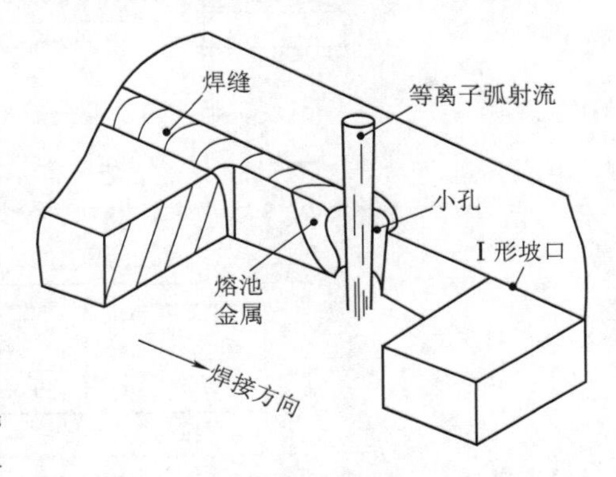

图7-6　穿孔型等离子弧焊接示意图

（2）熔透型等离子弧焊接　熔透型等离子弧焊接分为普通熔透型等离子弧焊接和微束等离子弧焊接。

1）普通熔透型等离子弧焊接。其工作原理如图7-7所示。其特点是弧柱压缩程度较弱，等离子气流喷出速度较小。由于电弧的穿透力相对较小，因此在焊接过程中不形成小孔，焊件背面无尾焰，液态金属熔池在电弧的下面，靠熔池金属的热传导作用熔透母材，实现焊接。焊缝的断面呈碗状。与穿孔型等离子弧焊接比较，具有焊接参数较小（即焊接电流和离子气流量较小、电弧穿透能力较弱）、焊接参数波动对焊缝成形的影响较小、焊接过程的稳定性较高、焊缝形状系数较大（主要是由于熔宽增加）、热影响区较宽、焊接变形较大等特点。

2）微束等离子弧焊接。焊接电流在30A以下的熔透型等离子弧焊接通常称为微束等离子弧焊接，其工作原理如图7-8所示。焊接时采用小孔径压缩喷嘴（ϕ0.6～1.2mm）及联合型弧。通常利用两个独立的焊接电源供电：一个是向钨极与喷嘴之间供电，产生非转移弧（维弧），电流一般为2～5A，电源空载电压一般大于90V，以便引弧；另一个是向钨极与焊件之间供电，产生转移弧（主弧）。该方法可以得到针状的、细小的等离子弧，因此适宜焊接非常薄的焊件。

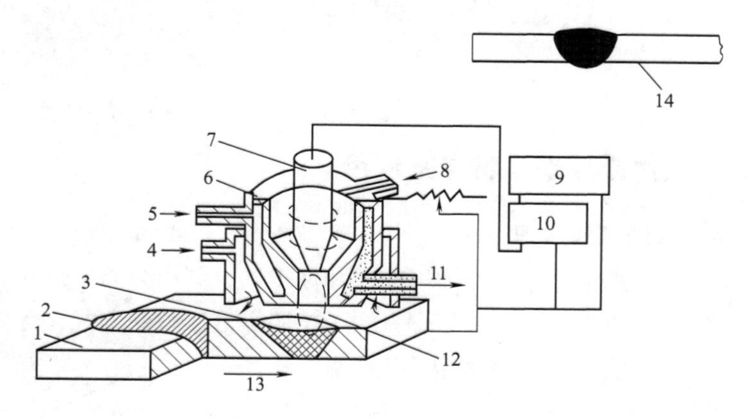

图 7-7　普通熔透型等离子弧焊接工作原理图

1—母材　2—焊缝　3—液态熔池　4—保护气　5—进水　6—喷嘴　7—钨极　8—等离子气　9—焊接电源　10—高频发生器　11—出水　12—等离子弧　13—焊接方向　14—接头断面

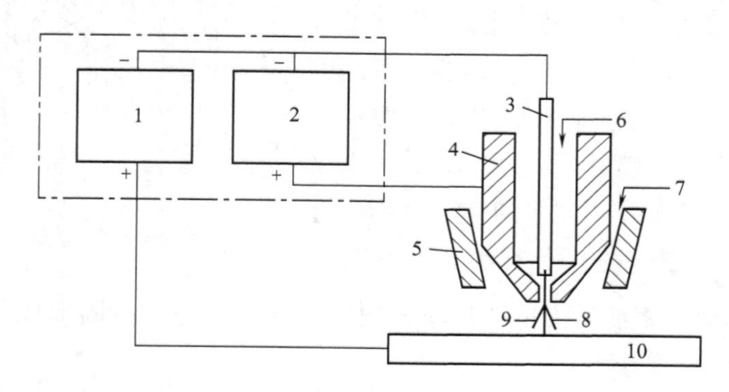

图 7-8　微束等离子弧焊接工作原理图

1—等离子弧电源　2—维弧电源　3—钨极　4—喷嘴　5—保护罩　6—等离子气　7—保护气　8—等离子弧　9—维弧　10—工件

2. 等离子弧焊接的特点

与钨极氩弧焊相比，等离子弧焊接有以下优点：

1）电弧能量集中，因此焊缝深宽比大，截面积小；焊接速度快，特别是厚度大于 3.2mm 的材料尤显著；薄板焊接变形小，厚板热影响区窄。

2）电弧挺直性好，以焊接电流 10A 为例，等离子弧喷嘴高度（喷嘴到焊件表面的距离）达 6.4mm，弧柱仍较挺直，而钨极氩弧焊的弧长仅能采用 0.6mm。

3）电弧的稳定性好，微束等离子弧焊接的电流小至 0.1A 时仍能稳定燃烧。

4）由于钨极内缩在喷嘴之内，不可能与焊件接触，因此没有焊缝夹钨问题。

与钨极氩弧焊相比，等离子弧焊接有以下缺点：

1）由于需要两股气流，因而使过程的控制和焊枪的构造复杂化。

2）由于电弧直径小，要求焊枪喷嘴轴线更准确地对中焊缝。

3. 等离子弧焊接的应用

直流正接等离子弧焊接可以用于焊接碳钢、合金钢、耐热钢、不锈钢、铜及铜合金、钛及钛合金、镍及镍合金等材料。交流等离子弧焊接主要用于铝及铝合金、镁及镁合金、铍青铜、铝青铜等材料的焊接。

穿孔型等离子弧焊接多用于厚度1～9mm的材料焊接，最适宜焊接的板厚和极限焊接板厚见表7-1。

表7-1　穿孔型焊接适用的板材厚度　（单位：mm）

材质	不锈钢	钛及钛合金	镍及镍合金	低合金钢	低碳钢
稳定焊接板厚	3～8	2～10	3～6	2～7	4～7
极限焊接板厚	13～18	13～18	18	18	10～18

普通熔透型等离子弧焊接与穿孔型等离子弧焊接相比，焊接电流和离子气流量较小、电弧穿透能力较弱，因此多用于厚度小于或等于3mm的材料焊接，适用于薄板、角焊缝和多层焊的填充及盖面焊道焊接。

微束等离子弧焊接可以焊接超薄焊件，例如焊接厚度为0.2mm的不锈钢片，目前已成为焊接金属薄箔、波纹管等超薄件的首选方法。

二、等离子弧焊接设备

等离子弧焊接设备主要包括焊接电源、控制系统、焊枪、气路系统、水路系统。根据不同的需要有时还包括送丝系统、机械旋转系统或行走系统以及装夹系统等，如图7-9所示。图7-10为等离子弧焊设备实物图。

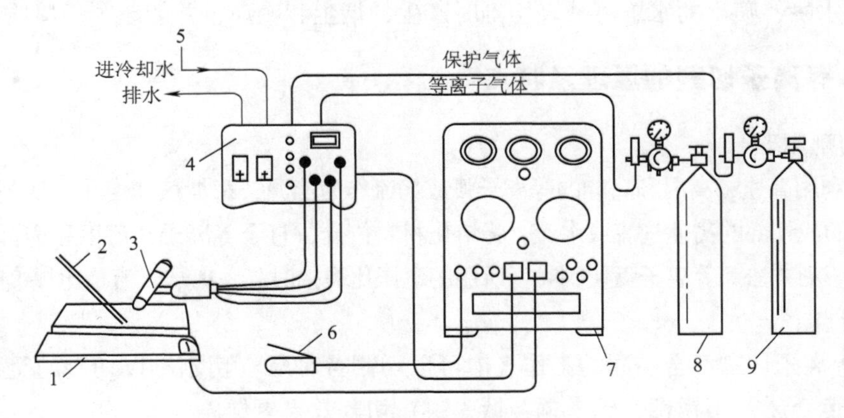

图7-9　手工等离子弧焊设备

1—焊件　2—填充焊丝　3—焊枪　4—控制系统　5—水冷系统

6—起动开关（常安在焊枪上）　7—焊接电源　8、9—供气系统

图7-10　等离子弧焊设备实物图

第三节　等离子切割

等离子切割是利用高温等离子弧的热量使工件切口处的金属局部熔化（和蒸发），并借高速等离子的动量排除熔融金属以形成切口的一种加工方法。

等离子弧切割有3类：小电流等离子弧切割使用70～100A的电流，电弧属于非转移弧，用于5～25mm薄板的手工切割或铸件刨槽、打孔等；大电流等离子弧切割使用100～200A或更大的电流，电弧多属于转移弧（见等离子弧焊），用于大厚度（12～130mm）材料的机械化切割或仿形切割；喷水等离子弧切割使用大电流，割炬的外套带有环形喷水嘴，喷出的水罩可减轻切割时产生的烟尘和噪声，并能改善切口质量。

一、等离子切割的原理及特点

1. 切割原理

它是利用高速、高温和高能的等离子弧或焰流作为能源，来加热和熔化被切割材料，并借助内部的或外部的高速气流或水流，将熔化材料排开，直至等离子气流束穿透背面而形成切口的热切割方法。等离子弧切割时，所用的电压比焊接时高，离子气流量比焊接时大。

2. 特点

1）等离子切割配合不同的工作气体可以切割各种氧气切割难以切割的金属，尤其是对于有色金属（不锈钢、铝、铜、钛、镍）切割效果更佳。

2）等离子弧切割厚度不大的金属的时候，切割速度快，尤其在切割普通碳素钢薄板时，速度可达氧切割法的5～6倍，切割面光洁，热变形小，几乎没有热影响区。

3）等离子弧切割实用方便，成本低。

4）等离子弧切割有一定的污染，如烟尘、弧光等。

二、等离子弧切割工艺

1. 切割工艺参数

等离子弧切割工艺参数包括切割电流和电压、气体流量、切割速度、喷嘴到工件的距离等。

（1）切割电流和电压 切割电流和电压是等离子弧切割最重要的参数，它直接影响到切割金属厚度和切割速度。切割电流过大时，易烧损电极和喷嘴，产生双弧。空载电压高，易于引弧，一般在150V以上。切割电压还与割枪结构、喷嘴与工件、气体流量等有关。

（2）工作气体流量 单一式等离子切割时，工作气体即为离子气，适当加大离子气流量，既可提高切割速度，又可提高切割质量。但如果气流量过大，会从电弧中带走了过多的热量，降低了切割能力，不利于电弧的稳定。因此，气体流量要与喷嘴孔径相适应。

（3）切割速度 切割速度既影响生产率的高低，又影响切割质量的好坏。它主要取决于材质板厚、切割电流、电压、气流的种类及流量、喷嘴结构和合适的后拖量等。在切割功率和板厚相同的情况下，按照铜、铝、碳钢、不锈钢的顺序，切割速率依次由小变大。

（4）喷嘴到工件的距离 喷嘴到工件的距离对钳工速度、切割电压和切割缝宽度都有一定的影响。合适的距离既能充分利用等离子弧功率，也有利于操作。手工切割时，喷嘴到工件的距离取8~10mm，自动切割时取6~8mm。

2. 气体的选择

等离子切割的工作气体对等离子弧的切割特性以及切割质量、速度都有明显的影响。常用的等离子弧工作气体有氩、氢、氮、氧、空气、水蒸气以及某些混合气体。

三、等离子弧切割设备和应用

等离子弧切割设备主要由切割电源、高频发生器、供气系统、割炬和控制箱等几部分组成，水冷割枪还需要有冷却循环水（气）系统，用于机械切割还要有小型切割机或数控切割机等。等离子弧切割装置的主要部件及其功能和组成如下：

1）电源。供给切割所需要的工作电压和电流，并具有相应的外特性。目前基本上是采用直流电源。

2）高频发生器。引燃等离子弧，通常设计成产生3~6kV，2~3MHz高频电流。一旦电弧建立，高频发生器电路自行断开。现在某些国产小电流空气等离子弧采用接触引弧方式，不需要高频发生器。

3）供气系统。连续、稳定地供给等离子弧工作气体。通常由气瓶（包括压力调节器、流量计）、供气管路和电磁阀等组成。使用两种以上工作气体时需要设置气体混合器和储气罐。

4）冷却水（气）系统。向割炬和电源供给冷却水，冷却电极、喷嘴和电源等使之不致过热。通常可使用自来水，当需大量水或采用内循环冷却水时，需要配置水泵。水再压缩等离子弧装置，还要供给喷射水，需配置高压泵。同时对冷却水和喷射水的水质要求较高，有时需配置冷却水软化装置。对小电流空气等离子弧和氧等离子弧割炬只采用气冷时，不设冷却水系统，由供气系统供给。

5）割炬。产生等离子弧并施行切割的部件，对切割效率和质量有直接影响。

6）控制箱。控制电弧的引燃，用于调整工作气体和冷却水的压力、流量等切割参数。

7）切割机。实施机械化或自动化切割，提高切割精度、质量和效率，常用的有半自动切割机、光电跟踪切割机和数控切割机等。

等离子切割设备由电源、割枪、电路控制箱、水路系统、气路系统及空气等离子切割机等几部分组成，如图 7-11 所示。

等离子弧切割的切口细窄、光洁而平直，质量与精密气割质量相似。等离子弧可切割不锈钢、高合金钢、铸铁、铝及其合金等，还可切割非金属材料，如矿石、水泥板和陶瓷等。同样条件下等离子弧的切割速度大于气割，且切割材料范围也比气割更广。等离子切割机广泛应用于汽车、机车、压力容器、化工机械、核工业、通用机械、工程机械、钢结构等各行各业。图 7-12 所示为等离子弧切割操作，图 7-13 所示为手工等离子弧切割操作，图 7-14 所示为空气等离子切割机。

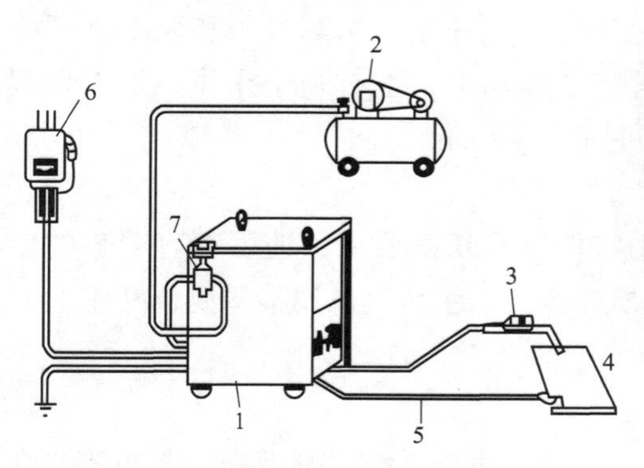

图 7-11　空气等离子弧切割系统示意图

1—电源　2—空气压缩机　3—割枪　4—工件
5—工作电缆　6—电源插销　7—过滤减压阀

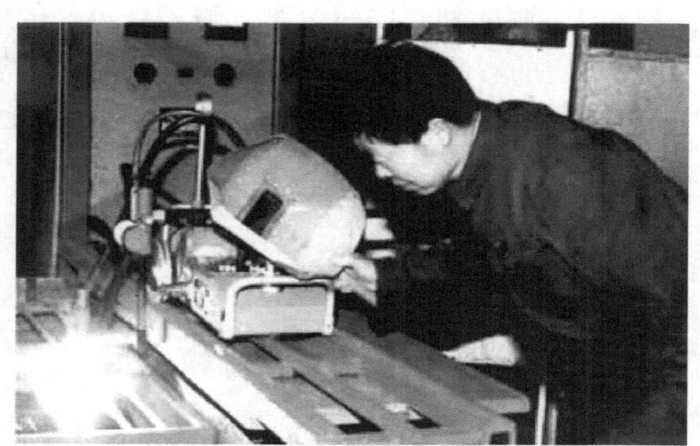

图 7-12　等离子弧切割操作

图 7-13　手工等离子弧切割

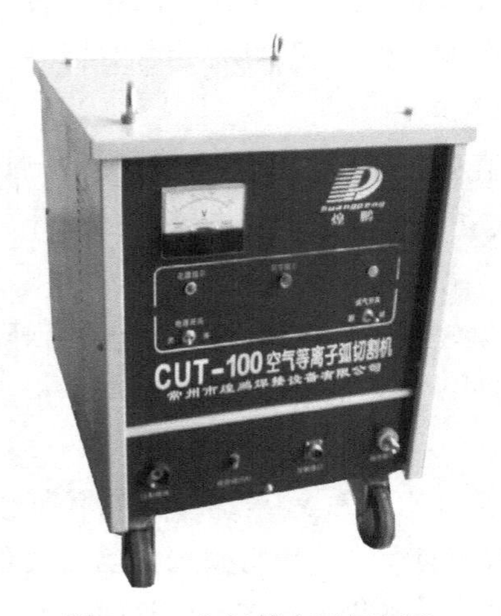

图 7-14　空气等离子切割机

第四节 等离子弧喷涂

等离子弧喷涂是一种使用非转移型等离子弧作为热源的喷涂方法，是目前工业上常用的热喷涂方法之一。

一、等离子弧喷涂原理、特点及应用

1. 等离子弧喷涂工作原理

等离子弧喷涂的工作原理如图 7-15 所示。利用非转移型弧把难熔的金属或非金属粉末材料快速熔化，并以极高的速度将其喷散成较细的并具有很大动能的颗粒，当这些颗粒穿过等离子焰流撞击到工件上时，产生严重塑性变形，而后填充到固体工件已预先做好的粗糙表面上，从而形成一个很薄的具有特殊性能的涂层。与火焰喷涂、电弧喷涂相比，由于等离子弧焰流的温度高达 10 000℃以上，几乎可喷涂所有的固态工程材料（如金属、非金属、陶瓷、塑料、复合粉末等）。等离子焰流速度高达 1000m/s 以上，熔融粉粒的飞行速度可达 160～180m/s，因而通常可得到更致密、与基体的结合强度更高的涂层。

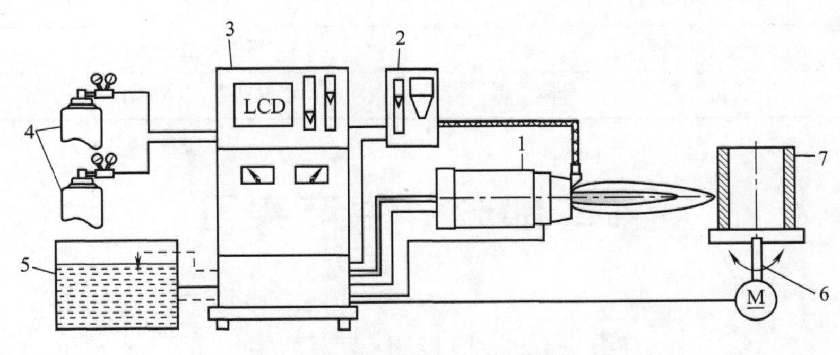

图 7-15 等离子弧喷涂原理图

与其他喷涂方法相似，等离子弧涂层与基体以及涂层粒子间的结合机理仍属于机械结合，但在喷涂钼、铌、钽、镍包铝、镍包钛等材料时，由于冶金反应的放热，可观察到有部分产生冶金结合。

2. 等离子弧喷涂的特点

1）等离子焰流热量高度集中，温度可达上万摄氏度，它提供了能使所有材料都能熔化的必要条件。因此，它特别适用于难熔材料的喷涂，这是一般火焰喷涂和电弧喷涂不易达到的。

2）等离子焰流气氛可控。可以使用还原性气体（如 H_2）和惰性气体（如 Ar）等作为工作气体。这样就能比较可靠地保护工件及喷涂材料不受氧化。因此，它特别适于易氧化的活性材料的喷涂，所得到的涂层是比较纯洁的。

3）等离子焰流的流速大，粉末颗粒能够获得较大的动能。

等离子弧喷涂基于上面三个特点，无论是涂层与工件表面的结合强度、涂层本身的强度、密度和纯洁度，还是喷涂时的沉积效率和沉积率都具有较高的数值。

二、等离子弧喷涂的应用

等离子弧喷涂是适用的材料种类最多、应用范围最广的热喷涂方法。它可以制备多种涂层，这些涂层既可用来防护多种介质腐蚀或保护承受高温、磨损的表面，也能用于制备具有特殊的热、电和生物功能的特殊涂层。表 7-2 列出了一些典型的应用情况。

表 7-2 等离子弧喷涂的典型应用

工作条件	典型应用	典型涂层材料
磨粒磨损	动力机械的活塞杆、轴与轴套	Ni－Cr－B－Si；Fe－Cr－B－Si；WC；Mo；Co 基合金；高 Cr 铸铁等
冲蚀	泵类、搅拌器、锅炉四管	WC/Co；Ni－Cr－B－Si；Al_2O_3 等
粘着磨损	配合件、轴承、燃烧室	Ni－Cr 合金；Co 基合金，Mo，铝青铜等
电绝缘	仪器设备的高温绝缘	Al_2O_3
隔热	燃烧室部件	ZrO_2（PSZ）
高温氧化	涡轮机叶片与导叶	MCrAlY
腐蚀	钢结构部件	不锈钢
耐磨能力	燃气气路密封	Ni/石墨，AlSi/聚酯
生物工程	人造骨骼	羟基磷灰石/Ni，Ti

第二部分 生产实习

项目 切割工艺制订

教学目的：能够根据所学知识，处理生产中的实际问题。

重点：掌握切割知识要领，制定合理的切割工艺。

难点：切割工艺的制定。

教学内容：

一、课前准备

通过观看视频等资料，了解工厂中等离子切割的一般方法。

二、操作要领

了解工厂中相关工业产品的生产流程。

三、实例分析

如图 7-16 所示为一台直径为 1000mm 的 1Cr18Ni9Ti 不锈钢容器，其两端封头如图 7-17 所示。在压力容器生产中，封头一般先下料为圆形，然后冲制成封头形状，经切割齐边后，再与筒体装配焊接。假设该封头厚度为 12mm，想一想，该封头采用的下料切割工艺。

图 7-16　不锈钢容器

图 7-17　不锈钢容器封头

四、生产方案

该任务为不锈钢封头的下料工艺。奥氏体不锈钢含铬量高，不能采用一般的氧乙炔切割，一般采用等离子弧切割。该封头直径为 1000mm，厚度为 12mm，必须热切割时可按 1300mm 圆板尺寸下料，如图 7-18 所示。

1. 等离子切割设备

可采用 CUT－100 型空气等离子切割机，切割电源采用漏抗变压器整流电源，配用非接触式水冷割炬。

2. 切割工艺

采用压缩空气为工作气体。切割不锈钢封头圆料的工艺参数见表 7-3。

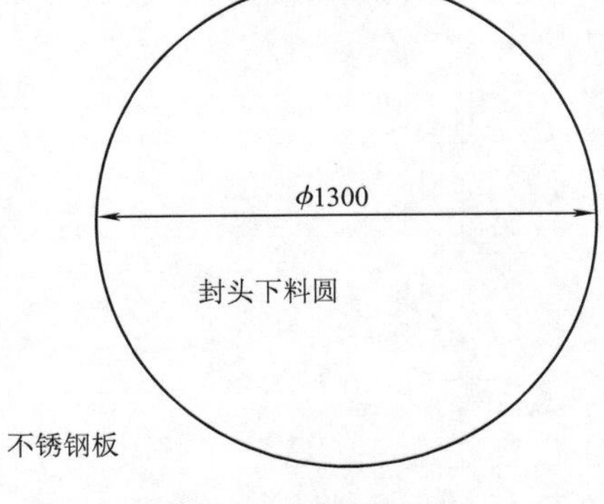

图 7-18　封头下料圆形板材

表 7-3　等离子切割不锈钢封头圆料的工艺参数

空载电压/V	切割电流/A	切割电压/V	工作气体流量/（L/min）	切割速度/（cm/min）	喷嘴直径/mm
250	100	100	300	75	3

复习思考题

7-1 什么是等离子弧？

7-2 等离子弧是怎样形成的？有哪些分类？

7-3 等离子弧发生器的基本要求有哪些？

7-4 简述等离子弧切割的原理。

7-5 等离子弧切割工艺参数有哪些？

7-6 简述等离子弧喷涂原理及其应用方向。

第八章 其他焊接方法

第一节　电渣焊

电渣焊是一种在垂直位置或接近垂直位置进行焊接的高效单道焊，它利用电流通过液体熔渣所产生的电阻热进行焊接。根据使用的电极形状，电渣焊可以分为丝极电渣焊、板极电渣焊、熔嘴电渣焊等，其中，丝极电渣焊应用最普遍。

一、电渣焊工作原理

以丝极电渣焊为例，其工作原理如图 8-1 所示。

焊前先把焊件垂直放置，在两焊件之间预留出一定间隙（一般为 20～40mm），并在焊件上、下两端分别装好引弧板（槽形）和引出板，在焊件两侧表面装好强迫成形装置。焊接开始时，通常用焊丝与引弧板短路起弧，然后，利用电弧的热量使不断加入的焊剂熔化形成液态熔渣。渣池深度达到一定时，增加焊丝送进速度并降低焊接电压，使焊丝插入渣池，电弧熄灭，转入电渣焊接过程。熔渣温度通常稳定在 1600～2000℃范围内。高温的液态熔渣具有一定的导电性，焊接电流流经渣池时在渣池内产生的大量电阻热，将焊丝和被焊工件件边缘熔化，熔化的金属沉积到渣池下面形成金属熔池。随着焊丝的不断送进，熔池不断上升并冷却凝固形成焊缝。随着熔池的不断上升，焊丝送进装置和强迫成形装置也随之不断提升，焊接过程因而得以持续进行。由于熔渣始终浮于金属熔池的上部，这就对金属熔池起到了良好的保护作用，并能保证电渣过程顺利进行。

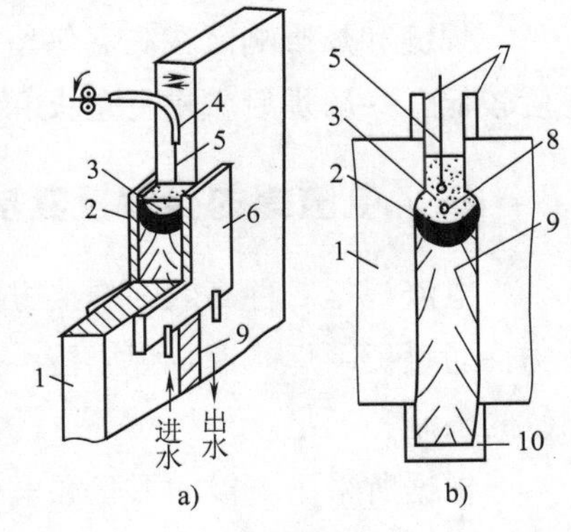

图 8-1　电渣焊原理示意图

a）立体图　b）断面图

1—焊件　2—金属熔池　3—渣池　4—导电嘴　5—焊丝　6—强迫成形装置　7—引出板　8—金属熔滴　9—焊缝　10—引弧板（槽形）

二、电渣焊的特点

电渣焊同样使用焊丝和焊剂，但和其他熔化焊方法相比（如埋弧焊），却并不相同。电渣焊有如下特点：

1. 在垂直位置焊接

电渣焊最适合于垂直位置焊缝的焊接。当焊缝中心线处于铅垂位置时，电渣焊形成熔池及焊缝成形条件最好。它也可用于小角度倾斜焊缝的焊接，一般与水平面垂直线的夹角小于30°，这样焊缝金属中不易产生气孔及夹渣。

2. 厚大焊件能一次焊成

与开坡口的焊接方法（如埋弧焊等）相比，电渣焊由于整个渣池均处于高温状态，热源体积大，不论焊件厚度多大都可不开坡口，只要留一定装配间隙便可一次焊接成形，可节约电能、节省金属、节省加工时间，提高了生产率。而且就实际生产而言，其焊接材料消耗仅约为埋弧焊的1/20。

3. 焊缝成形系数和熔合比调节范围大

可以在较大范围内调节焊缝成形系数和熔合比，较易调整焊缝的化学成分和预防焊缝热裂纹产生，可降低焊缝金属中的有害杂质，获得较高的力学性能。

4. 渣池对被焊件有较好的预热缓和作用

电渣焊焊接速度慢，工件加热和冷却都很缓慢。焊接碳当量较高的金属时不易出现淬硬组织，冷裂倾向较小；焊接中碳钢、低合金钢时可不预热。

5. 焊缝和热影响区晶粒粗大

焊缝和热影响区在高温停留时间长，易产生晶粒粗大和过热组织；焊接接头冲击韧度较低，一般焊后应进行正火和回火热处理，这对厚大焊件来说有一定的困难。

三、电渣焊的类型及其应用

电渣焊是一种高效的焊接方法，适宜于大壁厚、大断面的各类箱形、筒形等重型结构，通过板—焊、锻—焊或铸—焊等结构可取代整锻、整铸结构，可克服铸、锻设备吨位的限制和不足。

根据所采用电极的形状和电极是否固定，电渣焊的类型主要有丝极电渣焊、熔嘴电渣焊、板极电渣焊、管极电渣焊和压力电渣焊等。

1. 丝极电渣焊

丝极电渣焊时采用焊丝作为电极，焊丝通过导电嘴送入渣池，导电嘴和焊接机头随金属熔池的上升同步向上提升。

丝极电渣焊适合于环焊缝焊接和高碳钢、合金钢对接接头及T形接头的焊接中焊缝较长的焊件。根据焊件厚度不同，可采用一根或多根，单丝时焊接厚度为40～60mm，大于60mm时要做横向摆动，三丝时可焊厚度达450mm。

2. 熔嘴电渣焊

熔嘴电渣焊的电极由固定在接头间隙中的熔嘴（通常由钢板和钢管点焊而成）和从熔嘴的特制孔道中不断向熔池中送进的焊丝构成。焊接时，熔嘴和焊丝同时熔化，成为焊缝金属的一部分。熔嘴可采用单个或多个熔嘴，可做成各种曲线或曲面形状。

熔嘴电渣焊适合于大截面结构的焊接以及曲线及曲面焊缝的焊接。它具有设备简单，可焊接大断面长焊缝和变断面焊缝的特点。

3. 板极电渣焊

板极电渣焊的电极为板条状，通过送进机构将板极不断向熔池中送进。根据被焊件厚度的不同可采用一块或数块金属板条进行焊接，成本低，效率高，但要求电源功率大。

板极电渣焊多用于模具和轧辊的堆焊等大断面短焊缝，焊缝长度小于1.5m。

4. 管极电渣焊

管极电渣焊是在熔嘴电渣焊的基础上发展起来的一种电渣焊方法。其特点是焊接时用一根外面涂有药皮的钢管作为熔嘴，而在熔嘴中通入焊丝。药皮可以起到绝缘的作用，因而可以缩小装配间隙，同时还可以起到补充熔渣及向焊缝过渡合金元素的作用。

该方法适于焊接厚度为20～60mm的焊件，具有生产效率高、焊缝质量好、易操作、设备简单等优点。

5. 电渣压力焊

电渣压力焊也叫钢筋电渣压力焊。它是将两钢筋安放在竖直位置，采用对接形式，利用焊接电流通过端面间隙，在焊剂层下形成电弧过程和电渣过程，产生电弧热和电阻热熔化钢筋端部，最后加压完成连接的一种焊接方法。

四、电渣焊焊机

电渣焊机是采用焊丝为电极，焊丝通过非消耗的电渣焊枪和导电嘴送入渣池的电渣焊设备。特别适用于箱形柱和箱形梁隔板的焊接。

如图8-2所示为一台DZ-12S型悬臂式熔丝电渣焊机，XDZ-12/12S悬臂式电渣焊是对箱形梁隔板进行焊接的专用设备，它采用垂直电渣焊的方式将隔板与周围钢板焊接牢固。

根据用户的不同要求，电渣焊有熔丝和熔嘴两种方式。熔丝电渣焊焊接效率高，使用成本低，但设备一次投资成本高。熔嘴电渣焊则设备一次投资成本低，操作简单方便，但焊接效率比熔丝电渣焊低。

熔丝电渣焊适用于批量较大的箱形梁生产，熔嘴电渣焊适合单件小批量箱形梁生产线配置。图8-3为现场操作实例。

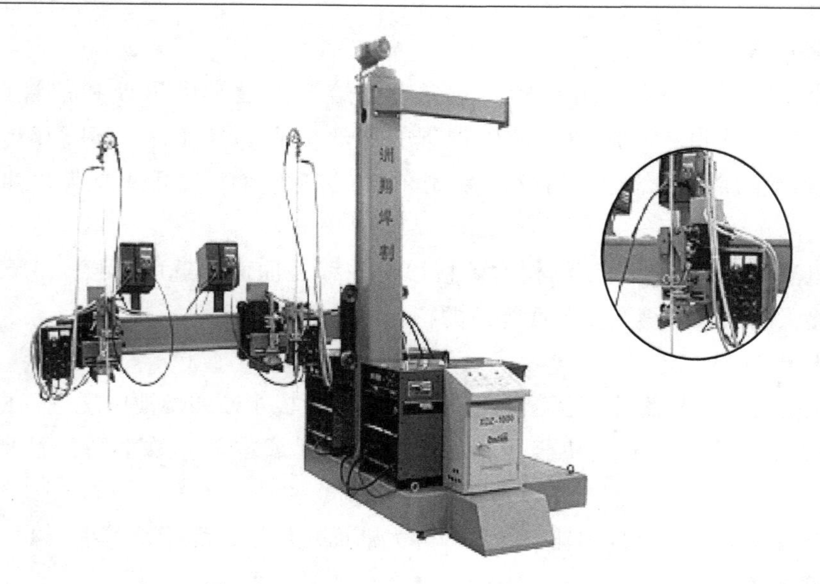

图 8-2 DZ-12S 型悬臂式熔丝电渣焊机

图 8-3 现场操作实例

第二节 电子束焊

电子束焊接技术是将高能电子束作为加工热源，用高能量密度的电子束轰击焊件接头处的金属，使其快速熔融，然后迅速冷却来达到焊接的目的。

一、电子束焊的工作原理

在真空条件下，从电子枪中发射的电子束在高电压（通常为 20～300kV）加速下，通过电磁透镜聚焦成高能量密度的电子束。当电子束轰击工件时，电子的动能转化为热能，焊区的局部温度可以骤升到6000℃以上，使工件材料局部熔化实现焊接。

电子束经聚焦后的束流密度的分布形态与加速电压、束流大小、聚焦镜焦距、所处的真空环境等密切相关。图8-4为不同压强下电子束斑点的功率密度。由图可以看出，高真空（如10^{-2}Pa）时，束流的截面积最小；低真空（4Pa）时功率密度最大值与高真空（10^{-2}Pa）时相差很小，但束流截面变大；如真空度为7Pa时，束流密度最大值和束流截面与10^{-2}Pa时相比，分别有明显的降低和增加；当真空度为15Pa时，由于散射的影响，束流密度显然下降。

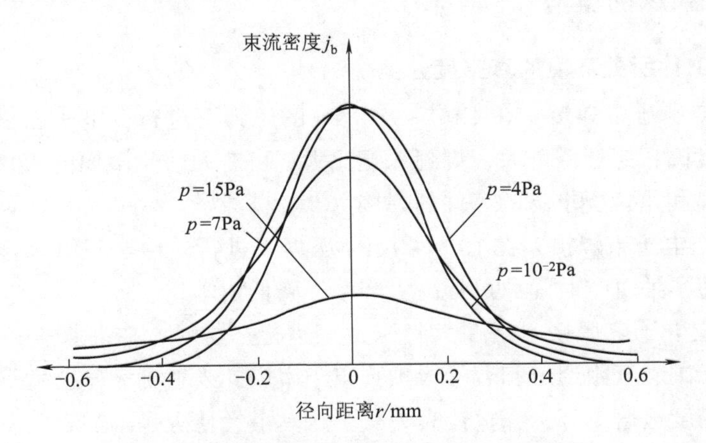

图8-4 不同压强下电子束斑点的功率密度分布

实验条件：U_b=60kV I_b=90mA Z_b=525mm（Z_b为电子枪的工作距离）

作用在工件表面的电子束功率密度除与束流密度有关外，还与焊接速度、离焦量等相关。

电子束焊接时，依据作用在工件表面的电子束功率密度的不同，表现出不同的加热机制。低功率密度时表现为热传导机制，高功率密度时，表现为直接作用机制。

二、电子束焊的特点

同其他熔焊方法相比较，电子束焊方法的特点主要如下：

1）加热功率密度大，焦点处的功率密度可达106～108W/cm^2，比电弧的高100～1000倍。电子束束斑（或称焦点）的功率可达106～108W/cm^2，比电弧功率密度约高100～1000倍。

2）加热集中，热效率高，焊接接头需要的热输入量小，适宜于难熔金属及热敏感性强的金属材料，焊后变形小，对精加工后的零件进行焊接。

3）焊缝深宽比大，深宽比可达50:1以上。普通电弧焊的熔深熔宽比很难超过2。而电子束焊接的比值可高达20以上，所以电子束焊可以利用大功率电子束对大厚度钢板进行不开坡口的单面焊。

4）熔池周围气氛纯度高，焊接室的真空度一般为10^{-2}Pa数量级，几乎不存在焊缝金属的污染问题，特别适宜于化学活泼性强、纯度高和极易被大气污染的金属。如铝、钛、锆、钼、高强度钢、高合金钢以及不锈钢等。这种焊接方法还适用于高熔点金属，可进行钨—钨焊接。

5）参数调节范围广、适应性强。电子束焊接的参数能各自单独进行调节，调节范围很宽。电子束流可从几毫安到几百毫安；加速电压可从几 kV 到几百 kV；焊接的工件厚度从小于 0.1mm 一直到超过 100mm；可以实现复杂接缝的自动焊接，可通过电子束扫描熔池来抑制缺陷等。

三、电子束焊的类型

1. 按被焊工件所处环境的真空度分类

（1）高真空电子束焊接　在 $10^{-4}\sim10^{-1}$Pa 的压力下进行，电子散射小，作用在工件上的功率密度高，穿透深度大，焊缝深宽比大，可有效防止金属的氧化，适宜于活性金属、难熔金属和质量要求高的工件的焊接。

（2）低真空电子束焊接　在 $10^{-1}\sim10$Pa 压力下进行。由于只需抽至低真空，省掉了扩散泵，缩短了抽真空时间，可提高生产率，降低成本。

（3）非真空电子束焊接　指在大气压力下进行。这时，在高真空条件下产生的电子束通过一组光阑、气阻通道和若干级预真空小室后，入射到大气压力下的工件上。散射会引起功率密度显著下降，深宽比大为减小。其最大特点是不需真空室，可焊大尺寸的工件，生产效率高。

2. 按电子枪加速电压分类

（1）高压电子束焊接　电子枪的加速电压在 120kV 以上。易于获得直径小、功率密度大的束斑和深宽比大的焊缝。加速电压为 600kV、功率为 300kW 时，一次可焊透 200mm 厚的不锈钢。

（2）中压电子束焊接　加速电压在 40kV ~ 100kV 之间。电子枪可做成固定式或移动式。

（3）低压电子束焊接　加速电压低于 40kV。在相同功率的条件下，束流积聚困难，束斑直径一般难于达到 1mm 以下，功率密度小，适用于薄板焊接，电子枪可做成小型移动式的。

3. 按实际作用在工件上的功率密度分类

（1）热传导焊接　当作用在工件表面的功率密度小于 10^5W/cm^2 时，电子束能量在工件表面转化的热能通过热传导使工件熔化，熔化金属不产生显著的蒸发。

（2）深熔焊接　作用在工件表面的功率密度大于 10^5W/cm^2 时，金属被熔化并伴随有强烈的蒸发，会形成熔池小孔，电子束流穿入小孔内部并与金属直接作用，焊缝深宽比大。

四、电子束焊焊机

电子束焊焊机是利用高速运动的电子束流轰击工件的原理进行焊接加工的一种比较精密的焊接设备，它基本上代表了目前最高性能的焊接水平。真空电子束焊在焊接过程中利用定向高速运动的电子束流撞击工件使动能转化为热能而使工件熔化，形成焊缝。电子束能量密度高达 $10^8 W/cm^2$，能把焊件金属迅速加热到很高温度，因而能熔化任何难熔金属与合金。它不需要填充材料，一般在真空中进行焊接，焊缝纯净、光洁、无氧化缺陷。图 8-5 为中压电子束焊机。

图 8-5　中压电子束焊机

第三节　激光焊

一、激光焊的原理

激光对金属材料的焊接，本质上是激光与非透明物质相互作用的过程，这个过程极其复杂，微观上是一个量子过程，宏观上则表现为反射、吸收、熔化、气化等现象。激光焊是将高强度的激光束辐射至金属表面，通过激光与金属的相互作用，金属吸收激光转化为热能使金属熔化后冷却结晶形成焊缝。

激光焊接的机理有两种：

（1）热传导焊接　当激光照射在材料表面时，一部分激光被反射，一部分被材料吸收，将光能转化为热能而加热熔化，材料表面层的热以热传导的方式继续向材料深处传递，最后将两焊件熔接在一起。

（2）激光深熔焊　当功率密度比较大的激光束照射到材料表面时，材料吸收光能转化为热能，材料被加热熔化至汽化，产生大量的金属蒸气，在蒸气退出表面时产生的反作用力下，使熔化的金属液体向四周排挤，形成凹坑，随着激光的继续照射，凹坑穿入更深，当激光停止照射后，凹坑周边的熔液回流，冷却凝固后将两焊件焊接在一起。

这两种焊接机理根据实际的材料性质和焊接需要来选择，通过调节激光的各焊接参数得到不同的焊接机理。这两种方式最基本的区别在于：前者熔池表面保持封闭，而后者熔池则被激光束穿透成孔。传导焊对系统的扰动较小，因为激光束的辐射没有穿透被焊材料，所以，在传导焊过程中焊缝不易被气体侵入；而深熔焊时，小孔的不断关闭能导致气孔。传导焊和深熔焊方式也可以在同一焊接过程中相互转换，由传导方式向小孔方式的转变取决于施加于工件的峰值激光能量密度和激光脉冲持续时间。激光脉冲能量密度的时间依赖性能够使激光焊在激光与材料相互作用期间由一种焊接方式向另一种方式转变，即在相互作用过程中焊缝可以先在传导方式下形成，然后再转变为小孔方式。

二、激光焊的特点

与其他传统焊接技术相比，激光焊的主要优点如下：

1）速度快、深度大、变形小。

2）能在室温或特殊条件下进行焊接，焊接设备装置简单。例如，激光通过电磁场，光束不会偏移；激光在真空、空气及某种气体环境中均能施焊，并能通过玻璃或对光束透明的材料进行焊接。

3）可焊接难熔材料如钛、石英等，并能对异种材料施焊，效果良好。

4）激光聚焦后，功率密度高，在高功率器件焊接时，深宽比可达5:1，最高可达10:1。

5）可进行微型焊接。激光束经聚焦后可获得很小的光斑，且能精确定位，可应用于大批量自动化生产的微、小型工件的组焊中。

6）可焊接难以接近的部位，施行非接触远距离焊接，具有很大的灵活性。尤其是近几年来，在YAG激光加工技术中采用了光纤传输技术，使激光焊技术获得了更为广泛的推广和应用。

7）激光束易实现光束按时间与空间分配，能进行多光束同时加工及多工位加工，为更精密的焊接提供了条件。

但是，激光焊也存在着一定的局限性：

1）要求焊件装配精度高，且要求光束在工件上的位置不能有显著偏移。这是因为激光聚焦后光斑尺寸小，焊缝窄，且激光焊时填充的金属材料必须适当。若工件装配精度或光束定位精度达不到要求，很容易造成焊接缺陷。

2）激光器及其相关系统的成本较高，一次性投资较大。

三、激光焊的焊接参数

1. 功率密度

功率密度是激光加工中最关键的参数之一。采用较高的功率密度，在微秒时间范围内，表层即可加热至沸点，产生大量汽化。因此，高功率密度对于材料去除加工，如打孔、切割、雕刻有利。对于较低功率密度，表层温度达到沸点需要经历数ms，在表层汽化前，底层达到熔点，易形成良好的熔融焊接。因此，在传导型激光焊中，功率密度范围在 $10^4 \sim 10^6 W/cm^2$。

2. 激光脉冲波形

激光脉冲波形在激光焊中是一个重要问题，尤其对于薄片焊接更为重要。当高强度激光束射至材料表面，金属表面将会有60%～98%的激光能量反射而损失，且反射率随表面温度变化。在一个激光脉冲作用期间内，金属反射率的变化很大。

3. 激光脉冲宽度

脉宽是脉冲激光焊的重要参数之一，它既是区别于材料去除和材料熔化的重要参数，也是决定加工设备造价及体积的关键参数。

4. 离焦量对焊接质量的影响

激光焊通常需要一定的离焦，因为激光焦点处光斑中心的功率密度过高，容易蒸发成孔。离开激光焦点的各平面上，功率密度分布相对均匀。

离焦方式有两种：正离焦与负离焦。

焦平面位于工件上方为正离焦，反之为负离焦。按几何光学理论，当正负离焦相等时，所对应平面上功率密度近似相同，但实际上所获得的熔池形状不同。负离焦时，可获得更大的熔深，这与熔池的形成过程有关。试验表明，激光加热50～200μs材料开始熔化，形成液相金属并出现汽化，形成高压蒸气，并以极高的速度喷射，发出耀眼的白光。与此同时，高浓度气体使液相金属运动至熔池边缘，在熔池中心形成凹陷。当负离焦时，材料内部功率密度比表面还高，易形成更强的熔化、汽化，使光能向材料更深处传递。所以在实际应用中，当要求熔深较大时，采用负离焦；焊接薄材料时，宜用正离焦。

四、激光焊的应用

激光焊的部分应用实例见表8-1。

表8-1 激光焊的部分应用实例

工业部门	应用实例
航空	发动机壳体、风扇机匣、燃烧室、流体管道、机翼隔架、电磁阀、膜盒等
航天	火箭壳体、导弹蒙皮与骨架、陀螺等
航海	舰船钢板拼焊
石化油	滤油装置多层网板
电子仪表	集成电路内引线、显像管电子枪、全钽电容、速调管、仪表游丝、光导纤维等
机械	精密弹簧、针式打印机零件、金属薄壁波纹管、热电偶、电液伺服阀等
钢铁	焊接厚度0.2～8mm、宽度为0.5～1.8mm的硅钢、高中低碳钢和不锈钢，焊接速度为1～10m/min
汽车	汽车底架、传动装置、齿轮、蓄电池阳极板、点火器中轴与拨板组合件等
医疗	心脏起搏器以及心脏起搏器所用的锂碘电池等
食品	食品罐（用激光焊代替传统的锡焊或接触高频焊，具有无毒、焊接速度快、节省材料以及接头美观、性能优良等特点）

五、激光焊设备

激光焊设备主要由激光器、光学系统、激光加工机、辐射参数传感器、工艺介输送系统、工艺参数传感器、控制系统以及准直用 He－Ne 激光器等组成。图 8-6 激光焊设备组成框图，图 8-7CMF 的激光焊机、激光焊设备。

CMF 的环焊设备有焊接质量较好的焊枪移动、料板固定式焊接；也有速度较快的焊枪固定、料板旋转式工艺可选。经过多次改进，这套系统已经非常成熟。他的优势在于：焊接效率高；激光焊工艺最高效率可达 8m/min，支持多种焊接工艺；焊接质量高；焊缝直且均匀。

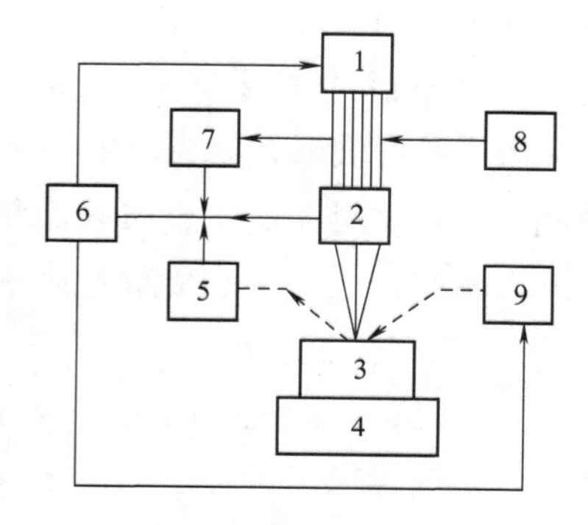

图 8-6　激光焊设备的组成

1—激光器　2—光学系统　3—激光加工机　4—辐射参数传感器　5—工艺介质输送系统　6—工艺参数传感器　7—控制系统　8—准直用 He－Ne 激光器　9—工件

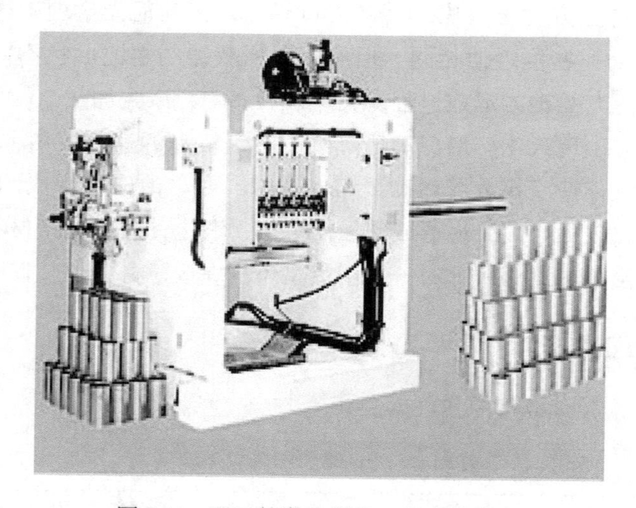

图 8-7　CMF 的激光焊机、激光焊设备

复习思考题

8-1 什么是电渣焊？电渣焊的原理是什么？

8-2 电渣焊有何特点？

8-3 简述电渣焊焊机的适用范围。

8-4 电子束焊有哪些类型？

8-5 简述电子束焊的工作原理。

8-6 与其他传统焊接技术相比，激光焊的主要优点是什么？

8-7 激光焊设备主要由哪几部分组成？

参 考 文 献

[1] 张毅敏,周宝升. 焊接工艺[M]. 北京:高等教育出版社,2007.
[2] 许莹. 焊工工艺学[M]. 北京:机械工业出版社,2011.
[3] 卢屹东,刘立国. 焊工工艺学[M]. 北京:电子工业出版社,2007.
[4] 周宝升. 焊接工艺[M]. 北京:高等教育出版社,2008.
[5] 赵枫,英若采. 金属熔焊基础(焊接专业)[M]. 2 版. 北京:机械工业出版社,2011.
[6] 许志安. 焊接技能强化训练(焊接专业)[M]. 北京:机械工业出版社,2011.
[7] 雷世明. 焊接方法与设备[M]. 北京:机械工业出版社,2011.
[8] 王宗杰. 熔焊方法及设备[M]. 北京:机械工业出版社,2007.